W0259084

Alexander Dauensteiner

Der Weg zum Ein-Liter-Auto

Springer-Verlag Berlin
Heidelberg GmbH

Alexander Dauensteiner

Der Weg zum Ein-Liter-Auto

Minimierung aller Fahrwiderstände mit neuen Konzepten

Mit 62 Abbildungen

Springer

Alexander Dauensteiner
IKUS
Ingenieurbüro für Klima- und Umweltschutz
Wielandweg 4
73614 Schorndorf

Hypercar ist ein eingetragenes Dienstleistungszeichen und Hypercar Center ein eingetragenes Warenzeichen des RMI

Die Deutsche Bibliothek - CIP-Einheitsaufnahme
Dauensteiner, Alexander:
Der Weg zum Ein-Liter-Auto: Minimierung aller Fahrwiderstände mit neuen Konzepten
Alexander Dauensteiner
Berlin; Heidelberg; NewYork; Barcelona; Hongkong; London; Mailand; Paris; Tokio: Springer, 2001

ISBN 978-3-642-63955-5 ISBN 978-3-642-59378-9 (eBook)
DOI 10.1007/978-3-642-59378-9

http://www.springer.de

Einband-Entwurf: medio Technologies AG, Berlin
Satz: Digitale Druckvorlage des Autors
Gedruckt auf säurefreiem Papier SPIN: 10835805 68/3020Rw - 5 4 3 2 1 0

Geleitwort von Ernst Ulrich von Weizsäcker

Noch vor wenigen Jahren schien die Forderung nach einem Drei-Liter-Auto eine unrealisierbare und zudem unbezahlbare Illusion. Seit einigen Jahren gibt es sie zu kaufen. Ist das Auto nun am Ende der Entwicklung angekommen? Können wir uns damit zufrieden geben? Es scheint, als ob das Drei-Liter-Auto allenfalls eine Zwischenetappe hin zu noch deutlich effizienteren Autos sein kann.

Die globale Erwärmung der Erdatmosphäre nimmt nach Ansicht führender Klimaexperten eine besorgniserregende Entwicklung. Kurz vor Erscheinen dieses Buches hat der Intergovernmental Panel on Climate Change (IPCC) seinen dritten Sachstandsbericht veröffentlicht. Darin wird u.a. festgestellt, dass auf Grund des Treibhauseffekts die durchschnittlichen globalen Temperaturen und Meeresspiegel erheblich steigen werden. Die erwartete Erwärmung reicht von 1,4 bis 5,8 °C. Der Klimawandel findet bereits statt und wird aller Erwartung nach dramatische Folgen haben, falls nicht bald wirkungsvolle Gegenmaßnahmen eingeleitet werden. Die Zahl der Autos steigt unterdessen unvermindert an. Die Schwellen- und Entwicklungsländer streben nach einer uns vergleichbaren Mobilität. Eine Automobilität der Nachbarn in China, Indien und anderer bevölkerungsreicher Länder nach unserem Vorbild würde das Weltklima aber unumkehrbar überlasten, selbst wenn die Autos dort allesamt Drei-Liter-Autos wären. Die Zeit drängt.

Das vorliegende Buch beschreibt angesichts der anstehenden Herausforderungen Wege zum Ein-Liter-Auto. Alexander Dauensteiner fragt dabei nach den Möglichkeiten und Potenzialen, den Kraftstoffverbrauch und damit die treibhausrelevanten CO_2-Emissionen der Pkw drastisch zu senken, zeigt mögliche effiziente Antriebskonzepte auf und bewertet den Einsatz vollkommen neuer Werkstoffe für das Auto der Zukunft. Dabei geht es vor allem um Beiträge zur Senkung des Flottenverbrauchs. Denn mit einem einzelnen Ein-Liter-Auto, das sich im schlimmsten Fall nicht verkaufen lässt, wäre niemanden geholfen. Umso mehr geht es ihm um die Umsetzung realistischer Konzepte, die eine um den Faktor 3 höhere Energieeffizienz aufweisen als die besten heute verfügbaren Autos, die einen wirksamen Beitrag hin zu umweltfreundlicheren Pkw leisten können.

Werden die im Buch skizzierten Wege in breitem Umfang eines Tages eingeschlagen, so dürfte das Automobil vor der größten technischen Revolution seiner Geschichte stehen. Eine technologische und gesellschaftliche Herausforderung, die angesichts der drohenden Risiken unumgänglich erscheint.

Ernst Ulrich von Weizsäcker, MdB
Gründungspräsident, Wuppertal Institut für Klima, Umwelt, Energie

Vorwort

Dieses Buch entstand vor dem Hintergrund notwendiger Entwicklungen besonders sparsamer Pkw, insbesondere unter dem Einfluss der Diskussion, ob und wie Pkw-Konzepte mit deutlich vermindertem Kraftstoffverbrauch in Richtung von einem Liter Kraftstoffäquivalent theoretisch möglich und praktisch realisierbar sind. Dabei war es nicht Ziel, einen Königsweg zum Ein-Liter-Auto aufzuzeigen. Vielmehr ist es Absicht des Autors, mögliche theoretische und praktisch realisierbare Wege zusammenzufassen, die sich eignen mögen, dem Ziel eines ökologisch und sozial verträglichen Automobils näher zu kommen.

Das vorliegende Buch baut in einigen Teilen auf eine Diplomarbeit des Autors am Institut für Industrielle Fertigung und Fabrikbetrieb der Universität Stuttgart in Kooperation mit dem Wuppertal Institut für Klima, Umwelt und Energie auf. Deshalb gilt der Dank auch an dieser Stelle nochmals meinen Betreuern, Dr.-Ing. Andreas Friedel an der Universität Stuttgart sowie Dr.-Ing. Rudolf Petersen, Direktor der Abteilung Verkehr am Wuppertal Institut für Klima, Umwelt und Energie GmbH, dem ich zugleich für sein freundliches Angebot danke, meine Arbeit zusätzlich zum Lehrstuhl in Stuttgart am Wuppertal Institut zu betreuen. Er hat in den vergangenen Jahren die wissenschaftliche Diskussion um eine zukunftsfähige Mobilität und ökologisch verträgliche Pkw-Konzepte maßgeblich gestaltet und erwies sich auch während der Bearbeitung dieses Buches als wertvoller Diskussionspartner. Dieser Dank geht ebenso an Dr. Karl Otto Schallaböck, Projektleiter am Wuppertal Institut.

Ebenfalls ein herzliches Dankeschön sage ich Herrn Prof. Ernst Ulrich von Weizsäcker, Gründungspräsident des Wuppertal Institut für Klima, Umwelt, Energie. Er ermöglicht vielen Wissenschaftlerinnen und Wissenschaftlern erstklassige Voraussetzungen für eine unabhängige Forschung zugunsten unserer gemeinsamen Umwelt. Die Diskussionen mit ihm sind stets bereichernd. Nicht zuletzt war er es, der meine wissenschaftlichen Arbeiten im Zusammenhang mit der Entwicklung von Ein-Liter-Autos möglich machte. Dank gilt auch Herrn Prof. Engelbert Westkämper, der als Institutsleiter am Institut für Industrielle Fertigung und Fabrikbetrieb die Arbeit ermöglichte.

Immer wieder spannend und inspirierend zugleich sind auch die Diskussionen mit Amory B. Lovins, Präsident des Rocky Mountain Institute im US-Bundesstaat Colorado. Von ihm und seinem Team stammen wesentliche Ideen und Konzepte zum Ein-Liter-Auto, die auch in diesem Buch zu finden sind.

Ein herzliches Dankeschön gilt auch der Loremo Automotive GmbH für die bereitwillige Auskunft und interessanten Gespräche im Zusammenhang mit der

Entwicklung eines 1,5-Liter-Autos. Bedanken möchte ich mich auch bei Norbert Schubert für das Gegenlesen des Manuskripts.

Mein herzlichstes Dankeschön aber gilt meiner lieben Angela, die das Manuskript kritisch gegengelesen hat, vor allem aber während der Bearbeitung des Buches große Geduld aufbrachte.

Alexander Dauensteiner
Schorndorf, im September 2001

Inhaltsverzeichnis

Abkürzungsverzeichnis

$	Dollar
ε	Bruchdehnung
°C	Grad Celsius
a	Jahr
A	Stirnflächengröße
Abb.	Abbildung
ABS	Antiblockiersystem
ACA	Automotive Composite Alliance
ACC	Automotive Composites Consortium
ACEA	Association des Constructeurs Européens d'Automobiles Verband der europäischen Automobil-Konstrukteure
ADAC	Allgemeiner Deutscher Automobilclub
AFC	Alkaline Fuel Cell
AFK	Aramidfaserverstärkter Kunststoff
AG	Aktiengesellschaft
ASF	Aluminium Space Frame
ASR	Antischlupfregelung
AVK	Arbeitsgemeinschaft Verstärkte Kunststoffe
BASt	Bundesanstalt für Straßenwesen
BB	Blechbauweise
BMC	Bulk-Moulding-Compound
BR	Bremsenergierückgewinnung
BUWAL	Bundesamt für Umwelt, Wald und Landwirtschaft
BZ	Brennstoffzelle
C	Kraftstoffminderverbrauchskoeffizient
CEO	Chief Executive Officer
CF	Carbonfaser
CFK	Kohlefaserverstärkter Kunststoff
CH_4	Methan

cm^3	Kubikzentimeter
CO	Kohlenmonoxid
CO_2	Kohlendioxid
COO	Chief Operating Officer
COP	Conference of the Parties
CSB	Chemischer Sauerstoffbedarf
c_w	Luftwiderstandsbeiwert
D	Deutschland
DIN	Deutsches Institut für Normung e.V.
DLR	Deutsche Forschungsanstalt für Luft- und Raumfahrt e.V.
DOE	Department of Energy
DSD	Duales System Deutschland GmbH
DVR	Deutscher Verkehrssicherheitsrat
e.V.	Eingetragener Verein
EAA	European Aluminium Association
EEV	Endenergieverbrauch
el	elektrisch
E-Modul	Elastizitätsmodul
EMPA	Eidgenössische Materialprüfungsanstalt
EN	Europäische Norm
EP	Epoxidharz
EPA	Environmental Protection Agency US Umweltministerium
ESPAG	Energiewerke Schwarze Pumpe AG
et al.	und andere
ETH	Eidgenössische Technische Hochschule
ETS	Environmental Technical Services
EU	Europäische Union
EURO 1	Abgasgrenzwertstufe 91/441/EWG
EURO 2	Abgasgrenzwertstufe 94/12/EWG
EURO 3	Abgasgrenzwertstufe 98/69/EWG
EURO 4	Abgasgrenzwertstufe 98/69/EWG
F	Kraft
FCKW	Fluor-Chlor-Kohlenwasserstoffe
FEM	Finite Elemente Methode

F_R	Rollwiderstand
f_R	Rollwiderstandsbeiwert
FVK	Faserverstärkter Kunststoff
g	Bereitstellungsnutzungsgrad
g	Fallbeschleunigung
g	Gramm
GEMIS	Globales Emissions-Modell Integrierter Systeme
Gew.-%	Gewichtsprozent
GF	Glasfaser(verstärkt)
GFK	Glasfaserverstärkter Kunststoff
GJ	Gigajoule 1 GJ=10^9 J
Gl	Gleichung
Gln	Gleichungen
GM	General Motors
GMT	Glasmattenverstärkte Thermoplaste
GuD	Gas- und Dampfkraftwerk
h	Stunde
H_2	Wasserstoff
HB	Hybridbauweise
HC	Kohlenwasserstoffe
HEV	Hybrid Electric Vehicle
HM	High Module
Hrsg.	Herausgeber
HSRTM	High-Speed Resin Transfer Moulding
HT	High Tenacity
H_u	Unterer Heizwert
HB	Hybridbauweise
ICRTM	Injection Compression Sotira
IEA	Internationale Energieagentur
IfE	Lehrstuhl für Energiewirtschaft und Kraftwerkstechnik
IFEU	Institut für Energie- und Umweltforschung Heidelberg
IMA	Integrated Motor Assist System
IPCC	Intergovernmental Panel on Climate Change
ISO	International Organisation for Standardisation
K	Kelvin

Kap.	Kapitel
KEA	Kumulierter Energieaufwand
KEA_E	Kumulierter Energieaufwand der Entsorgung
KEA_H	Kumulierter Energieaufwand der Herstellung
KEA_N	Kumulierter Energieaufwand der Nutzung
Kfz	Kraftfahrzeug
kg	Kilogramm
kJ	Kilojoule 1 kJ=10^3 J
km	Kilometer
KNA	Kumulierter Nichtenergetischer Aufwand
KPEV	Kumulierter Prozessenergieverbrauch
KrW-/AbfG	Kreislaufwirtschafts- und Abfallgesetz
kW	Kilowatt
kWh	Kilowattstunde
l	Liter
lb	im angelsächsischen: Maß für Masse 1 lb = 453 g
LCA	Life Cycle Assessment
LCD	Liquid Crystal Display
LCI	Life Cycle Inventory
LCM	Liquid Composite Moulding
LPG	Liquefied Petroleum Gas
m	Masse
m^2	Quadratmeter
m^3	Kubikmeter
MAIA	Materialintensitätsanalyse
MCFC	Molten Carbonate Fuel Cell
m_g	Masse
M/gal	Miles per gallon 1 gal = 3,785 Liter
MI	Material- und Energieinput
MIPS	Material-Intensität Pro Serviceeinheit
MJ	Megajoule
mm^2	Quadratmillimeter
MMC	Metal-Matrix-Composite
MPa	Megapascal

MVA	Müllverbrennungsanlage
MW	Megawatt
n	Drehzahl
N	Newton
NECAR®	No Emission Car, New Electric Car
NEFZ	Neuer Europäischer Fahrzyklus
NEV	Nichtenergetischer Verbrauch
NMVOC	Summe der flüchtigen organischen Verbindungen, ohne Methan
NO_x	Stickstoffoxide
ORNL	Oak Ridge National Laboratory
p_0	atmosphärischer Druck
PA	Polyamid
PA-CFK	Kohlefaserverstärkter Polyamid
PAFC	Phosphoric Acid Fuel Cell
PAN	Polyacrylnitril
PEFC	Proton Exchange Membrane Fuel Cell
PEM	Proton Exchange Membran
PEV	Prozessenergieverbrauch
PGM	Platingruppen-Metalle
P_I	Drosselverluste
PIV	Personal Independent Vehicle
Pkw	Personenkraftwagen
p_m	Druck nach Drosselklappe
PNGV	Partnership for A New Generation of Vehicles
POM	Polyoxylmethyl
PS	Leistungseinheit
PVC	Polyvinylchlorid
r_0	Rollwiderstandsbeiwert
RAL	Deutsches Institut für Gütesicherung und Kennzeichnung
REPA	Ressource and Environmental Profile Analysis
RGR	Rauchgasreinigung
RIM	Reaction Injection Moulding
RIRTM	Resin Infusion Moulding
RMI	Rocky Mountain Institute

ROI	Return on Investment
RTM	Resin Transfer Moulding
SAVE	Small Advanced Vehicle Engines
SEI	Stoffgebundener Energieinhalt
SETAC	Society of Environmental Toxicology and Chemistry
SF	Space Frame
SMC	Sheet Moulding Compound
SmILE	Small, Intelligent, Light and Efficient
SO_2	Schwefeldioxid
SOFC	Solid Oxide Fuel Cell
SRIM	Structural Reaction Injection Moulding
SUV	Sport Utility Vehicle
t	Tonnen
TCM	Technical Cost Modeling
THS	Toyota Hybrid System
T_O	obere Systemtemperatur
T_U	Umgebungstemperatur
TÜV	Technischer Überwachungsverein
u.a.	unter anderem
UBA	Umweltbundesamt
UD	Unidirektional
UHSRTM	Ultra-High-Speed Resin Transfer Moulding
ULEV	Ultra-Low-Emission-Vehicle
ULSAB	Ultra Light Steel Auto Body
UNEP	United Nation Environmental Program
UP	Ungesättigtes Polyester
UV	Ultraviolett
VARTM	Vacuum-assisted Resin Transfer Moulding
VCD	Verkehrsclub Deutschland e.V.
V_d	Hubvolumen
VDA	Verband Deutscher Automobilhersteller
VDI	Verein Deutscher Ingenieure
vgl.	vergleiche
VM	Verbrennungsmotor
VOC	Flüchtige organische Verbindungen
W	Energieaufwand

Wh	Wattstunde 1 Wh=3,6*10^3 J
ZEV	Zero Emission Vehicle
η	Wirkungsgrad
μm	Mikrometer
ρ	Dichte

1 Einleitung

Auf der 3. Vertragsstaatenkonferenz der Vereinten Nationen zur Klimarahmenkonvention im japanischen Kyoto wurden am 10. Dezember 1997 erstmals konkrete Reduktionsziele für klimarelevante Treibhausgase vereinbart, die mögliche anthropogene Klimaveränderungen[1] mittels einer international gültigen Klimaschutzpolitik begegnen sollen [256, 259]. Im Zuge der Ausgestaltung auf den Folgekonferenzen ist das Protokoll auf der 6. Vertragsstaatenkonferenz vom 16. bis 27. Juli 2001 in Bonn dann in einem Kompromiss detailliert und mit der notwendigen Zustimmung von mindestens 55 Ländern, die auf sich mindestens 55% der Treibhausgasemissionen vereinigen, in Kraft gesetzt worden. Trotz der beschlossenen unzureichenden Verminderung der Treibhausgase stellt das Abkommen einen wichtigen Schritt zur Bekämpfung des Klimawandels dar und ist ein bis dato einzigartiges multilaterales Abkommen. Der Klimaschutzprozess muss aber weitergehen.[2]

Kohlendioxid (CO_2) ist dabei ein wesentliches Treibhausgas, dessen Anteil am nationalen Treibhauspotenzial beispielsweise in Deutschland bei ca. 75% liegt.[3] Dabei entsprechen die CO_2-Emissionen des weltweit abgewickelten Verkehrs etwa einem Viertel der gesamten anthropogenen Treibhausgasemissionen.[4] 1994

---

[1] Die Konzentrationen von Treibhausgasen in der Atmosphäre, unter anderem Kohlendioxid (CO_2), Methan (CH_4) und Distickstoffoxid (N_2O), sind seit vorindustriellen Zeiten (etwa 1750) wesentlich angestiegen und steigen weiter an. Diese Steigerungen führen aufgrund der Veränderungen der Strahlungsbilanz tendenziell zu einer Erwärmung der Atmosphäre und der Erdoberfläche.

[2] Insgesamt dürfte es eine der weitreichendsten Zukunftsaufgaben sein, eine nachhaltige Entwicklung (Sustainable Development) zu realisieren. Dies erfordert eine Integration von ökologischen, sozialen und ökonomischen Belangen. Wichtige Arbeiten sind hierzu u.a. in [35] sowie [254] veröffentlicht worden.

[3] Berechnungen des Wuppertal Instituts (ohne FCKW), Bezugsjahr 1990. Die wissenschaftliche Basis für die internationalen Klimaverhandlungen wird durch das „Intergovernmental Panel on Climate Change" (IPCC) gelegt. IPCC ist ein zwischenstaatliches Sachverständigengremium, das 1988 von der Weltmeteorologischen Organisation (WMO) und dem Umweltprogramm der Vereinten Nationen (UNEP) gegründet wurde. IPCC hat zu Beginn des Jahres 2001 seinen dritten umfassenden Sachstandsbericht über globale Klimaänderungen veröffentlicht, an dem über 2000 Wissenschaftler beteiligt waren.

[4] Nimmt man die für die Herstellung der Fahrzeuge und der Verkehrswege aufgewandten Energiemengen dazu, so dürfte sich der Verkehrsanteil am Treibhauseffekt in Deutschland auf über 30% erhöhen. Vgl. [210], S. 112.

war der Straßenverkehr verantwortlich für 17,6% der Kohlendioxidemissionen.[1] Zudem ist der Verkehrssektor der am schnellsten wachsende und am schwersten zu kontrollierende Verursacher von Kohlendioxidemissionen. So ist u.a. aufgrund des Fahrleistungsanstiegs im Pkw-Bereich für die direkt vom Kraftstoffverbrauch abhängigen Kohlendioxidemissionen bis 2010 von einer weiteren Erhöhung um rund 10% auszugehen.[2] Berechnungen des Institut für Energie- und Umweltforschung Heidelberg ergaben einen Anstieg der Kohlendioxidemissionen bis 2020 im Straßenverkehr von 17% im Vergleich zu 1990 [131]. Auch das Umweltbundesamt weist in seinem Jahresbericht 2000 darauf hin, dass im Vergleich zu den anderen Sektoren der Verkehrsbereich in Deutschland die klimapolitisch ungünstigste Entwicklung beim Energieverbrauch aufweist. Nach Berechnungen mit dem nationalen Verkehrsemissionsmodell TREMOD [188] ist demnach der verkehrsbedingte CO_2-Ausstoß in Deutschland – bezogen auf 1990 – bis 1999 um über 8% oder knapp 17 Millionen Tonnen gestiegen, bis zum Jahr 2005 werden es nach Angaben des UBA etwa 16% oder 36 Millionen Tonnen sein [258]. Dabei ist der Anteil der 3- und 5-Liter-Autos an den gesamten Neuzulassungen noch marginal, wenngleich seit Juni 2000 ein Anstieg zu verzeichnen ist.[3] Die Entwicklung des Kraftstoffverbrauchs der Pkw in Deutschland ist zwar rückläufig, jedoch in einem für die Erreichung notwendiger Reduktionsziele viel zu langsamen Tempo. So sank der durchschnittliche Kraftstoffverbrauch der in Deutschland zugelassenen Pkw in den vergangenen über 25 Jahren von 9,9 Liter (1975) auf heute ca. 8,8 Liter pro 100 km [124, 209]. Das sind pro Jahr durchschnittlich nur 0,04 l/100 km.

Rückt damit die Erreichung des Klimaschutzziels der Bundesregierung, bis 2010 25% der CO_2-Emissionen gegenüber 1990 einzusparen, in weite Ferne? Die europäischen Automobilhersteller haben sich in einer Selbstverpflichtungserklärung dazu verpflichtet, den durchschnittlichen Kraftstoffverbrauch ihrer Pkw-Flotte bis zum Jahr 2008 um 25% zu reduzieren.[4] Um dieses und jedes weitere Ziel im Zusammenhang mit der Klimarahmenkonvention zu erreichen, muss also auch – und gerade – der Verkehr einen wesentlichen Beitrag zur Minderung der CO_2-Emissionen leisten. Langfristig müssen dabei bis zum Jahr 2050 ca. 50 bis 80% der Treibhausgasemissionen reduziert werden. Hierzu bedarf es weit stärkerer Verbrauchsreduzierungen, als die Industrie sie gegenwärtig anbietet. Zwar wurden die Pkw-Motoren bezogen auf ihre Leistung immer sparsamer, durch die zunehmende Größe der Fahrzeuge sowie wachsenden Sicherheits- und Komfortansprüchen ist der absolute Kraftstoffverbrauch in den vergangenen Jahrzehnten jedoch kaum gesunken.[5] Anders ausgedrückt: Ohne eine deutliche Reduzierung von Fahrzeugemissionen werden bei der Bekämpfung der globalen Erwärmung

---

1 Quelle: Statistisches Jahrbuch 1997, S. 725f.

2 Bezogen auf das Jahr 1996. Vgl. auch [257], S. 159 ff.

3 August 2000: 2,9% aller fabrikneu zugelassenen Fahrzeuge, davon ein Viertel 3-Liter-Autos; zum Vergleich: erstes Halbjahr 2000: 1,9%. Quelle: [201].

4 Ihr Verband, die ACEA, will dabei das Emissionsziel von im Durchschnitt 140g CO_2 bis zum Jahr 2008 erreichen [3].

5 Vgl. hierzu die Studien [52, 54]. In den USA ist der Kraftstoffverbrauch in den vergangenen Jahren sogar angestiegen [223].

keinerlei Fortschritte zu erzielen sein. Dabei kommt verschärfend hinzu, dass sich die Zahl der Pkw weltweit dramatisch erhöht. Waren Mitte der 50er Jahre weltweit ca. 50 Millionen Fahrzeuge zugelassen, so sind es heute mehr als 500 Millionen – Tendenz steigend. Die Zahl zugelassener Pkw wächst somit doppelt so schnell wie die Bevölkerung (vgl. Abb. 1.1). Dabei sind mit „Länder des Südens" in Anlehnung an [35] die Gesamtheit der Entwicklungsländer gemeint.[1]

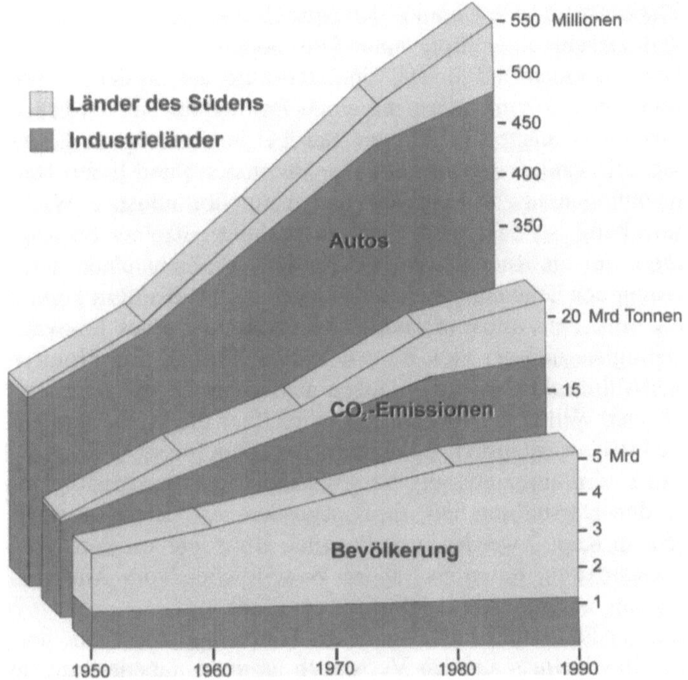

Abb. 1.1. Überproportionaler Anstieg der Pkw in Industrieländern im Vergleich zu Ländern des Südens. Quelle: Wuppertal Institut

Nicht nur in Hinblick auf die CO_2-Emissionen ist der Straßenverkehr als problematisch einzuordnen. Er war 1997 zudem für 47,3% der Stickstoffoxidemissionen (NO_x), für 58,7% der Kohlenmonoxidemissionen (CO) und für 31,7% der Emissionen von flüchtigen organischen Verbindungen (VOC) verantwortlich [18]. Krebserregende Kohlenwasserstoffe (HC), wie bspw. Benzol, Dieselruß,

[1] Dies erfolgt in dem Bewusstsein, dass dies vor dem Hintergrund der zunehmenden Ausdifferenzierung der Entwicklungsländer bis hin zu den Schwellenländern eine wohl unzureichende Charakterisierung ist.

Stäube und Blei, die der Straßenverkehr emittiert, sorgen vor allem in Ballungsräumen für erhebliche Gesundheitsgefährdungen.[1]

Um den Kraftstoffverbrauch – und somit auch die damit direkt ableitbaren CO_2-Emissionen – von Pkw zu reduzieren, ist es erforderlich, einen möglichst geringen Bedarf an Energie zu generieren, der dann so effizient wie möglich bereitgestellt wird. Dies bedeutet einerseits die Fahrwiderstände zu minimieren[2], andererseits einen möglichst effizienten Fahrzeugantrieb zu realisieren. Letztendlich spielt aber auch die Herkunft und Gewinnung der Antriebsenergie eine entscheidende Rolle bei der Reduzierung umweltrelevanter Emissionen.

Das Buch stellt Wege zu einem möglichen Ein-Liter-Auto dar, in dem es potenziell verfügbare Techniken dokumentiert, die einen Beitrag für das Erreichen dieses ehrgeizigen Verbrauchsziels leisten können. Darüber hinaus zeigt es mögliche Entwicklungspfade auf, schildert ebenso etwaige Hemmnisse und liefert Beispiele konkreter Entwicklungen aus Wissenschaft und Automobilindustrie. Wichtig in diesem Zusammenhang ist, dass nicht die Entwicklung einzelner Niedrigverbrauchsautos, sondern nur die Reduzierung des Flottenverbrauchs einen wirksamen Beitrag zur Lösung der Umweltproblematik leisten kann.[3] Insofern kommt der Entwicklung eines Ein-Liter-Autos vorrangig die Bedeutung eines Innovationsschubs für eine Ökologisierung der Pkw-Flotten in aller Welt zu. Ein Prototyp des Ein-Liter-Autos als Alibifunktion wäre hingegen nicht mehr als die Demonstration des Machbaren. Der Wille zur Veränderung wird über die Autos der Zukunft entscheidender sein als vermeintlich technologische Hindernisse.

Im vorliegenden Buch wird einleitend auf die physikalischen Gesetzmäßigkeiten bei Pkw anhand der Darstellung der Einflussgrößen auf den Kraftstoffverbrauch eingegangen. In Kap. 3 werden grundlegende Konzepte auf dem Weg zum Ein-Liter-Auto beschrieben, deren Erfolg im Wesentlichen vom Antriebskonzept und der Umsetzung einer „Ultra-Leicht-Strategie" abhängt.

Bei der Reduzierung der Fahrwiderstände spielt das Fahrzeuggewicht eine herausragende Bedeutung. Ihr Einfluss auf den Verbrauch ist nicht unbedeutend. Je nach Fahrzyklus bedeutet eine Senkung des Gewichts um 100 kg einen Minderverbrauch von 0,4 bis 0,7 l/100 km.[4] Der Einsatz leichterer Materialien im Motoren- und Karosseriebau gewinnt hierbei zunehmend an Bedeutung, wobei die Ka-

1 Dass sich entgegen diesen Fakten einige Journalisten (s. u.a. [121]) dennoch bereits motiviert sehen, eine umweltpolitische Entwarnung auszurufen, dürfte trotz aller Teilerfolge sachlich nicht zu begründen sein. Überdies werden durch Autounfälle inzwischen jährlich weltweit eine halbe Million Menschen getötet und weitere 15 Millionen verletzt.

2 Daneben kann selbstverständlich auch die Leistung des Motors gesenkt werden. Dies hat „Einbußen" bei Höchstgeschwindigkeit und Beschleunigung zur Folge, die aber beispielsweise nach Einführung eines Tempolimits dem Kunden leichter zu vermitteln wäre, als ohne diese umwelt- und gesundheitspolitisch überfällige Maßnahme.

3 Dabei ist dem Autor durchaus bewusst, dass die im Buch betrachteten technischen Optionen für eine nachhaltige Verkehrspolitik bei weitem nicht ausreichen. Vielmehr bedarf es hierzu weit mehr als die Steigerung technischer Effizienz. Hierzu wird auf die einschlägige Literatur verwiesen, u.a. [35, 124, 198, 201, 205, 210, 273, 279]

4 Vgl. hierzu Kap. 3.1.1.

rosserie im besonderen ein wesentliches Reduktionspotential bietet, vereinigt sie doch den größten Gewichtsanteil einer einzelnen Baugruppe auf sich. In Kap. 5 werden die aus Sicht des Autors vielversprechendsten Konzepte im Karosseriebau dargestellt. Hier haben u.a. Magnesium im Motorenbau, Aluminiumbleche für Kotflügel, Klappen oder Türen, verstärkte Thermoplaste für die Reserveradmulde oder ganze Karosserien aus Aluminium Einzug in die Serienproduktion von Pkw gefunden. Große Potenziale zur Gewichtseinsparung bietet jedoch der Einsatz von kohle-, glas- oder aramidfaserverstärkten Duroplasten für eine selbsttragende Karosserie, wie sie beispielsweise bereits seit längerem aus dem Flugzeug- und Rennwagenbau bekannt sind. Da der Einsatz faserverstärkter Kunststoffe im Automobilbau seither im wesentlichen ungenutzte Potenziale verspricht, werden in Kap. 5.3 Potenziale, Herstellung, Verarbeitung und Recyclingverfahren dieser innovativen Werkstoffe dargestellt. Aber auch der traditionelle Werkstoff Stahl bietet noch Verbesserungsmöglichkeiten.

Um den Einsatz faserverstärkter Kunststoffe im Pkw-Bau erfolgreich voranzutreiben, sind wesentliche Hürden zu nehmen. Ein immer wieder erhobener Einwand gegen diese „Revolution im Automobilbau" sind angeblich nicht vorhandene Recyclingverfahren. Selbstverständlich verdient gerade mit Ziel einer „Ökologisierung" des Pkw der Aspekt der Verwertung besondere Beachtung.[1] Jedoch zeigt sich, dass der ökologische Einfluss des Pkw-Recycling auf die Ökobilanz des Pkw im Lebenslauf derzeit vergleichsweise gering ist, wenngleich davon auszugehen ist, dass mit reduziertem Energieverbrauch in der Nutzungsphase des Pkw der Einfluss der Herstellung und des Recyclings an Bedeutung zunimmt. Dabei sind durchaus Ansätze ökonomisch und ökologisch vertretbarer Wege für ein Recycling faserverstärkter Kunststoffe bereits heute ersichtlich, die im einen oder anderen Fall sicherlich einer weiteren Optimierung bedürfen. In Kap. 5.3.5 werden daher unterschiedliche Recycling-, Verwertungs- und Entsorgungsmöglichkeiten für faserverstärkte Kunststoffe beschrieben sowie deren aktueller Stand der Realisierung vorgestellt. Dabei soll ein Überblick über möglichst viele der derzeit diskutierten, in der Entwicklung befindlichen oder bereits durchgeführten werkstofflichen, stofflich-thermischen, chemischen und thermischen Verfahren vermittelt werden. Um eine vergleichende Abschätzung darüber zu erhalten, welches Recycling- bzw. Verwertungsverfahren mit den geringstem Energieaufwand durchgeführt werden kann, wird in Kap. 6.5 für vier dieser Verfahren eine Berechnung des kumulierten Energieaufwands (KEA) durchgeführt. Vorab wird wegen der Vielzahl diskutierter Methoden von „Ökobilanzen" in Kap. 6.1 eine kurze Übersicht und Bewertung einiger der wichtigsten Methoden umweltorientierter Untersuchungen vorgenommen, ehe in Kap. 6.2 die Beschreibung des Untersuchungsmodells erfolgt und die notwendige Festlegung der Systemgrenzen vorgenommen wird. Unter Einbeziehung bereits vorhandener Daten für die Herstellung derartiger Werkstoffe ist es mit den somit vorliegenden energetischen Aufwänden für das Recycling möglich, eine erste Abschätzung des Energieaufwands eines Ein-Liter-Autos über alle Lebensweg-Abschnitte (Herstellung, Nutzung und Ent-

[1] Sowie nicht zuletzt im Zuge der Diskussion um die EU-Altauto-Richtlinie.

sorgung) im Vergleich zu einem derzeit herkömmlichen Pkw in Stahlbauweise aufzuzeigen. Dies erfolgt am Ende des Kap. 6.

Das Buch schließt mit der Vorstellung einiger Beispiele für Niedrigverbrauchs-Pkw aus Wissenschaft und Automobilindustrie. Dabei wird u.a. das seit einigen Jahren intensiv diskutierte Hypercar-Konzept des Rocky Mountain Institute in den USA, die Entwicklung eines Ein-Liter-Autos der Loremo Automotive GmbH in München sowie der Volkswagen AG vorgestellt.

2 Einflussfaktoren auf den Kraftstoffverbrauch

2.1 Energieaufwand eines Pkw über den Lebenslauf

Um die Umweltbelastung durch Kraftfahrzeuge möglichst effizient und wirkungsvoll zu vermindern, ist es wichtig, die Verteilung des Energieverbrauchs aller Prozessschritte von ihrer Herstellung bis zur Entsorgung[1] zu betrachten. Hieraus können maßgebliche Einflussfaktoren auf den Energieverbrauch innerhalb des gesamten Produktlebenszyklus abgeleitet und Maßnahmen zur Verringerung des Gesamtenergieverbrauchs – und somit auch der Emissionen – eingeleitet werden. Dabei stellt sich die Frage, wo im Lebenslauf von Pkw der sprichwörtlich „größte Hebel" vorzufinden ist. Sind – in ungünstigen Fällen in der Herstellung energieintensive – Verbesserungen bei der Auslegung der Pkw sinnvoll? Welche Rolle spielt dabei die Nutzungsphase, welche ökologische Bedeutung hat das Recycling?

Im folgenden soll exemplarisch an einem Fahrzeug der Mittelklasse die Verteilung des Energieverbrauchs in der Herstellung, Nutzung und Entsorgung dargestellt werden. Als Grundlage dient hierzu eine umfangreiche Studie des Bayerischen Zentrums für Energieforschung e.V., die im April 1995 vorgelegt wurde [14]. In ihr wurde der kumulierte Energieaufwand (KEA = Summe aller primärenergetisch bewerteten Energieaufwendungen, die durch die Herstellung, Nutzung und Entsorgung eines Produkts bedingt sind; s. hierzu auch Kap. 6) für einen typischen Mittelklasse-Pkw ermittelt. Außerdem wurden, aufbauend auf dem Referenzmodell, verschiedene Variationsrechnungen hinsichtlich unterschiedlicher Fahrzeugkonzepte durchgeführt. Mit Hilfe von Szenarien über die zukünftige Entwicklung des KEA bei der Pkw-Herstellung, -Nutzung und -Entsorgung wurden Aussagen über eine energieoptimierte Nutzungsdauer abgeleitet und Ansätze einer praktischen Umsetzung diskutiert. Die in der Studie [14] dargestellten Ergebnisse wurden auch durch andere Untersuchungen bestätigt, so dass die qualitativen Ergebnisse der Energieverteilung über dem Lebenslauf eines Pkw dem heutigen Stand der Wissenschaft nach unbestritten sind.[2]

Bei dem Referenzfahrzeug handelt es sich um einen Mittelklasse-Pkw mit Otto-Motor, einer Motorleistung von 60 kW und einem Leergewicht von 1070 kg.

---

1 Vermehrt setzt sich hier der Ansatz durch, eine „closed-loop"-Betrachtung durchzuführen. Die Bilanzierung erstreckt sich dann in Analogie zum Kreislaufgedanken „von der Wiege bis zur Wiege".

2 Siehe zur Ermittlung der energieoptimierten Nutzungsdauer von Pkw u.a. [126].

Der bilanzierte kumulierte Energieaufwand (KEA[1]) wurde von allen Lebenszyklusphasen des Fahrzeugs erstellt und dabei folgende Bilanzgrenzen gezogen:

Tabelle 2.1. Bilanzgrenzen bei der Ermittlung des KEA

	Bestandteil der Bilanz	Nicht Bestandteil der Bilanz
Pkw-Herstellung		
Bauteile und Baugruppen	• direkte Energieaufwendungen bis zur Rohstoffebene	• indirekte Energieaufwendungen • KEA_H und KEA_E der Betriebsmittel • Transporte
Automobilwerk	• direkte und indirekte Energieaufwendungen der Bereitstellung • Transporte im Werk	• Verdampfungsverlust aus dem Tank des stehenden Fahrzeugs • KEA_E von Betriebsmitteln der Bereitstellung • Transporte außerhalb des Werkes
Pkw-Nutzung		
Kraftstoff	• Kraftstoffverbrauch • direkte und indirekte Energieaufwendungen der Bereitstellung	• Verdampfungsverlust aus dem Tank des stehenden Fahrzeugs • KEA_E der Betriebsmittel der Bereitstellung
Instandhaltung	• KEA_H der Betriebsmittel der Bereitstellung • direkte Energieaufwendungen des KEA_H der Teile und Baugruppen • direkte und indirekte Energieaufwendungen für den Einbau der Teile und für Inspektionen	• indirekte Energieaufwendungen des KEA_H der Teile und Baugruppen
Infrastruktur	• KEA_H und KEA_N	• KEA_E
Pkw-Entsorgung	• direkte und wesentliche indirekte Energieaufwendungen • Transporte	• KEA_H und KEA_E der Betriebsmittel

Den in der Studie errechneten Kumulierter Energieaufwand des Fahrzeugs (KEA) zeigt Tabelle 2.2. Die Anteile der in den einzelnen Phasen Herstellung, Nutzung und Entsorgung des Fahrzeugs anfallenden energetischen Aufwände ver-

[1] Zur Definition des kumulierten Energieaufwands vgl. Kap. 6.2.

teilen sich sehr unterschiedlich. Während die Entsorgung des Fahrzeugs eine – nahezu unbedeutende – „Energiegutschrift" von ca. 0,5 GJ zur Folge hat, benötigt das Fahrzeug in der Nutzungsphase über 560 GJ Energie und damit ca. 87% des gesamten Energieaufwands in seiner Produktlebenszeit. Die Herstellung hat mit ca. 13% einen vergleichsweise niedrigen Anteil.[1] Abbildung 2.1 zeigt diesen Sachverhalt.

Tabelle 2.2. Kumulierter Energieaufwand des Referenzfahrzeugs. Quelle: [14]

Phase	Prozessschritt	Aufwand [GJ]	Summe [GJ]
Herstellung KEA_H	Fertigung sämtlicher Baugruppen und Teile	71,1	82,5
	Lackierung, Endmontage, Lager, Verwaltung	11,4	
Nutzung [a] KEA_N	Kraftstoff	455,9	564,9
	Instandhaltung	61,6	
	Infrastruktur-Bereitstellung	47,4	
Entsorgung [b] KEA_E	Entfernung von Betriebsflüssigkeiten und ausgewählter Teile	0,4	- 0,5
	Heizwert der Betriebsstoffe	- 1,4	
	Shreddern und Separieren	0,2	
	Deponierung der Reststoffe	0,04	
	Transporte	0,2	
Gesamt			646,9

[a] Nutzungsdauer: 10 Jahre, Fahrleistung: 159.000 km.
[b] Bilanzierungsgrenzen gemäß VDI-Richtlinie 4600.

Wie der Abb. 2.1 zu entnehmen ist, fällt in der Nutzungsphase des Pkw der weitaus größte Energieverbrauch an. Hier wird in der Studie unterschieden nach direkten und indirekten Energieaufwendungen. Direkte Energieaufwendungen sind der Kraftstoffverbrauch, die Kraftstoffbereitstellung und die Instandhaltung des Fahrzeugs. Den indirekten Energieaufwendungen sind die anteilmäßige Nutzung und Bereitstellung der Verkehrsinfrastruktur, wie beispielsweise dem Straßenbau und -unterhalt oder der Straßenbeleuchtung, zuweisbar.

Betrachtet man den Anteil des Kraftstoffverbrauchs an den Energieaufwendungen der Herstellung und Nutzung des Pkw (die Energiegutschrift der Entsorgung bleibt hier unberücksichtigt), so hat dieser mit 60% den weitaus größten Anteil am kumulierten Energieaufwand (s. Abb. 2.2).

[1] Die Verteilung des Energieaufwands verändert sich maßgeblich bei einem Ein-Liter-Auto. Dabei nehmen die Anteile der Herstellung und Nutzung im Lebenslauf in ihrer Bedeutung zu.

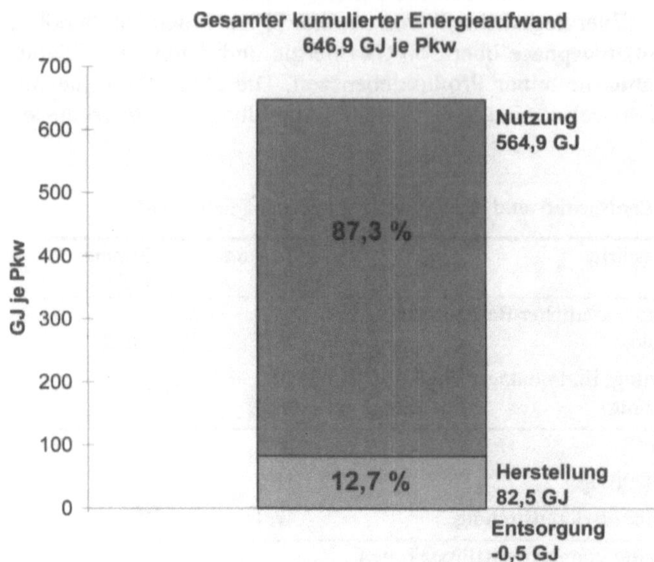

Abb. 2.1. Anteil des Energieaufwandes in den einzelnen Lebenszyklusphasen. Quelle: [14]

Auch andere Quellen berichten über einen ähnlich hohen Anteil des Energieaufwands der Nutzungsphase. So schildern Haldenwanger und Schäper gar einen Anteil von 83% für den Kraftstoff am gesamten Energieaufwand eines Fahrzeuglebens [119]. Hartmann und Schäfer ermittelten bereits 1984 einen Energieaufwand von ca. 800 GJ in der Betriebsphase des Pkw, dagegen nur etwa 80 GJ für die Herstellung einschließlich aller vorgelagerten Stufen, wie Werkstoffherstellung und -verarbeitung. Ca. 10 GJ werden für Wartung und Reparatur benötigt [120]. Innerhalb der Sachbilanz eines VW-Golf haben Schweimer und Schuckert einen Anteil von 90% des gesamten Primärenergiebedarfs errechnet, fasst man die Benzin-Herstellung und den Benzin-Verbrauch zusammen [242].

In nachfolgender Abb. 2.3 wird der direkte und indirekte Energieaufwand in der Nutzungsphase des Mittelklasse-Pkw detailliert aufgeschlüsselt. Daraus wird ersichtlich, dass der Kraftstoffverbrauch mit 75% einen sehr hohen Anteil an den direkten Energieaufwendungen aufweist. Die Kraftstoffbereitstellung und die Aufwendungen für die Instandhaltung haben hier mit einem Viertel der direkten Gesamtaufwendungen einen vergleichsweise geringen Anteil.

Auch wenn sich je nach Auslegung des Pkw kleinere Unterschiede hinsichtlich der quantitativen Energieaufwendungen ergeben, so ist deutlich, dass angesichts des dominierenden Anteils des Kraftstoffverbrauchs am Gesamtenergieaufwand eines Pkw, in dessen Reduzierung die größten Potenziale zur Reduzierung des Gesamtenergieverbrauchs liegen. Hier sind demnach auch die größten Potenziale zur Verminderung des treibhausrelevanten CO_2 zu erwarten, da der CO_2-Ausstoß in direktem Zusammenhang mit dem Kraftstoffverbrauch steht.

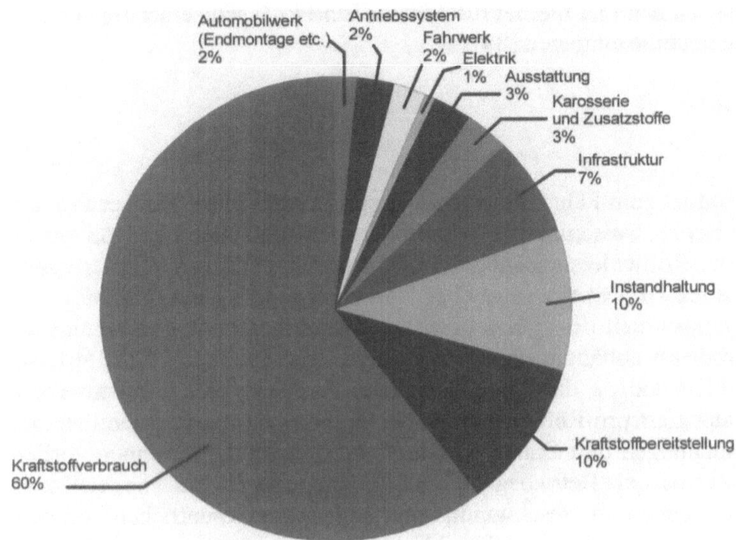

Abb. 2.2. Anteil der Energieaufwendungen einzelner Prozessschritte an der Summe der Phasen Herstellung und Nutzung des Pkw

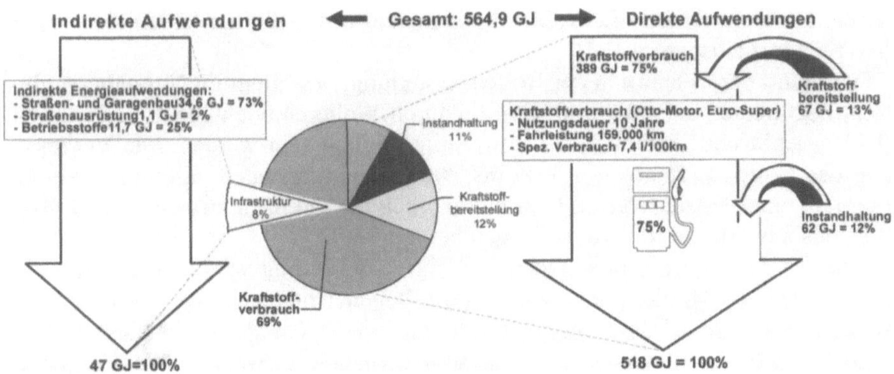

Abb. 2.3. Indirekte und direkte Energieaufwendungen eines Mittelklasse-Pkw

2.2 Der Einfluss der Masse

Betrachtet man die Fahrwiderstandsgleichung eines Kraftfahrzeugs, so lassen sich einzelne Einflussfaktoren auf den Kraftstoffverbrauch des Fahrzeugs ableiten.

Dominant einflussnehmend ist hierbei die Masse. Ein Pkw setzt seiner Bewegung folgende Fahrwiderstände entgegen [89]:

1. Rollwiderstand

$$F_R = mgf_R \cos\alpha \quad (2.1)$$

Der Rollwiderstand ist zum Fahrzeuggewicht proportional. Eine Reduzierung der Fahrzeugmasse beispielsweise um 10% vermindert demnach auch den Rollwiderstand um 10%. Der Rollwiderstandsbeiwert hängt im wesentlichen von der Fahrbahn und vom Reifen ab. Dabei entsteht der Rollwiderstand vorwiegend durch elastische Verformungsarbeit des Rades bzw. des Luftreifens und ist daher unvermeidlich. Die Größe ist abhängig vom Aufbau und den Materialien des Reifens. Über den Rollwiderstand r_0, das dimensionslose Verhältnis von Straßenwiderstand und vertikaler Last pro Reifen, gibt es bemerkenswert wenig öffentlich zugängliche Untersuchungen und Daten; die Hersteller betrachten die ihnen vorliegenden Ergebnisse meist als Betriebsgeheimnis. Bei gegebener Straßenoberfläche, Reifentemperatur, Druck und Geschwindigkeit hängt r_0 im wesentlichen von den Energieverlusten im Reifen ab (vor allem Verformungsverluste), so dass Designverbesserungen und der Einsatz von formstabilen Materialien (geringere Walkarbeit[1] des Reifens) Verbesserungen ermöglichen.[2] Der typische Energieverlust liegt heute für Radialreifen bei ca. r_0=0,007-0,01, mehr als halb so hoch wie noch 1970[3]. Mit verbesserten Polymeren als Grundmaterial hat Goodyear bereits 1990 Werte von r_0= 0,0048 erreicht (bei 80km/h), die inzwischen weiter verbessert werden konnten. Durch die Wahl rollwiderstandsarmer Reifen lassen sich bis zu 5% Treibstoff einsparen [185].

Der Stand der Technik in der Reifenherstellung, vor allem im Nutzfahrzeugbereich, liegt heute bei r_0=0,005-0,006, die durch Weiterentwicklungen noch auf r_0= 0,004 gesenkt und bald auch bei Pkw-Reifen üblich sein werden. Die Verbesserung des Rollwiderstands um 50% bis 2006 scheint möglich, allerdings werden unterhalb einer Marke von ca. 0,005 allmählich die Grenzen erreicht; der Rollwiderstandsbeiwert von Rädern bei Zügen beträgt 0,0025[4].

Eine mit dem Reifen einhergehende wichtige Forderung ist zudem die Reduzierung der Geräuschemissionen. Mittlerweile haben Untersuchungen des Umweltbundesamtes gezeigt, dass einige Reifen mit niedrigem Rollwiderstandsbeiwert zugleich auch ein günstiges Lärmemissionsverhalten aufweisen. Die Verminderung des Rollwiderstands und die Reduzierung der Lärmemissionen scheinen daher kein Widerspruch zu sein.

---

[1] Auch Hysteresis genannt.

[2] Der Rollwiderstandsbeiwert wird teilweise auch in Prozent oder Promille ausgedrückt. Die Messung erfolgt im Testlabor nach der Norm ISO 8767.

[3] Der VW Käfer 1,3L mit 44 PS hatte 1974 einen Rollwiderstandsbeiwert von r_0=0,017 [139].

[4] Quelle: [139]. Darin zeigen die Autoren detaillierte Zusammenhänge zwischen Kraftstoffverbrauch und Reifen auf.

2. Steigungswiderstand

$$F_S = \pm mg \sin \alpha \tag{2.2}$$

wobei (+) Steigung, (-) Gefälle. Die übliche Steigungsangabe in Prozent entspricht dem Tangens des Steigungswinkels.

3. Beschleunigungswiderstand

$$F_A = \pm m \chi a \tag{2.3}$$

wobei (+) die Beschleunigung, (-) die Verzögerung kennzeichnet. Es müssen die Fahrzeugmasse m und die Drehmassen (z.B. die Räder) beschleunigt werden. Der Faktor

$$\chi = 1 + \frac{1}{m} \sum^{n} J_n (i_n / r)^2 \tag{2.4}$$

erfasst dabei nur die polaren Trägheitsmomente vom Getriebeeingang bis zu den Rädern. Die Drehmassen des Motors werden wegen möglicher Drehzahlunterschiede von Motor und Getriebeeingang beim Motor berücksichtigt. Der Faktor hängt in einem geringen Maße von der Getriebeübersetzung ab, beim Pkw $1 \le \chi \le 1{,}04$.

4. Luftwiderstand

$$F_L = \left(\frac{\rho}{2}\right) c_w A_L v^2 \tag{2.5}$$

Der Luftwiderstand ist proportional zum Produkt von Luftwiderstandsbeiwert c_w – der dimensionslosen Kenngröße für die Umströmungseigenschaften eines Fahrzeugs – und effektiver Frontfläche A (auch Stirnflächengröße genannt), die beide verglichen mit den durchschnittlichen Neuwagen trotz erheblicher Fortschritte in der Vergangenheit noch erheblich verbessert werden können. So sank beispielsweise der c_w-Wert von 1960 bis 1992 um durchschnittlich 45% (Tabelle 2.3).

Tabelle 2.3. Entwicklung des Luftwiderstandsbeiwerts c_w

Jahr	1960	1979	1987	1992
c_w-Wert	0,6	0,48	0,37	0,33

Dass sich der Luftwiderstandsbeiwert c_w noch deutlich verringern lässt, zeigte u.a. bereits die Umweltschutzorganisation Greenpeace mit ihrem Sparauto SmILE[1], das am 14. August 1996 in Luzern vorgestellt wurde. Bei einem c_w -Wert von nur 0,25 hat der SmILE einen im Vergleich zu den heute üblichen Serienfahrzeugen

[1] SmILE von Small, Intelligent, Light and Efficient.

um 30% verringerten Luftwiderstand.[1] Obwohl der Frontquerschnitt unverändert gegenüber dem Basismodell[2] bei 1,9 m^2 belassen wurde, konnte so der Luftwiderstandsindex c_w*A von 0,68 m^2 auf 0,475 m^2 verringert werden. Kurzfristig wird eine weitere Verbesserung des c_w-Wertes auf 0,2 für erzielbar gehalten [209]. Dies wird erstmals auch von aktuellen Entwicklungen – wie dem in Kap. 7.2 beschriebenen L22 der Loremo Automotive GmbH – bestätigt, bei dem ein Luftwiderstandsbeiwert von 0,19 und ein noch eindrucksvollerer Faktor c_w*A von 0,21 angestrebt wird. Abbildung 2.4 zeigt das Greenpeace-Sparauto SmILE, das auf 100 km nur 3,26 Liter Super bleifrei[3] verbraucht [109, 111], in Fahrtests teilweise sogar 2,8 Liter auf 100 km [165]. Das äußerst interessante Konzept wird von einem hubraumreduzierten und hochaufgeladenen Motor angetrieben, wie er ausführlich in Kap. 4.1 beschrieben wird.[4]

Ein hohes Potenzial zur Senkung des Luftwiderstandes steckt auch in der Glättung des Fahrzeugbodens, auf den etwa 40% des Luftwiderstandes des gesamten Fahrzeugs entfallen. Im Idealfall ist sein Einfluss auf den c_w-Wert neutral bis positiv. Das realisierbare Minimum für den c_w-Wert erscheint heute bei Einsatz optimierter Oberflächenmaterialien bei 0,1 zu liegen, in Extremfällen auch etwas darunter. Messreihen beim Audi A2 haben ergeben, dass der c_w-Wert bei glattem Unterboden um 24% gegenüber unverändertem Unterboden gesenkt werden kann [64].

Die effektive Frontfläche A kann ebenfalls durch ein besseres Design erheblich verkleinert werden. So lässt sich die typische Frontflächengröße von ca. 2,3 m^2 ohne Einbußen an Raum und Bequemlichkeit leicht auf 1,9 m^2 senken. Die aussagekräftige Größe c_w *A konnte bereits bei den heutigen Drei-Liter-Autos wie dem Lupo 3L von 0,64 m^2 (1,7l-SDI) auf 0,57 m^2 gesenkt werden, beim Audi A2 auf 0,544 m^2. Jedoch ist dabei darauf zu achten, dass es im Falle steiler werdenden Front- und Heckscheiben zu keiner unzumutbaren Überhitzung des Innenraums führt. Kompaktmotoren und innenliegende „Außenspiegel" können die effektive Frontfläche noch weiter verkleinern. Lovins' Hypercar – wie er in Kap. 7.1 beschrieben wird – erreicht in der ULTIMA-Version eine nur 1,7 m^2 große Frontfläche[5].

[1] Dies widerlegt die Skepsis einiger Kritiker. So schrieben beispielsweise die VDI-Nachrichten in ihrer Ausgabe Nr. 35 vom 30. August 1996, dass „viele technischen Möglichkeiten auf dem Weg dorthin (zum Drei-Liter-Auto!) bereits ausgereizt (sind), wie beispielsweise die Verringerung des Luftwiderstandes". Vgl. [271].

[2] Einem Renault Twingo.

[3] Gemessen vom schweizerischen TÜV (EMPA) nach dem seit 1.1.1997 verbindlichen Neuen Europäischen Fahrzyklus (NEFZ).

[4] Vgl. hierzu u.a. [110].

[5] Selbst konservative Annahmen gehen von einer Untergrenze von ca. 1,8 m^2 bei der Stirnfläche aus, so dass die Annahmen von Amory Lovins realistisch erscheinen. Der L22 der Loremo Automotive GmbH wird eine Stirnfläche von ca. 1,1 m^2 aufweisen.

Abb. 2.4. Das Greenpeace© Sparauto SmILE. Quelle: Greenpeace e.V.

Die Summe dieser Fahrwiderstände, die nicht alle gleichzeitig auftreten müssen, ergibt die Fahrzeuggleichung

$$F_w = mg\left(f_R \cos\alpha + \sin\alpha + \chi\frac{a}{g}\right) + f_L v^2 \tag{2.6}$$

Die Terme Umströmungswiderstand F_L, Roll- und Reibwiderstand F_R, Beschleunigungswiderstand F_A und Steigungswiderstand F_S enthalten bis auf den Umströmungswiderstand jeweils das Fahrzeuggewicht (Gln. 2.1, 2.2 und 2.3), und einmal die rotierenden Massen (Gl. 2.3). Die Fahrzeugmasse ist daher – neben einer Leistungsauslegung des Motors für geringe Höchstgeschwindigkeiten und maßvolle Beschleunigungen[1] – ein entscheidender Faktor für die Senkung des Kraftstoffverbrauchs eines Fahrzeugs. Durch den Einsatz von leichteren Materialien kann das Gesamtgewicht des Fahrzeugs gesenkt und damit der Kraftstoffverbrauch reduziert werden. Haldenwanger beziffert den von der Fahrzeugmasse abhängigen Kraftstoffverbrauch mit bis zu 50% [117]. Bei Pkw der Oberklasse kann die direkte Abhängigkeit des Fahrzeuggewichts bis zu 70% betragen [7].

Daneben haben sogenannte Sekundäreffekte einen weiteren Einfluss auf das Gesamtgewicht des Fahrzeugs: Jedes eingesparte Kilogramm Gesamtgewicht ermöglicht eine kleinere Dimensionierung anderer Baugruppen, wie Achsen, Rahmenkonstruktion, Bremsen – und nicht zuletzt der Motorisierung, die zu weiteren Gewichtseinsparungen führen.[2] Das Potenzial ist hier um so größer, je schwerer die Pkw sind. Als Folge der Gewichtsabnahme kann die Motorisierung wiederum kleiner ausfallen, ohne dass die Geschwindigkeits- und Beschleunigungsdaten verändert würden. Damit ergibt sich eine Art „Abwärtsspirale“ bzw. Umkehr der

[1] Vgl. hierzu auch [209], S. 9ff.

[2] Auch deutsche Automobilunternehmen bestätigen die Grundidee des Hypercars: „Bei genauerer Betrachtung erweist sich der Grundgedanke als korrekt: Leichtbau ermöglicht eine Reduktion der Antriebsleistung und damit erneut Leichtbau“. Vgl.: [237], S. 57 sowie Kap. 3.1, Seite 25.

„Gewichtsspirale“ mit den Faktoren Masse und Leistungsbedarf [209]. Diese sekundären Gewichtseinsparungen können bis zu 50% der primären Gewichtsreduzierungen zusätzlich beitragen.[1] In Kap. 3.1.1 wird detailliert auf diesen Sachverhalt eingegangen.

Eine Senkung des spezifischen Kraftstoffverbrauchs (bezogen auf die Masse) von Pkw wird vornehmlich durch eine Verminderung des Beschleunigungs- und Rollwiderstands erreicht. Hier wird vom sogenannten Kraftstoffminderverbrauchskoeffizienten (C) gesprochen. Allerdings variieren die Koeffizienten je nach Quelle erheblich. Als Richtwert lässt sich eine Kraftstoffersparnis von bis zu 0,6 l pro 100 km und 100 kg angeben [14][2]. Der ADAC nennt einen durchschnittlichen Gewichtseinfluss C von 0,7 l pro 100 km und 100 kg [119].

Für Fahrzeuge niedriger spezifischer Leistung ist die Gewichtsabhängigkeit geringer: über 18 kg/kW z.B. 0,35 Liter pro 100 km und 100 kg, für Fahrzeuge hoher spezifischer Leistung ist sie höher: bis 11 kg/kW z.B. 0,85 l pro 100 km und 100 kg. Mit dem BMW-Fahrleistungs- und Verbrauchssimulationsprogramm FALKE ergibt sich ein Wertebereich in einer Bandbreite zwischen 0,34 und 0,48 $l/(100\ kg \cdot 100\ km_{NEFZ})$ für benzinbetriebene Pkw und 0,29 und 0,33 $l/(100\ kg \cdot 100\ km_{NEFZ})$ für dieselbetriebene Fahrzeuge der Mittel- und Oberklasse [70]. Das Hypercar-Center rechnet beim Hypercar mit einem Faktor von C = 0,663 l pro 100 km und 100 kg.[3] Dies würde bei einer angenommenen Fahrleistung von 18.500 km/a und einer mittleren Nutzungsdauer von 12 Jahren zu einer Kraftstoffeinsparung von ca. 12.700 l führen. Die DLR rechnet mit niedrigeren Koeffizienten. Nach ihrer Ansicht kann von Verbrauchsreduktionen in typischen Fahrzyklen nur zwischen 0,25 und 0,3 l/(100 km*100 kg Reduktion) ausgegangen werden, bei Fahrzeugen im reinen Stadtbetrieb bis zu 0,4 l (100 km*100 kg Reduktion). Bei Dieselfahrzeugen ist die Einsparung demnach etwas geringer [201]. Abbildung 2.5 zeigt den Einfluss der Fahrzeugmasse auf den Kraftstoffverbrauch bei verschiedenen Geschwindigkeiten.

Dass ein verbrauchsgünstiges und leichtes Fahrzeug in der Regel auch kleiner sein wird zeigt darauffolgende Abb. 2.6, die den Zusammenhang zwischen Leergewicht und Fahrzeuglänge der 80 meistzugelassenen Pkw und ausgewählter Kleinfahrzeuge darstellt. Allerdings sind Pkw, aus Sicht des Wuppertal Instituts, unterhalb der Größe in etwa des Opel Corsa nicht sinnvoll.[4]

---

[1] Vgl. [134], Seite 36.

[2] Pro 100 kg Mindergewicht ca. 0,6 Liter / 100 km (Otto) bzw. 0,4 Liter / 100 km (Diesel) Verbrauchsreduzierung nennt auch [87], Seite 269.

[3] Vergleich des Hypercar (521 kg) mit einem U.S.-Fahrzeug (1443 kg). Vgl. auch [165], S. 195ff. Geoff Wood, Materialexperte am Oak Ridge National Laboratory, geht von einer 6%-igen Senkung des Kraftstoffverbrauchs bei einer Gewichtsreduzierung um 10% aus.

[4] Dr. Rudolf Petersen, Direktor der Abteilung Verkehr am Wuppertal Institut für Klima, Umwelt, Energie GmbH, in einem Gespräch mit dem Autor am 6. Juli 2001.

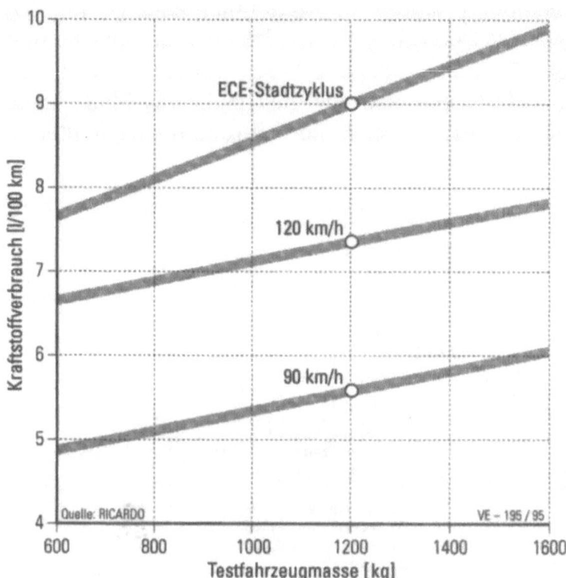

Abb. 2.5. Einfluss der Fahrzeugmasse auf den Kraftstoffverbrauch bei verschiedenen Geschwindigkeiten. Quelle: [209]

Es lässt sich also abschließend feststellen, dass zur Minimierung der Gesamtenergieaufwendungen derzeit angebotener Pkw die Gewichtsreduzierung ein hohes Verbesserungspotenzial darstellt. Eine Reduzierung des Gesamtgewichts des Fahrzeugs führt bei sonst gleich bleibenden Randbedingungen (Fahrleistung, Motorisierung etc.) zu einer – verglichen mit anderen Maßnahmen – relativ hohen Einsparung von Energieaufwendungen innerhalb des Produktlebenslaufs.[1]

Dabei liegt bereits im gewählten Denkansatz die eigentliche Chance und Herausforderung. Die Kunst der modernen Effizienzsteigerungen liegt dabei im „Rückwärtsdenken". Geht man in einem System vom End- zum Anfangspunkt, so wandeln sich Wirkungsradverluste gleichsam in ihrem Kehrwert zu möglichen Einsparungen. Der Grund hierfür ist einfach: In einer Kette von aufeinanderfolgenden Verbesserungen vervielfältigen sich sämtliche Einsparungen und scheinen somit auf den ersten Blick alle dieselbe arithmetische Bedeutung zu haben. Die wahre wirtschaftliche Bedeutung aber hängt im wesentlichen von ihrer Position in der Kette ab. Die am weitesten „downstream" – also am Ende der Kette – gemachten Einsparungen besitzen dabei die größte Hebelwirkung. In dem man also von vornherein die an den Rädern benötigte Antriebsenergie reduziert, wird der Wirkungsgrad der betroffenen Komponenten – wie der des Antriebsstrangs – quasi zum Multiplikator.

---

[1] So ist auch bei der von der US-Regierung initiierten „Partnership for a New Generation of Vehicles" (PNGV) der Einsatz von leichten Materialien primärer Ansatzpunkt für die Reduzierung des Kraftstoffverbrauchs. Vgl. auch [178].

Senkt man beispielsweise die an den Rädern benötigte Energiemenge um 10%, so muss bei einem angenommenen Wirkungsgrad von 25% eine um 40% verminderte Energie am Anfang dieser Wirkungsgradkette bereit gestellt werden. Alle Reduzierungen der Fahrwiderstände tragen also ein entscheidendes Maß zur gesamten Kraftstoffeinsparung bei. Sie sind zugleich die Wirtschaftlichsten aller Effizienzstrategien.[1]

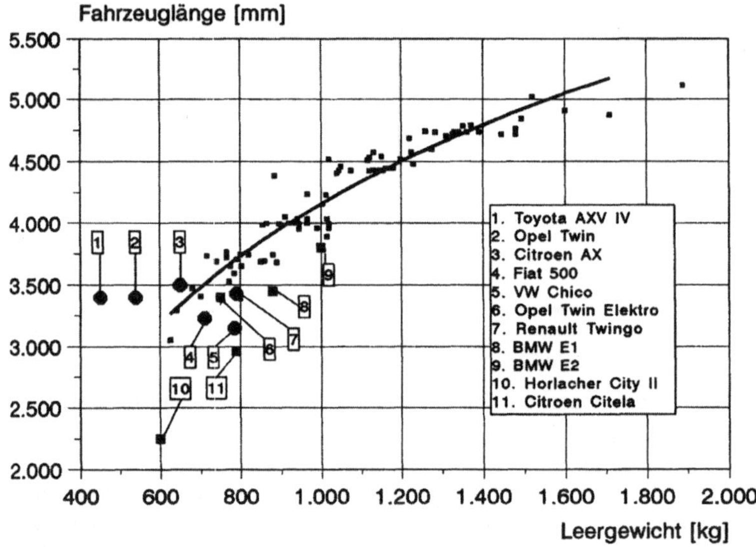

Abb. 2.6. Leergewicht und Länge der 80 meistzugelassenen Pkw und ausgewählter Kleinfahrzeuge. Quelle: [87], Seite 267

Will man jedoch eine maximale Einsparung des Energieaufwands eines Pkw erreichen, so müssen mehrere effiziente Technologien und Konstruktionen miteinander kombiniert werden. Hier ist v.a. die Wahl des Antriebskonzepts von Bedeutung. Letztendlich hat ein Niedrigenergiefahrzeug die höchsten Realisierungschancen, wenn Leistungs- und Gewichtsreduzierungen kombiniert werden.

2.3 Das Antriebskonzept

Während im vorigen Kapitel der Leistungsbedarf des Pkw und dessen Reduzierung im Vordergrund stand, so lässt sich ein extrem effizienter Pkw nur dann realisieren, wenn dieser Leistungsbedarf auch auf effiziente Weise bereitgestellt wird. Der Verbrennungsmotor als Antrieb der vergangenen Jahrzehnte wurde zwar bis dato immer wieder optimiert, gelangt aber allein auf Grund seines Car-

[1] Zu der angesprochenen Thematik vgl. u.a. [122].

not-Wirkungsgrades an seine Effizienzgrenzen, abgesehen davon, dass ein Festhalten an hubraumstarken Verbrennungsmotoren beim gleichzeitigen Versuch dessen Kraftstoffverbrauch zu minimieren, einen Widerspruch in sich darstellt. Auch hier ist ein Umdenken erforderlich. Ein zentrales Problem des Verbrennungsmotors liegt schlicht in seinem Prinzip begründet: er verbrennt fossile Kraftstoffe zu Abgasen und CO_2. Die Verminderung des Kraftstoffverbrauchs kann auf unterschiedliche Weisen erfolgen. Entweder man optimiert den konventionellen Verbrennungsmotor oder aber man verwendet gänzlich alternative Antriebsarten hierzu. Grundsätzlich muss dabei auch die Frage gestellt werden, ob die Verbrennung fossiler Treibstoffe gerade im mobilen Bereich sinnvoller ist, als oftmals aufwendige und teure Alternativen zu entwickeln, die sich zudem bis dato allesamt nicht durchsetzen konnten. So wurden in der Vergangenheit eine Vielzahl sogenannter „alternativer Antriebe" entwickelt und erprobt, teilweise auch in die Serie umgesetzt. Ein Durchbruch auf breiter Front ist allerdings nicht erkennbar. Dabei muss auch berücksichtigt werden, dass die Entwicklung einer alternativen Antriebsform und deren anschließenden Bewertung immer in Zusammenhang mit dem dann vorliegenden Stand der Technik und den vorgegebenen Rahmenbedingungen erfolgt. Werden beispielsweise Erfolge in der Speichertechnologie erzielt, so müssen batteriebetriebene Elektrofahrzeuge gänzlich neu bewertet werden. Dies gilt umso mehr, sollte langfristig eine regenerative Energiebasis für dessen Aufladung zur Verfügung stehen.

Die Antriebstechnologie der Zukunft ist daher immer auch abhängig von den jeweils unterstellten Rahmenbedingungen.[1] Wird hierbei weiterhin eine fossile Energiebasis unterstellt, so ist eine extrem effiziente Nutzung der fossilen Treibstoffe umso dringlicher. Werden Langfristoptionen untersucht, so kann dafür auch ein Szenario einer regenerativen Energiebereitstellungsbasis betrachtet werden. Fest steht, dass auf Grund der drängenden Herausforderungen im Klima- und Umweltschutz langfristig eine Kombination aus regenerativer Energiebasis und rationeller Energienutzung erforderlich ist. Wenngleich die Entwicklung alternativer Antriebe, die auf eine regenerative Energiebasis zurückgreifen können, bis dato die hierfür notwendigen Rahmenbedingungen nicht vorfinden, so kann deren Entwicklung mit Blick auf die Langfristperspektive unter bestimmten Bedingungen durchaus sinnvoll sein.

Ebenso notwendig ist die Darstellung möglicher Übergänge hin zu langfristig vertretbaren Optionen. Insbesondere hierbei kommt der weiteren Optimierung von Verbrennungsmotoren eine besondere Bedeutung zu. Die hierfür notwendigen Technologien sind vorhanden. Woran es vielmehr fehlt, ist der notwendige Wille diese Konzepte konsequent umzusetzen sowie die für deren Förderung geeigneten politischen Rahmenbedingungen zu schaffen.

Im folgenden Kapitel werden potenziell vielversprechende Antriebsoptionen für extrem effiziente Antriebe auf dem Weg zum Ein-Liter-Auto beschrieben und einer kritischen Bewertung unterzogen. Zuvor wird jedoch der Einfluss des Fahr-

[1] Zu innovativen Fahrzeugantrieben s. [268].

verhaltens auf den Kraftstoffverbrauch thematisiert, weil dieser teils erheblichen Einfluss auf den realen Kraftstoffverbrauch des Pkw hat.

2.4 Das Fahrverhalten

Zum Ein-Liter-Auto gehört auch der Ein-Liter-Fahrer bzw. die Ein-Liter-Fahrerin. Wenn von Normverbräuchen bei Pkw die Rede ist, so werden diese nach der EU-weit gültigen Richtlinie 93/116/EG gemessen. Unter realen Bedingungen weicht der Kraftstoffverbrauch von der angegebenen Norm meist ab. Dabei ist es möglich den Verbrauch weit über das angegebene Maß zu steigern, ebenso aber mit einer kraftstoffsparenden Fahrweise gleichsam deutlich zu unterbieten. Wenn innerhalb dieses Buches also von einem Ein-Liter-Auto die Rede ist, so ist damit immer ein angegebener Normverbrauch gemeint.

Letztendlich nicht unerheblich für den tatsächlichen Kraftstoffverbrauch ist dennoch die jeweils gewählte Fahrweise. Hierbei können – meist kurzfristig – bis zu 42% des Kraftstoffverbrauchs eingespart werden, wie die mittlerweile zahlreich angebotenen Spritsparkurse immer wieder belegen[1]. Nach Berechnungen des Bundesumweltministeriums können in Deutschland fünf Millionen Tonnen CO_2 durch die Schulung von Fahrern, durch eine verbesserte Fahrausbildung und durch Informationen über energiesparendes Fahren eingespart werden. Zudem werden die Schadstoffemissionen gesenkt und der Lärm deutlich reduziert. Auf entsprechenden Kursen werden, unter Berücksichtigung einiger Grundregeln für eine energie- und ressourcensparende Fahrweise, Fahrerschulungen mit dem Ziel einer maximalen Kraftstoffeinsparung durchgeführt. Das Angebot für ökologisches Fahren ist groß: Der Deutsche Verkehrssicherheitsrat (DVR),der ADAC, Automobilhersteller, Regionalclubs etc. bieten solche Kurse an. Das sogenannte Ecodrive-Training einer Fahrschule in Österreich handelt dabei nach dem Leitsatz „Gewohnheiten sind erst Spinnweben, dann Drähte. Nichts ist so hartnäckig und so dauerhaft wie die Gewohnheit“ [186].

Das Angebot derartiger Spritsparkurse wird bisher leider nur zögerlich wahrgenommen, obwohl sich die Trainingskurse (Privatpersonen bezahlen für einen Kurs nicht mehr als 50 bis 100 Euro) nach spätestens 3 bis 4 Monaten bezahlt machen – dank der hohen Spritersparnis. Das 3-Liter-Auto ist also bereits geschaffen, der 3-Liter-Fahrer tritt nur sehr selten in Erscheinung. Aber auch immer mehr Großunternehmen lassen ihre Fahrer im Eco-Fahrstil schulen. Die Deutsche Telekom AG beziffert ihre Einsparung auf 300.000 € pro Jahr. Bei Ford werden die Einspar-Potentiale für Privatfahrer auf 250 € jährlich veranschlagt[2]. Dabei hat eine Studie ergeben, dass Unternehmen auch die Unfallzahlen ihrer Fahrer mit bis zu 35% über die Dauer von vier Jahren deutlich senken konnten [247].

---

[1] Vgl. hierzu u.a. [84, 176, 183].

[2] Quelle: www.bmu.de.

Unter anderem weist das Bundesumweltministerium oder der Verkehrsclub Deutschland e.V. (VCD) auf die entsprechenden Tipps hin. Dabei gelten vorwiegend folgende Regeln[1]:

- Niedertourig fahren. Das schadet – entgegen einer weit verbreiteten Meinung selbst unter Ingenieuren – keineswegs dem Motor und spart leicht 20 Prozent Kraftstoff[2]. Die meisten, besonders aber moderne Motoren lassen sich schon unter 2000 Umdrehungen hoch schalten und bei Tempo 30 im dritten oder vierten, bei Tempo 50 bis 60 im vierten oder fünften Gang fahren[3] (vgl. auch Abb. 2.7),
- vorausschauend fahren, überflüssige Brems- und Beschleunigungsvorgänge vermeiden,
- vor allem im Außerortsverkehr auch mal den Fuß vom Gas nehmen. Der Verbrauch wächst mit zunehmendem Tempo überproportional. In manchen Fällen hat schon die Einhaltung der jeweils zulässigen Höchstgeschwindigkeit einen erheblichen Spritspareffekt. Die Einhaltung der Richtgeschwindigkeit auf Autobahnen zahlt sich ebenfalls aus. Zudem sinkt bei niedrigerem Tempo auch die Unfallgefahr,
- bei Kurzstopps, auch bei längerem Ampelrot und im Stau, den Motor ausschalten. Der VCD empfiehlt dabei Stopps von länger als 10 Sekunden Dauer. Beim anschließenden Motorstart auf keinen Fall Gas geben,
- eingekuppelt ausrollen und die Schubabschaltung nutzen. Dass es notwendig wäre, den Motor zum Mitbremsen einzusetzen und dabei in einen kleineren Gang zu wechseln, ist ein Mythos aus den Zeiten der Trommelbremse. Bei älteren Fahrzeugen mit Vergasermotor ist der Ausstoß von krebserzeugenden Kohlenwasserstoffen bei der Nutzung der „Motorbremse“ bis zu zehnmal so hoch wie bei normaler Fahrt. Zurückschalten, um das Fahrzeug abzubremsen, ist deshalb nur bei starkem Gefälle angebracht. Zum Verzögern aus hoher Geschwindigkeit reicht es, den 4. oder 5. Gang eingelegt zu lassen und den Fuß komplett vom Gas zu nehmen,
- Pufferabstand zum Vordermann halten,

---

[1] Vgl. hierzu auch u.a. www.bmu.de, www.vcd.org sowie detaillierte Hinweise in [186].

[2] Dabei gilt für alle Autos, die in den letzten zwanzig Jahren gebaut wurden: je niedrigtouriger und je gleichmäßiger, desto besser.

[3] Seit einigen Jahren fragt der Verkehrsclub Deutschland (VCD) bei der Recherche zur Auto-Umweltliste bei den Autoherstellern an, wie viel ihre Modelle bei konstant 30 km/h pro Stunde im 2. und 3. Gang und bei 50 km/h im 2. bis 5. Gang verbrauchen. Die Antworten fallen sehr unterschiedlich aus. Die Ford AG hatte hierzu eigens neun Fahrzeugmodelle getestet. Die meisten Hersteller behaupteten aber, sie hätten keine Daten, weil ein solcher Verbrauchstest nicht vorgeschrieben sei. Übrigens: Porsche gab dabei genaue Werte an und vermerkte genüsslich: „Bitte beachten: Ein Porsche kann bei 30 km/h im 4. Gang und bei 50 km/h im 6. Gang gefahren werden.“ Im zweiten Gang braucht ein Porsche 911 Carrera bei konstant 50 km/h 15,1 Liter, im sechsten Gang braucht er nur 6,2 Liter Super. Quelle: www.vcd.org.

- auf richtigen Reifendruck und Reifenart achten. Dabei empfiehlt es sich, immer den angegebenen Reifendruck für den beladenen Zustand zu verwenden. Der Berstdruck des Reifens liegt um ein Zehnfaches höher, es besteht demnach keine Gefahr. Beim Kauf eines Neuwagens darauf achten, dass Reifen montiert sind, die den Anforderungen des Blauen Engels für rollwiderstandsarme und lärmarme Reifen entsprechen.[1] Dabei sollte mindestens mit dem Reifendruck gefahren werden, den der Autohersteller für das vollbeladene Fahrzeug bei Höchstgeschwindigkeit empfiehlt. Es darf auch noch ein bisschen mehr sein. Dem etwas geringeren Fahrkomfort stehen ein deutlich geringerer Verbrauch, weniger Schadstoffe, mehr Bremssicherheit und weniger Reifenverschleiß gegenüber. Breitreifen verlängern den Bremsweg und erhöhen den Verbrauch. Winterreifen sind lauter, nutzen schneller ab und kosten bis zu 10 Prozent mehr Kraftstoff. Es gilt daher, rechtzeitig auf Sommerreifen zu wechseln,
- beim nächsten Ölwechsel Leichtlauföl wählen. Einsparpotential beim Spritverbrauch: 4 bis 5 Prozent,
- Kurzstreckenfahrten vermeiden: Für kurze Wege auch einmal das Fahrrad benutzen oder gehen Sie zu Fuß. Immerhin ein Drittel aller privaten Fahrten sind Fahrten mit einer Entfernung unter drei Kilometern. Ein Mittelklasse-Pkw verbraucht direkt nach dem Start ca. 30 bis 40 Liter Kraftstoff auf 100 Kilometer. Nach einem Kilometer sinkt der Verbrauch dann auf etwa 20 Liter. Erst nach ungefähr vier Kilometern ist der Motor betriebswarm und der Verbrauch hat sich normalisiert. Der Verschleiß des Motors ist bei kaltem Motor außerordentlich hoch. Besonders schädlich für Motor und Umwelt: Warm laufen lassen im Stand. Am schonendsten erreicht der Motor seine Betriebstemperatur, wenn sofort nach dem Motorstart losgefahren wird,

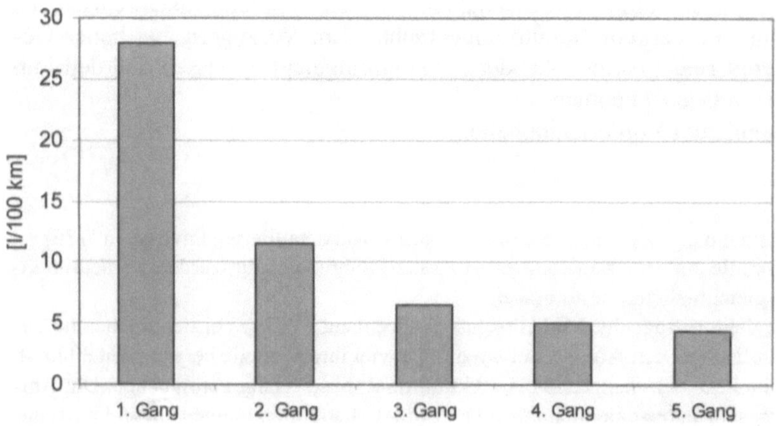

Abb. 2.7. Kraftstoffverbrauch in Abhängigkeit von Geschwindigkeit und Gangwahl bei einer Konstantfahrt eines Mittelklasse-Pkw bei ca. 45 km/h. Quelle: [176]

[1] Für den Kauf neuer Reifen bietet das Umweltbundesamt eine Liste umweltfreundlicher Leichtlaufreifen (www.umweltbundesamt.de). Das spart 4 bis 5% Kraftstoff.

- unnötigen Ballast vermeiden, insbesondere wenn dadurch der Luftwiderstandsbeiwert verschlechtert wird, z.B. bei Dachlasten. Drei Fahrräder auf dem Dach bedeuten bei Tempo 100 einen Mehrverbrauch von ca. 4 l/100 km. Selbst ein unbeladener Skihalter erhöht den Verbrauch eines Mittelklassewagens um etwa einen Liter.

Die genannten Aspekte leisten einen wesentlichen Beitrag für ein Kraftstoffverbrauch von „real" einem Liter auf 100 km mit entsprechender Technik (eben einem Ein-Liter-Auto nach NEFZ) und entsprechender ökologischer Fahrweise. Mit Blick auf neue Antriebstechnologien nimmt die Bedeutung einer ökologischen Fahrweise sogar noch zu. So hat ein sportliches Fahrverhalten und häufiges Beschleunigen beim Brennstoffzellenantrieb einen nochmals höheren Kraftstoffbedarf zur Folge, weil Brennstoffzellen, anders als der Verbrennungsmotor, bei Volllast einen geringeren Wirkungsgrad haben als bei Teillast [201]. Daneben ist anzustreben, dass die bisher weitgehend technokratische Verkehrserziehung bis hin zu in diesen Themen eher schwach sensibilisierten Fahrschulen eine Wende hin zu Ausbildungselementen erhält, welche auf die sozialen und ökologischen Aspekte des Straßenverkehrs abheben.

Seit 1997 gibt es in Berlin die Bildungsakademie und Fahrschule Verkehr human, die dies zum Ziel hat. Insgesamt zielen die Ausbildungsbemühungen bei Verkehr human[1] auf eine stärkere Binnensteuerung des individuellen Fahrverhaltens. Dieses Ziel wurde in der klassischen Fahrausbildung zugunsten der Konzentration auf Regelkenntnisse und Fahrzeugbeherrschung bislang vernachlässigt [276]. Die klassische Fahrausbildung weist nach demnach bislang wenig in Richtung eines sozial und ökologisch verträglicheren Autoverkehrs, sondern favorisiert die optimale Anpassung der Neueinsteiger an den Status Quo. Dies ist aber mit Blick auf die sich durch Praktizierung oben genannter Regeln offenbarenden Potenziale für eine deutliche Reduzierung der CO_2-Emissionen ein auf Dauer nicht zu vertretender Zustand. Verkehr human lehrt von der ersten bis zur letzten Fahrstunde einen umweltschonenden Fahrstil, mit dem bis zu 30% Kraftstoff eingespart werden kann. Dabei berichtet [276] von der Erfahrung, dass der Fahrstil den Schülern erfahrungsgemäß leicht zu vermitteln ist und wird von ihnen problemlos angenommen wird.

Die Nebeneffekte zur kraftstoffsparenden Fahrweise sind insbesondere im Bereich des Lärms, der Sicherheit, der Reduzierung der Kosten sowie der Schadstoffemissionen zu erwarten. Bei letzteren sind Reduzierungen der Kohlenwasserstoffe, der Partikelemissionen und Kohlenmonoxide zu erwarten, während einige Experten davon ausgehen, dass es bei den Stickoxiden zu einer leichten Erhöhung der Emissionen kommen kann [213].

[1] www.verkehrhuman.de

3 Konzepte auf dem Weg zum Ein-Liter-Auto

Im Folgenden werden mögliche Konzepte und Strategien auf dem Weg zum Ein-Liter-Auto vorgestellt. Dabei handelt es sich zumeist nicht um hochtechnologische und komplexe Zusammenhänge. Vielmehr werden grundlegende Lösungsansätze vorgestellt, die einen Beitrag zur maßgeblichen Reduktion des Kraftstoffverbrauchs leisten können. Zentrale Ansätze sind hierbei die Reduktion der Fahrwiderstände und eine möglichst effiziente Bereitstellung der dann erforderlichen Fahrleistung[1]. Von besonderer Bedeutung ist es hierbei, in wie weit vorhandene Lösungsansätze für eine möglichst große Anzahl von Pkw geeignet und umsetzbar sind. Letztlich ist die Reduzierung des Flottenverbrauchs vorrangiges Ziel.[2] Die dargestellten grundlegenden Strategien werden in den Folgekapiteln konkretisiert.

3.1 Die Ultra-Leicht-Strategie

Das Prinzip einer Ultra-Leicht-Strategie leitet sich direkt aus der Physik des Autofahrens ab [248]. Auf ebener Straße beträgt in diesem Fall die zur Fortbewegung effektiv genutzte Energie nur 15-20 Prozent des gesamten Energie-Einsatzes, und sie verteilt sich zu je ca. einem Drittel auf die Erwärmung der Bremsen beim Anhalten, die Erwärmung der vom fahrenden Kfz verdrängten Luft sowie die Erwärmung von Reifen und Straße. Zudem steigt der Luftwiderstand mit dem Quadrat der Geschwindigkeit und verbraucht beispielsweise beim Autobahnverkehr bereits 65%-70% der Nutzenergie. Die Schlüsselfaktoren zur Verbesserung der Energieeffizienz sind daher die Minimierung von Leistung, Masse, Luft- und Rollwiderstand sowie Bremsen mit Energie-Rückgewinnung. Zusammengenommen ergeben Verbesserungen dieser Faktoren eine deutlich verbesserte Effizienz und damit einen niedrigen Verbrauch.

---

1 Von der verbrauchten Energie des Kraftstoffs gehen bei heutigen Pkw mindestens 80% verloren, hauptsächlich als Motorwärme und Abgase, und maximal 20% werden tatsächlich zum Drehen der Räder benutzt. Von diesen 20% werden zum Großteil das Auto bewegt, nur ein Zwanzigstel davon bewegt den Fahrer.

2 Darin liegt auch nach Ansicht renommierter Verkehrsexperten die eigentliche Herausforderung, wie der Direktor der Abteilung Verkehr des Wuppertal Instituts, Dr. Rudolf Petersen, in einem Gespräch mit dem Autor am 6. Juli 2001 bestätigt. Vgl. zu den Pkw-Konzepten der Zukunft u.a. [205, 206, 207, 208, 209, 210].

Die Bedeutung der Fahrzeugmasse für die Reduzierung der Fahrwiderstände ist dabei an sich unbestritten. Kontrovers diskutiert wird vielmehr, ob der Einsatz – insbesondere energetisch aufwendiger – Materialien ökologisch sinnvoll ist und ob die alleinige Reduzierung der Fahrzeugmasse für drastische Kraftstoffverbrauchsminderungen ausreicht. Das Prinzip der Ultra-Leicht-Strategie zeigt Abb. 3.1 und ist denkbar einfach: Leichtbau führt zu kleiner dimensionierten Aggregaten und Bauteilen, was wiederum zu Leichtbau führt – ein Ergebnis der sogenannten sekundären Leichtbaueffekte.

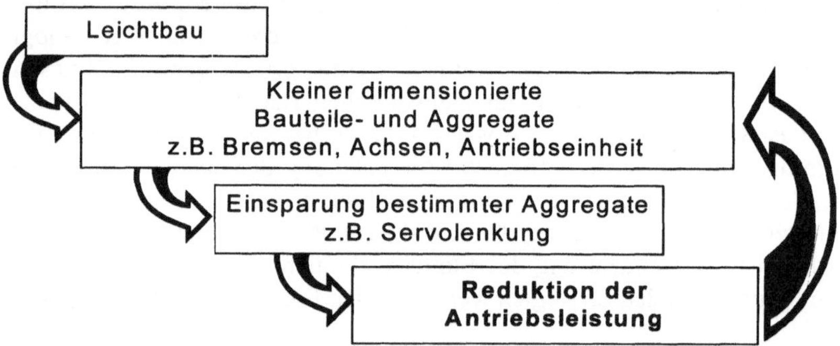

Abb. 3.1. Das Prinzip der Ultra-Leicht-Strategie

Die genannten Faktoren sind jedoch nicht alle von gleicher Bedeutung. Während bei heutigen Fahrzeugen Roll- und Luftwiderstand eine vergleichbare Wirkung aufweisen, sind Gewichtsverringerungen ca. dreimal so effektiv. Eine Minderung der Fahrzeugmasse muss aber mit dem damit verbundenen energetischen Aufwand gegengerechnet werden. Den Einfluss und damit möglicherweise verbundene Probleme von Gewichtsminderungen auf den Kraftstoffverbrauch schildert das folgende Kapitel am Beispiel faserverstärkter Kunststoffe.

3.1.1 Einfluss von Leichtbaueffekten auf den Kraftstoffminderverbrauch

Den Einfluss sekundärer Leichtbaueffekte auf den Kraftstoffminderverbrauch schildert u.a. Eberle [70]. Auf die Problematik unterschiedlicher Werte für den Kraftstoffminderverbrauchskoeffizienten C ist bereits einleitend hingewiesen worden. Für diese sogenannten sekundären Leichtbaueffekte werden in der Literatur ebenfalls unterschiedliche Werte angegeben. Braess [26] nennt hierzu auf Basis einer Gesamtfahrzeugberechnung einen Wert von 16%. Außerdem existieren Schätzwerte zwischen 30% und 35% bis hin zu 50% für den sekundären Leichtbaugrad [70]. Wichtig ist in diesem Zusammenhang, dass diese sekundären Gewichtseinsparungen nur umgesetzt werden können, wenn hierbei deutliche Quantensprünge bei der primären Gewichtsreduzierung erreicht werden. Ein möglicher Schwellenwert zur Umkehr der Gewichtsspirale liegt nach [211] bei einer Gewichtseinsparung an der Karosserie von mindestens 35%. Die Erfolge bei der primären Gewichtsreduzierung der Karosserie sind deshalb auch maßgebend für mögliche weitere Einsparungen an übrigen Fahrzeugkomponenten, wie Motor, Getriebe, Fahrwerk, Bremsen und Kraftstofftank bis hin zum möglichen Wegfall ganzer Komponenten wie beispielsweise der Servolenkung. Die sekundären Gewichtsreduzierungen können die primäre Gewichtsreduzierung nahezu verdoppeln [194].

Weshalb gerade den sekundären Gewichtseinsparungen eine besondere Bedeutung zukommt, zeigt sich bei Betrachtung folgender Problematik: Der Einsatz insbesondere in der Herstellung energieintensiver Werkstoffe zur Gewichtsreduzierung – wozu auch kohlefaserverstärkte Kunststoffe zählen – kann dazu führen, dass dieser Aufwand sich in der Nutzungsphase im Lebenslauf des Pkw nicht wieder amortisiert[1]. Dies wäre in der Konsequenz schlichtweg ökologisch kontraproduktiv. Im Falle eines Kilogramms Kohlefaser muss beispielsweise nach Angaben des Wuppertal Instituts für dessen Bereitstellung ein Energieaufwand in Höhe von 340 MJ/kg (vgl. Kap. 6.4.3) zu Grunde gelegt werden. Dies bedeutet, dass bei Verwendung von 60 kg Kohlefaser für die Karosserie allein ein energetischer Aufwand von 20,4 GJ anfällt. Hinzu kommen Aufwendungen für insgesamt 46 kg Epoxid (ca. 130 MJ/kg) sowie weitere bei der Herstellung der Karosserie. Insgesamt wird ein Aufwand von ca. 26 GJ für Kohlefaser und Epoxid angenommen. Würde die primäre Gewichtsreduzierung der Karosserie mit 50% veranschlagt, so ergebe sich für die Karosserie[2] eine absolute Gewichtsreduzierung von ca. 60 kg [3]. Mögliche weitere sekundäre Reduzierungen hinzugenommen wird angenommen, dass insgesamt 150 kg Gewicht gegenüber der herkömmlichen Stahlkarosserie eingespart werden kann. Bei einem Kraftstoffminderverbrauchskoeffizienten C = 0,24 l/100 km*100 kg ergibt sich somit innerhalb der Nutzungsphase[4] eine Einsparung an Kraftstoff von 518 Liter. Umgerechnet[5] sind dies während der Nutzungsphase ca. 19 GJ. In der Umkehrung dürfte der Mehraufwand der kohlefaserverstärkten Karosserie gegenüber herkömmlichen Konzepten aus Stahl demnach nicht höher als 19 GJ betragen. Stellt man einen energetischen Aufwand von 26 MJ/kg für eine 250 kg schwere Stahlkarosserie – also insgesamt 6,5 GJ – gegenüber, so ergibt sich ein maximaler (und während der Nutzungsphase zu amortisierender) energetischer Aufwand für die CFK-Karosserie von ca. 25,5 GJ. Wie bereits festgestellt, wird aber bereits für die Herstellung der Kohlefaser ein Auf-

---

[1] Letztendlich ist hierbei der Ausstoß von CO_2 maßgebend.

[2] Gesamtgewicht m=120 kg. Quelle: [165].

[3] Vgl. [226], S. 116. Hier nimmt Roß eine Reduzierung am Beispiel des Audi A8 durch die Aluminiumkarosserie von 40% an.

[4] Bei einer angenommenen Fahrleistung von 12.000 km/a und 12 Jahren Nutzungsdauer bis zur Löschung.

[5] Bei einem Kraftstoffenergieinhalt $KEA_{Kraftstoff}$ von 37 MJ/l Benzin inkl. Bereitstellungsaufwand.

wand von 26 GJ veranschlagt.[1] Das Beispiel zeigt, dass ohne weitere energetische Optimierung des Pkw (z.B. im Antrieb) eine energetische Amortisation im Falle einer CFK-Karosserie allein durch primär gewichtsinduzierte Kraftstoffeinsparungen im Lebenslauf sehr spät bzw. in ungünstigen Fällen nicht erfolgen würde.[2] Kap. 5.2 zeigt dies auch am Beispiel von Aluminium auf. Hier ist jedoch auf zwei Sachverhalte hinzuweisen:

- die Wahl des Kraftstoffminderverbrauchskoeffizienten C hat maßgeblichen Einfluss auf Modellrechnungen, wann und ob die Amortisation der energetischen Aufwände innerhalb der Nutzungsphase stattfindet. Hier werden wie bereits erwähnt, Werte innerhalb einer Bandbreite von 0,15 und 1,0 l/(100 kg · 100 km) angegeben.
- Es werden wesentliche verbrauchsrelevante Unterschiede der verglichenen Fahrzeuge, wie z.B. Motorenkonzept, Übersetzung, Aerodynamik, Reifen und Fahrleistungen vernachlässigt.

Letztes hat Eberle in seiner Arbeit [70] zum Anlass genommen, auf der Basis fahrphysikalischer Betrachtungen zur Bestimmung des Kraftstoffminderverbrauchskoeffizienten (C) von verbrennungsmotorisch betriebenen Pkw abzuleiten, der diese verbrauchsbestimmenden Parameter berücksichtigt.

Die Ausführungen machen deutlich, dass für weitgehende Kraftstoffreduzierungen auf dem Weg zum Ein-Liter-Auto letztlich völlig neu durchdachte Konzepte notwendig sind, wie sie u.a. in Kap. 7 dargelegt werden. Insbesondere ist darauf hinzuweisen, dass bei energetisch aufwändigen Werkstoffen – wie beispielsweise Aluminium oder CFK – deutlich höhere sekundäre Gewichtseinsparungen sowie die Reduzierung der anderen Fahrwiderstände von großer Bedeutung sind. Die Forschung und Entwicklung in den nächsten Jahren muss sich vor allem der Frage nach energieeffizienteren Herstellungsverfahren für faserverstärkte Kunststoffe widmen. Dabei ist auch die Entwicklung geeigneter Recyclingverfahren zur Rückgewinnung der Verstärkungsfasern notwendig (vgl. Kap. 5.3.5). Erst nach der Berücksichtigung der hieraus resultierenden Gutschriften kann eine verlässliche Aussage über die ökologische Gesamtbilanz erfolgen.

Haldenwanger schildert in [117] allerdings auch deutlich optimistischere Ergebnisse. Darin wurde der Energiebedarf für Herstellung und Betrieb biegefester Teile aus verschiedenen Werkstoffen dokumentiert. Dabei ist der Einfluss des Kraftstoffverbrauchs eindeutig höher als der Aufwand zur Herstellung der Teile. Besonders günstig erwies sich hier interessanterweise kohlefaserverstärktes Epoxidharz und SMC. Haldenwanger kommt zu dem Ergebnis, dass sich Leichtbauwerkstoffe ressourcenbezogen innerhalb überraschend kurzer Betriebsspannen der Pkw amortisieren. Dies gilt auch für Kunststoffe, insbesondere für die mit Faserverstärkung.

---

[1] Auf diese Problematik hat wiederholt auch die DLR hingewiesen. Die genannten Berechnungen decken sich mit denen von Dr. Martin Pehnt in [144, 201] sowie in einer E-Mail-Korrespondenz mit dem Autor vom 30. Oktober 2000.

[2] Vgl. zum Energieaufwand kohlefaserverstärkter Kunststoffe auch [250].

Als Basis dieser Berechnungen diente ein spezifischer Energieaufwand zur Herstellung von EP-CF60 von ca. 400 kJ/cm³. Dies entspricht umgerechnet einem gegenüber obiger Rechnung etwas geringerem Energieaufwand von etwa 285 MJ/kg.

3.2 Die Antriebsstrategie

Ist die Strategie einer weitgehenden Reduzierung der Fahrwiderstände erfolgreich, so muss der dann notwendige Fahrleistungsbedarf möglichst effizient bereitgestellt werden. Immerhin beträgt der Anteil der Optimierungsfelder an der Senkung des Kraftstoffverbrauchs bis zu 60% [267]. Dabei wurden in der Vergangenheit eine Vielzahl möglicher „alternativer Antriebe" entwickelt. Bis heute wird mit Hochdruck an der Antriebsart der Zukunft gearbeitet.[1] In Kap. 4 wird auf die vielversprechendsten Antriebsoptionen auf dem Weg zum Ein-Liter-Auto eingegangen.

Dabei steht eine weitgehende Reduktion der Treibhausgasemissionen und eine mögliche Beschreitung eines regenerativen Antriebs im Vordergrund, da mit den Emissionsgrenzwerten der EURO 3 und EURO 4 eine weitergehende Reduktion der klassischen Schadstoffe nicht erforderlich erscheint. Allerdings sind inzwischen die toxischen und kanzerogenen Wirkungen der Schadstoffemissionen in der Vordergrund der Diskussion getreten. So sind nach wie vor die Ozon-Spitzenbelastungen in den Sommermonaten traurige Aktualität. Hier gilt es, die Vorläufersubstanzen, wie beispielsweise Stickoxide und Kohlenwasserstoffe drastisch zu reduzieren. Das Umweltbundesamt empfiehlt eine Reduktion von 70-80 Prozent [206]. Darüber hinaus ist insbesondere die krebserregende Wirkung von Rußpartikeln bei Dieselmotoren ein wichtiger Aspekt, dem allerdings von einigen Vorreitern, wie dem PSA-Konzern in Frankreich, mit der Einführung von Rußpartikelfiltern in Serie vorgebeugt wird.[2]

Grundsätzlich ist festzustellen, dass die Automobilindustrie bei der Reduzierung des Kraftstoffverbrauchs und der einhergehenden Einführung von Drei-Liter-Autos bisher weitgehend auf den Dieselmotor setzt.[3] Wichtig hierbei ist jedoch, dass Erfolge bei der Reduzierung des Kraftstoffverbrauchs nicht mit Abstriche beim Gesundheitsschutz der Bevölkerung erkauft werden.[4] Solange insbesondere die deutsche Automobilindustrie den Rußpartikelfilter nicht einsetzt, ist der Dieselmotor aus den beschriebenen Gründen abzulehnen.

Bei der Reduzierung des Kraftstoffverbrauchs konkurrieren generell alternative Antriebsarten mit der Weiterentwicklung und den dadurch erreichten motortech-

---

[1] Auch im Hinblick auf die Endlichkeit fossiler Ressourcen werden alternative Antriebe entwickelt. Siehe hierzu u.a. [11, 12].

[2] Leider hält sich die deutsche Automobilindustrie mit der dringend notwendigen Einführung des Rußpartikelfilters seither zurück.

[3] Vgl. hierzu auch [266].

[4] Vgl. hierzu auch [209].

nischen Fortschritten bei konventionellen Antrieben. Wie das folgende Kapitel aufzeigt, stehen interessanterweise insbesondere bei den konventionellen Antrieben heute bereits weitgehende Reduktionspotenziale zur Verfügung. Solange jedoch der Wille zur drastischen Reduzierung des Kraftstoffverbrauchs nicht in Sicht ist, sind auch bei der Umsetzung der technisch vorhandenen Potenziale und somit einer deutlichen Reduzierung des Flottenverbrauchs keine wesentliche Fortschritte erzielbar. Problematisch erscheint hierbei insbesondere bei der Bekämpfung des anthropogenen Treibhauseffekts, dass im Gegensatz zu den sichtbaren Wirkungen der klassischen Schadstoffe – wie den Dunstglocken über den Metropolen – bisher eine deutliche Rückkopplung der Folgen des Treibhauseffekts trotz vermehrter Stürme und Überschwemmungen weitgehend fehlt. Abgesehen davon, dass nicht die industrialisierte Welt, sondern die Länder des Südens in erster Linie von den katastrophalen Folgen dieser Entwicklung betroffen sein werden.

Insgesamt spielt bei der Entwicklung von Antrieben auch die Infrastruktur eine wesentliche Rolle. Hierbei weisen die konventionellen Technologien einen Vorteil auf, da für diese Infrastrukturen wie Fabriken, mit der Technik vertraute Werkstätten und eine flächendeckende Kraftstoffversorgung über Jahrzehnte hinweg aufgebaut wurden.

Nicht zuletzt kommt der Weiterentwicklung konventioneller Antriebe eine besondere Bedeutung zu, wenn diese beispielsweise in neuen Konzepten wie den in Kap. 4.3 beschriebenen Hybridantrieben zum Einsatz kommen [246]. Insbesondere die Technik der Hubraumreduzierung mit Hochaufladung (Kap. 4.1) verspricht dabei enorme Potenziale, weil diese eine uneingeschränkte Übertragbarkeit auf nahezu alle Pkw-Modelle bis zur oberen Mittelklasse erlaubt.

Bei den alternativen Antieben sind Techniken wie der Stirlingmotor und Turbinenantrieb bis hin zum weiten Feld der Elektroantriebe zu nennen, zu denen sowohl die konventionelle Batterietechnik und Solarmobile als auch Brennstoffzellenantriebe und Hybridantriebe zählen. Letztere werden in den folgenden Kapiteln beschrieben und hinsichtlich ihrer Potenziale zur Reduzierung der CO_2-Emissionen aus heutiger Sicht bewertet.[1]

Dabei stellt die Gasturbine zwar einen generell schadstoffarme Antrieb dar, kann wegen des vergleichsweise hohen Kraftstoffverbrauchs aber keinen Beitrag zur Senkung der CO_2-Emissionen leisten. Allerdings könnte deren Verwendung in Hybridantrieben nach Ansicht einiger Experten sowie der Einsatz neuartiger Kraftstoffe in der Gasturbine weitere Perspektiven eröffnen [246]. Zwar hat auch der Stirlingmotor die prinzipielle Machbarkeit als Kraftfahrzeugantrieb erwiesen, im Allgemeinen wird jedoch davon ausgegangen, dass sein Verbrauch in etwa dem eines vergleichbaren Dieselmotors entspricht.

Das Wuppertal Institut stellt bei der Frage eines ökologisch verträglichen Antriebs erneut die Frage nach dem Einsatz von Erdgas, das auf Grund seiner Vorteile in Bezug auf die CO_2-Emissionen ein aus Sicht des renommierten Instituts

[1] Zu den Aspekten alternativer Energieträger für Fahrzeugantriebe s. [261].

„nächster Schritt" wäre.[1] Dabei scheint die Unterbringung von Erdgas in den Hohlräumen des Pkw in GFK- oder CFK-Tanks ein interessanter theoretischer Denkansatz.

Pehnt und Nitsch haben in [203] fünf Thesen über die Bedeutung alternativer Antriebe und Kraftstoffe aufgestellt. Dabei stellen sie zunächst fest, dass die Wachstumstendenzen sowie höhere Fahrzeuggewichte und größere Motorleistungen trotz erzielter Erfolge beim Verbrauch der Fahrzeuge zu ansteigendem Verbrauch und Treibhausgas-Emissionen führten. Betrachtet man aber die Selbstverpflichtung der deutschen Automobilindustrie, bis zum Jahr 2008 den durchschnittlichen Normverbrauch aller neuen Pkw um 25% gegenüber dem Stand von 1990 zu reduzieren, so ist trotz deutlich wachsender Fahrleistung zwar nur mit einem schwachen Anstieg, möglicherweise sogar leichten Rückgang des Kraftstoffverbrauchs und damit auch der CO_2-Emissionen in den nächsten Jahren zu rechnen. Unstrittig dürfte sein, dass dies jedoch nicht ausreicht, um den vom Sektor Verkehr zu erbringenden Beitrag einer deutlichen Reduktion von Kohlendioxidemissionen zu leisten. Die fünf Thesen[2] lauten:

- Der Einsatz regenerativer Kraftstoffe ist für den Klima- und Ressourcenschutz sinnvoll und möglich. Der großflächige Einsatz im Verkehrsbereich sollte jedoch erst in einigen Dekaden erfolgen,
- bei der Bewertung neuer Antriebe muss der gesamte Lebenszyklus berücksichtigt werden. Insbesondere die Produktion der Fahrzeuge wird an Bedeutung gewinnen,
- das Rennen zwischen den Antriebssystemen bleibt spannend. Brennstoffzellen reduzieren den Kraftstoffbedarf und andere Umweltwirkungen gegenüber heute deutlich. Aber auch Verbrennungsmotoren haben ein beträchtliches Optimierungspotenzial,
- Brennstoffzellen werden verzögert, dann aber dynamisch in den Markt eintreten. Ausschlaggebend hierfür werden insbesondere auch nicht ökologische Aspekte sein,
- ökologisch optimierte Antriebe und Kraftstoffe sind möglich und auch notwendig, aber nicht hinreichend für eine nachhaltige Mobilität.

Es ist in diesem Zusammenhang jedoch darauf hinzuweisen, dass die Autoren ihre Thesen mit Ziel einer nachhaltigen Mobilität[3] aufstellen. Dabei sind demnach auch alle anderen Verkehrsträger mit einzubeziehen, so dass sich die Argumentation nicht auf die technischen Lösungen reduzieren kann. Pehnt und Nitsch weisen deshalb auch darauf hin, dass alle Möglichkeiten der Verringerung von Ressourcenverbrauch auszuschöpfen sind, also auch die Vermeidung von Verkehrs-

---

[1] Dr. Rudolf Petersen, Direktor der Abteilung Verkehr am Wuppertal Institut für Klima, Umwelt, Energie GmbH, in einem Gespräch mit dem Autor am 6. Juli 2001.

[2] Details zu den Thesen sind [203] zu entnehmen.

[3] Zum Thema Mobilität bietet [85, 86, 87, 88] in sehr guter Zusammenfassung die Forschungsergebnisse eines Verbundvorhabens. Die Bände präsentieren sich zudem grafisch außergewöhnlich gut.

leistung, die Substitution von Verkehr und die Verlagerung auf andere Verkehrsträger. Zudem ist es wichtig, dass auch bei der Wahl der Antriebsformen zwischen mittel- und langfristigen Konzepten zu unterscheiden ist. Auf dem Weg zum Ein-Liter-Auto werden deshalb zunächst diejenigen Strategien verfolgt werden müssen, die kurzfristig ein weiteres Optimierungspotenzial aufweisen. Diese Übergangszeit sollte dann dafür genutzt werden, alternative Antriebe wie beispielsweise die Brennstoffzelle oder Hybridantriebe weiter zu entwickeln. Dabei spielt – wie das folgende Kapitel zeigt – insbesondere die Bereitstellung der Energieträger im Rahmen eine lebenszyklusweiten Ökobilanz eine entscheidende Rolle. Unabhängig davon, welche der Strategien letztendlich die vorherrschende Antriebsart für Pkw sein wird, muss dies vor dem Hintergrund der Verpflichtungen im Zusammenhang mit der Reduzierung der Treibhausgase erfolgen. Dabei steht – analog zu allen anderen Akteuren – auch die Automobilindustrie erst am Anfang einer globalen Bekämpfung des Treibhauseffekts. Die Verantwortung hierfür bleibt bestehen.

4 Antriebe auf dem Weg zum Ein-Liter-Auto

Das folgende Kapitel beschreibt unterschiedliche Antriebsstrategien, die auf dem Weg zum Ein-Liter-Auto erfolgversprechend erscheinen, bzw. momentan sich in der Entwicklung befindliche Strategien der Automobilindustrie[1]. Dabei ist neben wirtschaftlichen Gesichtspunkten insbesondere das Potenzial für die Reduzierung der Treibhausgasemissionen im Verkehr maßgebliches Kriterium. Das Umweltbundesamt stellt in [150] Anforderungen für zukünftige Antriebe dar (vgl. Abb. 4.1).[2] Dabei sind insbesondere bei Kohlendioxid und Primärenergieverbrauch weitere deutliche Reduzierungen zwingend erforderlich. Aber auch die Lärmemissionen der Pkw sind ein weit unterschätztes Problemfeld. Nach wie vor ist der Straßenverkehr Hauptquelle der Lärmbelästigung der Bevölkerung [124]. Lösungen zeichnen sich aber bereits in einigen Problembereichen ab, so bei den Partikelemissionen. Der französische PSA-Konzern rüstet seine Diesel-Pkw seit einiger Zeit erfolgreich mit Rußpartikelfiltern aus.

Fahrzeugtyp BVT	**Pkw EURO 4, Benzinmotor**	**Verteilerfahrzeug EURO 4, Benzinmotor**	**Stadtbus << EURO 2 Gasmotor**	**Schweres Nfz EURO 2 Dieselmotor**
Kohlendioxid	weitere Reduktion zwingend erforderlich			
Primärenergieverbrauch	weitere Reduktion zwingend erforderlich			
NO_x-Emissionen	keine			weitere Reduktion zwingend erforderlich
Partikelemission	keine			weitere Reduktion zwingend erforderlich
Lärmemission	weitere Reduktion zwingend erforderlich			
Entsorgung	Gesicherte Entsorgung aller systemspezifischen Bauteile			

Abb. 4.1. Anforderungen an zukünftige Antriebe im Vergleich zur besten verfügbaren Technologie. Quelle: UBA [150]

[1] Vgl. hierzu und möglicher Kraftstoffe für morgen u.a. die Darstellung in [237].

[2] Zur Bewertung alternativer Antriebe s. auch [42, 83, 195] sowie zu den Anforderungen an Pkw [253].

4.1 Downsizing und Aufladung konventioneller Antriebe

Die Entwicklung der Pkw-Motorisierung war in den vergangenen Jahren meist durch die Begriffe Leistung und Geschwindigkeit gekennzeichnet. Fast keine Werbung für ein neues Pkw-Modell kommt ohne den Hinweis auf noch mehr Leistung gegenüber dem Vorgängermodell aus. Dabei wird bei der Motorisierung des Pkw beim Saugmotor in der Regel ein Grundprinzip angewandt, das anscheinend bis heute als unumstößlich gilt: Die Bereitstellung der maximal notwendigen Antriebsleistung – beispielsweise im Beschleunigungsfall oder bei Steigungsfahrten – durch einen „ausreichend dimensionierten" Hubraum des Motors. Die Folge ist, dass Motoren im Regelfall stark überdimensioniert werden, um im Bedarfsfall genügend Leistung zu liefern. Im Teillastbereich – also z.B. bei Stadtfahrten – muss der Motor nun stark gedrosselt werden und läuft in diesem Bereich mit sehr schlechten Wirkungsgraden. Abbildung 4.2 macht dabei deutlich, dass bei konventionellen Saugmotoren der meistgefahrene Bereich weit vom Bestpunkt des spezifischen Kraftstoffverbrauchs entfernt liegt. Der Motor arbeitet somit bezogen auf die abgegebene Leistung nur im selten gefahrenen Vollastbereich effizient, nicht aber im für den absoluten Kraftstoffverbrauch viel wichtigeren Teillastbereich.

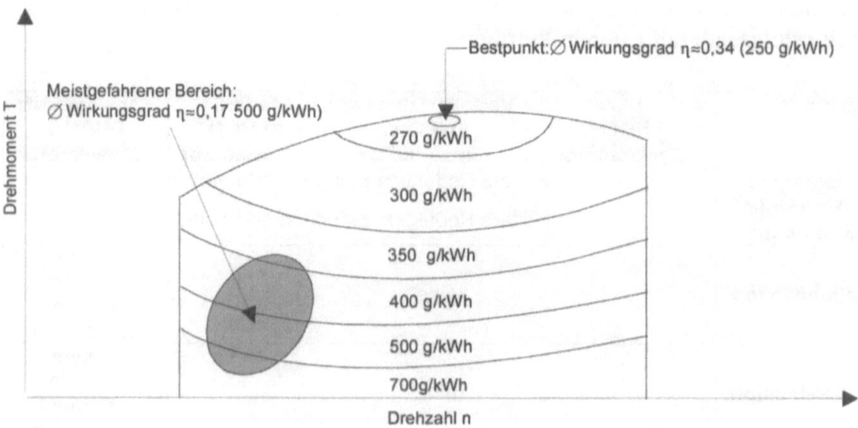

Abb. 4.2. Verbrauchskennfeld eines konventionellen Saugmotors. Quelle: Swissauto Wenko AG

Motoren werden also in der Regel für den Vollastbereich optimiert, anstatt sie für den viel häufiger auftretenden Teillastbereich zu optimieren. Dies führt zu einem insgesamt hohen Kraftstoffverbrauch der Pkw. Wie aber können diese sogenannten Drosselverluste verringert und dennoch im Bedarfsfall ausreichende Leistung geliefert werden? Hierbei sind folgende Ansätze gangbar [209]:

1. Vollvariable Ventilsteuerungen
2. Magerbetrieb

3. Direkteinspritzung
4. Hubraumreduktion und hohe Drehzahlen sowie
5. Hubraumreduktion und Aufladung.

Für die Bewertung der Wirksamkeit oben genannter Maßnahmen lohnt ein Blick auf die Gl. für die Drosselverluste:

$$P_I \approx V_d * \frac{n}{2} * (p_0 - p_m) \tag{4.1}$$

P_I: Drosselverluste; V_d: Hubvolumen; n: Drehzahl; p_0: atmosphärischer Druck; p_m: Druck nach Drosselklappe

Daraus wird ersichtlich, dass die oben genannten Lösungsansätze 1-4 immer nur einen Teil der Verluste angehen. Petersen und Diaz [209] führen hierbei u.a. an, dass durch eine vollvariable Ventilsteuerung im besten Fall mit einer Verringerung der Drosselverluste um maximal 40% gerechnet werden kann. Dies kann bestätigt werden, wenn man vereinfacht in Gl. 4.1 V_d und $(p_o-p_m) = 1$ setzt und $n/2 = ½$. Dann wird bei der vollvariablen Ventilsteuerung nur (p_o-p_m) angegangen. Dies betrifft ebenso den Magerbetrieb und die Direkteinspritzung, die zudem auch noch Probleme bei den Emissionen aufweisen. Erhöht man die Drehzahl in Verbindung mit einer Hubraumreduzierung, so dürften sich unzumutbare Lärmbelastungen ergeben.

Ein aus heutigem Stand der Technik gangbarer und äußerst erfolgreicher Weg erscheint in der Kombination von deutlicher Hubraumreduzierung mit Aufladung (o.g. Ansatz 5). Dabei wird der Hubraum durch eine Reduzierung entdrosselt und die dadurch fehlende Leistung durch Hochaufladung ($p_m>p_0$) kompensiert. Somit ist eine theoretische Reduktion der Drosselverluste um 80% erreichbar [167]. Anders ausgedrückt: Man optimiert den Motor für den Teillastbereich und lässt nun im dabei meistgefahrenen Bereich die Drosselklappe voll geöffnet. Ergebnis ist, dass nunmehr nicht der Fahrstil an das Verbrauchskennfeld angepasst wird, sondern das Fahrzeug selbst. Erreicht wird damit die Verschiebung des meistgefahrenen Bereichs in Richtung Wirkungsgrad-Bestpunkt (Abb. 4.3).

Die Hubraumreduzierung und Hochaufladung muss dabei nicht zwangsweise zu einer Leistungsverminderung des Motors führen. Vielmehr sind die Lösungsansätze unter Beibehaltung der Motorleistung möglich. So wurde das Konzept im Auftrag der Umweltschutzorganisation Greenpeace von der Schweizer Firma Swissauto Wenko AG bei Bern unter dem Namen SAVE – Small Advanced Vehicle Engines – umgesetzt und u.a. vom Schweizer Bundesamt für Energiewirtschaft gefördert und von der ETH Zürich unterstützt. Entstanden ist dabei der extrem effiziente Pkw SmILE (Small, Intelligent, Light, Efficient), wie er in Kap. 2.2 auf Seite 14 bereits erwähnt wurde.

Neben der beschriebenen Reduzierung des Hubraums und der Verwendung einer Hochaufladung ist dabei eine deutliche Reduzierung des Gewichts und Luftwiderstandes und somit eine Halbierung des Kraftstoffverbrauchs gegenüber dem verwendeten und modifizierten Basismodell Renault Twingo erreicht worden. Die Motorleistung ist dabei mit 40 kW konstant geblieben. Ebenso ist bei Einsatz eines Zweikatalysator-Systems eine hocheffiziente Abgasreinigung möglich. Dabei fungiert der erste Katalysator in der Teillast als normaler 3-Wege-Katalysator[1]. Bei Volllast und warmem System wird zur Reduktion der Abgastemperatur mit Lambda <1 gefahren. Der motornahe Katalysator weist in diesem Bereich sehr gute NO_x-Konversionsraten auf. Um zu verhindern, dass durch das Anfetten des Gemisches übermäßige CO- und HC-Emissionen entstehen, wird nach dem Druckwellenlader ein zweiter Katalysator eingesetzt. Das Abgassystem ermöglicht eine völlige Kontrolle und optimale Konversion der Abgasemissionen vom Kaltstart bis zur Volllast und hohen Geschwindigkeiten auch ohne Abgasrückführung [167].

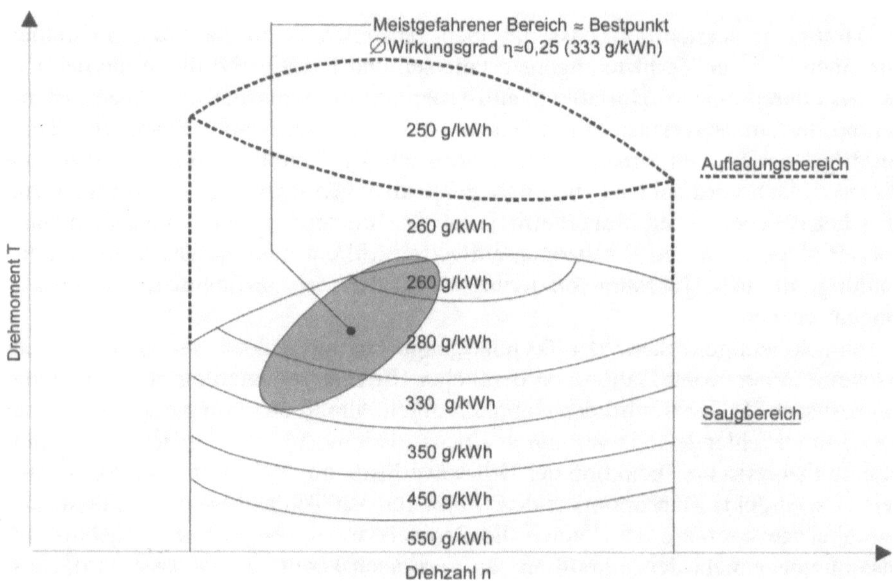

Abb. 4.3. Verbrauchskennfeld bei Hubraumreduzierung mit Hochaufladung. Quelle: [209]

Auch [75] geht davon aus, dass bei der Beurteilung der zukünftig möglichen Einsparungen durch Hubraumreduzierung deutliche Einsparungen der CO_2-Emissionen sogar unter gleichzeitiger Minderung der Kosten des Antriebsstranges um 13% (Otto) bzw. 21% (Diesel) möglich sind.

Wesentlicher Vorteil der Hubraumreduzierung mit Hochaufladung ist die uneingeschränkte Übertragbarkeit auf nahezu alle Pkw-Modelle bis zur oberen Mittelklasse. Daraus ergeben sich erhebliche Potenziale für eine drastische Reduzierung des Flottenverbrauchs. Die Schweizer Firma Swissauto Wenko AG in Burgdorf bei Bern geht davon aus, dass beispielsweise ein 600 ccm großer SAVE-Motor einen heutigen Saugmotor mit 1,4-1,6 Liter Hubraum bzw. ein 900 ccm

[1] Zusätzlicher Vorteil ist dabei, dass der Katalysator durch den motornahen Einbau noch vor dem Lader sehr schnell auf seine Starttemperatur gebracht wird.

SAVE-Motor einen 1,8-2,2 Liter-Saugmotor ersetzen könnte. Neben der somit erreichbaren massiven Reduzierung des Kraftstoffverbrauchs[1], würden gleichzeitig deutliche Gewichtseinsparungen erreicht, wie sie für die Umkehrung der Gewichtsspirale erforderlich sind und im vorangegangenen Kapitel beschrieben wurden.

4.2 Die Brennstoffzelle

Brennstoffzellenbetriebene Elektro-Pkw, bei denen auf chemischem Wege mittels einer Reaktion von Wasserstoff und Luftsauerstoff, Strom für den Elektroantrieb erzeugt wird, gelten als Hoffnungsträger für deutlich verringerte Emissionen im Verkehrsbereich. Sie werden seit einiger Zeit mit Hochdruck sowohl für stationäre Anwendungen als auch für mobile Anwendungen beispielsweise in Pkw und Bussen entwickelt. Dabei wird vorwiegend die sogenannte Niedertemperatur-Brennstoffzelle eingesetzt, die ursprünglich in der Raumfahrt und für militärische Anwendungen entwickelt wurde [155]. Das folgende Kapitel stellt die Chancen des Brennstoffzellenantriebs dar, nicht aber ohne diese kritisch zu beleuchten. Dies erfolgt insbesondere vor dem Hintergrund der in den vorigen Kapiteln dargestellten Notwendigkeit einer drastischen Reduzierung von Treibhausgasen im Verkehrsbereich. Hinsichtlich der „klassischen" Luftschadstoffemissionen – wie etwa Stickoxiden und Kohlenmonoxid – ist anzumerken, dass mit den Abgasgrenzwerten für Pkw und leichte Nutzfahrzeuge EURO 3 seit dem Jahr 2000 und EURO 4 ab 2005 ist bereits heute absehbar ist, dass sich deren Belastungen als Folge der Verschärfung der Abgasgesetzgebung in den kommenden Jahren erheblich reduzieren werden [150]. Das Umweltbundesamt sieht daher zentrale Herausforderungen bei der Minderung von Umweltbelastungen im Pkw-Bereich bei:

- der Reduzierung der Kohlendioxidemissionen,
- der Reduzierung des Ressourcenverbrauchs und
- der Reduzierung der Lärmbelastungen durch den Straßenverkehr.

Bereits an dieser Stelle sei jedoch darauf verwiesen, dass Pkw mit Brennstoffzellenantrieb nach Herstellerangaben nicht vor dem Zeitraum 2005-2010 marktreif sein werden. Da aber bereits heute zum Schutz des Klimas der Ausstoß von Kohlendioxid (CO_2) aus dem Verkehr erheblich verringert werden muss, wird von der Brennstoffzelle für die von der ACEA oder dem VDA eingegangenen Vereinbarungen zur Reduzierung der Kohlendioxidemissionen kein Beitrag zu erwarten sein. Das Umweltbundesamt geht sogar davon aus, dass auf absehbare Zeit nur von einer Weiterentwicklung heutiger konventioneller Antriebstechniken deutlichere und kosteneffizientere Emissionsminderungen als von der Brennstoffzelle zu erwarten sind.

[1] Nach Berechnungen der Swissauto Wenko AG beträgt die Verbrauchseinsparung bei Serienmodellen zwischen 25% und 35%.

Auch Höpfner [131] hält Brennstoffzellen-Pkw aus Gründen der Luftqualität für nicht erforderlich, sondern verweist ebenso auf die Notwendigkeit zur Senkung von Treibhausgasemissionen. Die ökologische Bilanz eines Brennstoffzellenantriebs wird demnach maßgeblich durch deren Potenzial zur Senkung der Treibhausgasemissionen[1] im Verkehrsbereich geprägt sein. Gelingt es nicht, signifikante Reduzierungen von CO_2 bei Brennstoffzellenantrieben im Vergleich zu heutigen Pkw-Antrieben zu erzielen, würde sich der Beitrag der Brennstoffzelle auf weitgehend lokale Emissionsfreiheit reduzieren[2]. Angesichts der Problematik des Treibhauseffekts wäre dies ein unzureichender Beitrag zur Minderung der Umweltprobleme.

Die Ergebnisse einer umfangreichen Umfrage zur Zukunft des Brennstoffzellenantriebs hat das Northeast Advanced Vehicle Consortium in seinem Abschlussbericht vom November 2000 vorgelegt [24]. Die wesentlichen Ergebnisse der Studie[3] waren:

- Der Kraftstoff der Zukunft für die Brennstoffzelle wird direkt im Pkw gespeicherter Wasserstoff sein,
- es wird voraussichtlich keine einheitliche Bereitstellungsbasis des Wasserstoff geben, sondern diese geografisch unterschiedlich ausfallen,
- kein Konsens ergab sich bei der Frage, welcher Kraftstoff einer On-Board-Reformierung die beste Option sein wird,
- die Mehrheit der Experten beurteilten hingegen die Verwendung von Methanol skeptisch, insbesondere aus Gründen der Sicherheit und möglicher Gesundheitsgefahren,
- die Forschungs- und Entwicklungsaktivitäten sollten in Zukunft auf die Speicherung von Wasserstoff konzentriert werden, da ein Durchbruch auf diesem Gebiet die Akzeptanz und Kommerzialisierung der Brennstoffzelle am deutlichsten beschleunigen wird,
- der Markt für die Anwendung von Brennstoffzellenantrieben wird zunächst im Busbereich stattfinden,
- die PEM-Brennstoffzelle war nach Ansicht der deutlichen Mehrheit der Experten die erste Wahl im Bereich der mobilen Anwendungen (nicht zwangsläufig im stationären Bereich).

[1] Beziehungsweise der globalen spezifischen Emissionen (CO_2-Äquivalent) bei Nutzung fossiler Kraftstoffe.

[2] So ist beispielsweise die kalifornische Gesetzgebung zur Einführung von emissionsfreien Fahrzeugen ab dem Jahr 2003 eines der Hauptmotivationen der Automobilindustrie für die Entwicklung von Brennstoffzellenergietechnik, VDI--Pkw. Daneben besteht die Vereinbarung zur Selbstverpflichtung der europäischen Automobilindustrie, zusammengeschlossen in der ACEA, den spezifischen Energieverbrauch so zu senken, dass pro gefahrenem km im Jahr 2008 noch 140 g CO_2 emittiert werden.

[3] In der Umfrage wurden 37 Experten und 15 Organisationen befragt.

4.2.1 Einleitung und Funktionsweise

Der englische Physiker Sir William Grove entdeckte bereits 1839 das Prinzip der Brennstoffzelle. Er konnte damals nachweisen, dass die Zerlegung von Wasserdampf in Wasserstoff und Sauerstoff umkehrbar ist und dabei chemische Energie über eine „kalte Verbrennung" direkt in elektrische Energie umgewandelt wird.

Pkw mit Brennstoffzellenantrieb sind generell Elektrofahrzeuge. Brennstoffzellen erzeugen elektrische Energie auf chemischem Wege. Demgegenüber wird bei der konventionellen Stromerzeugung bzw. Umwandlung von thermischer Energie in Bewegungsenergie in der Regel ein Teil der inneren Energie des Brennstoffs auf ein Arbeitsmedium – z.B. Wasser oder Wasserdampf – übertragen, welches dann einen Kreisprozess durchläuft. Der dabei maximal erreichbare Wirkungsgrad, der sogenannte Carnot-Wirkungsgrad η_C, ist von der oberen Systemtemperatur T_O und der Umgebungstemperatur T_U abhängig [155]:

$$\eta_C = 1 - \frac{T_U}{T_O} \tag{4.2}$$

Bei Brennstoffzellen dagegen liegt nun ein entscheidender Vorteil darin, dass die Erzeugung elektrischer Energie nicht über den Umweg der Wärmeenergie, sondern direkt von chemischer zu elektrischer Energie erfolgt. Einen Vergleich des Carnot- mit dem idealen Wirkungsgrad der Brennstoffzelle zeigt Abb. 4.4. Für den Wirkungsgrad der gesamten Energiekette spielt hingegen insbesondere die Wahl des Kraftstoffs (direkte Wasserstoffnutzung bzw. Gewinnung aus fossilen Kraftstoffen) eine Rolle. Je nach Ausführung des Brennstoffzellenantriebs schwankt der Gesamtwirkungsgrad dabei unter Berücksichtigung evtl. entstehender Mehrgewichte zwischen 17 und 31% [150]. Günstig wirkt sich jedoch der im Teillastbereich prinzipbedingt vergleichsweise gute Wirkungsgrad der Brennstoffzelle aus.

Jede Brennstoffzelle enthält zwei Elektroden, die Anode, an der Brennstoff zugeführt wird, und die Kathode, an der reiner Sauerstoff oder Luft zugeführt wird. Da die Reaktion kontrolliert ablaufen muss, erfolgt nun eine Trennung der Reaktionspartner durch einen Elektrolyten. Der bei jeder chemischen Reaktion stattfindende Elektronenaustausch findet somit über einen äußeren Stromkreis statt. Abbildung 4.5 zeigt das Funktionsprinzip der Membran-Brennstoffzelle. Dabei wird an der Anode das Brenngas oxidiert, wobei die dabei entstehenden Wasserstoff-Protonen H^+ durch den Elektrolyten zur Kathode wandern, während die Elektronen im äußeren Stromkreis von der Anode zur Kathode fließen. Der Sauerstoff wiederum wird unter Aufnahme von Elektronen an der Kathode reduziert, wobei das Reaktionsprodukt Wasser entsteht. Die Reaktionsgleichungen lauten [155]:

- Anodenreaktion: $H_2 \rightarrow 2\,H^+ + 2\,e^-$
- Kathodenreaktion: $2\,H^+ + 0{,}5\,O_2 + 2\,e^- \rightarrow H_2O$
- Gesamtreaktion: $H_2 + 0{,}5\,O_2 \rightarrow H_2O$

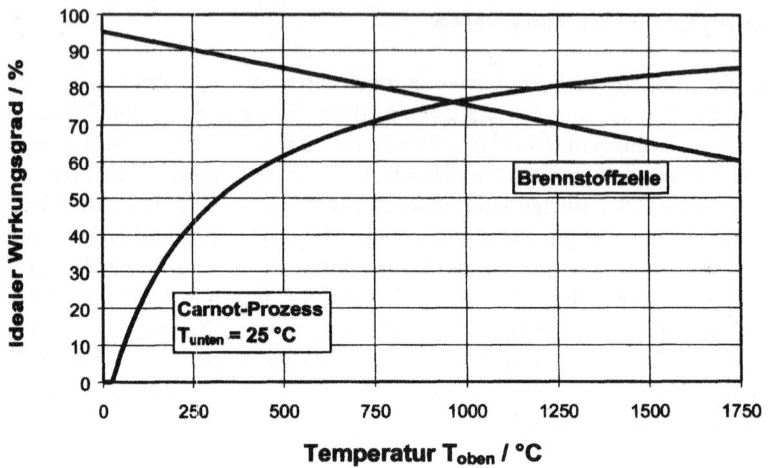

Abb. 4.4. Vergleich des Carnot- mit dem idealen Wirkungsgrad der Brennstoffzelle. Quelle: [155]

Je nach Art des verwendeten Elektrolyten, lassen sich verschiedene Brennstoffzellentypen klassifizieren. Dabei werden zudem unterschiedliche Betriebstemperaturen unterschieden, bei deren Bezeichnungen üblicherweise auf englische Abkürzungen zurückgegriffen wird [155, 79]:

- AFC: Alkaline Fuel Cell (Alkalische Brennstoffzelle)
- PEFC: Proton Exchange Membrane Fuel Cell (Membran-Brennstoffzelle)
- PAFC: Phosphoric Acid Fuel Cell (Phosphorsaure-Brennstoffzelle)
- MCFC: Molten Carbonate Fuel Cell (Karbonatschmelzen-Brennstoffzelle)
- SOFC: Solid Oxide Fuel Cell (Oxidkeramische Brennstoffzelle)

Alkalische Brennstoffzellen AFC und Membranbrennstoffzellen PEFC werden bei Temperaturen unter 100 °C betrieben und sind sogenannte Niedertemperatur-Brennstoffzellen. Dabei erzielt die alkalische Brennstoffzelle die höchsten Wirkungsgrade. Die Entwicklung der PEFC wird in den letzten Jahren stark forciert, da sie nach derzeitigem Stand der Technik hervorragend für den Elektroantrieb geeignet ist. Das folgende Kap. 4.2.2 wird darauf eingehen. Im Mitteltemperaturbereich ist die Phosphorsäure-Brennstoffzelle PAFC angesiedelt. Sie wird mit wasserfreier Phosphorsäure als Elektrolyt im Temperaturbereich 160-200 °C betrieben und ist heute der kommerziell am weitesten entwickelte Brennstoffzellentyp in der stationären Anwendung. Hier sind insbesondere die Entwicklungen der amerikanischen Firma ONSI zu nennen [155]. Die Betriebstemperaturen der Schmelzkarbonat-Brennstoffzelle MCFC (650 °C) und der oxidkeramischen Brennstoffzelle SOFC (950 °C) liegen hoch genug, um mit der Abwärme eine interne oder externe Reformierung von Erdgas zu Wasserstoff durchzuführen [79]. Sie gehören somit zu den Hochtemperatur-Brennstoffzellen.

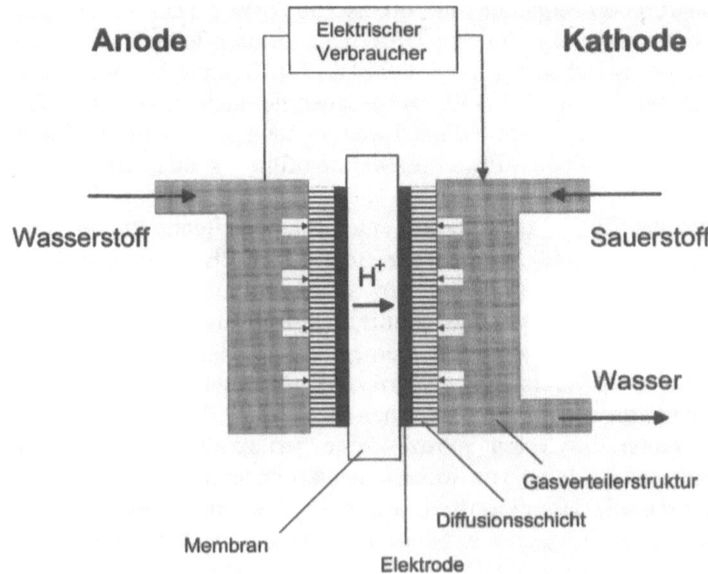

Abb. 4.5. Funktionsweise einer Brennstoffzelle. Quelle: [155]

4.2.2 Die PEM-Brennstoffzelle als Pkw-Antrieb

Seit einigen Jahren forcieren mehrere Automobilhersteller weltweit die Forschung und Entwicklung von Pkw mit Brennstoffzellenantrieb.[1] Dabei wird der sogenannten Membran-Brennstoffzelle die größten Erfolgschancen von Seiten der Industrie zuerkannt. Optimistische Szenarien (Shell) gehen davon aus, dass sich im Jahr 2010 bereits 700.000 Brennstoffzellen-Pkw[2] in Deutschland im Bestand durchgesetzt haben [202]. Als frühester Zeitpunkt einer Markteinführung wird von verschiedenen Automobilherstellern das Jahr 2004 angestrebt. Pehnt und Nitsch gehen aber davon aus, dass eine rasche und sehr weitgehende Verdrängung des Verbrennungsmotors zum einen eher unwahrscheinlich ist und zum anderen erst sinnvoll, wenn Kraftstoffe auf Basis erneuerbarer Energien in ausreichendem und preisgünstigem Maße zur Verfügung stehen [202]. In jüngster Zeit werden allerdings auch – bis dato unveröffentlichte – Annahmen der Automobilindustrie laut, die eine Markteinführung von Brennstoffzellen-Pkw etwa 10 Jahre später – also im Jahr 2014 – erwarten und dabei von Stückzahlen ausgehen, die weit unter den vormals optimistischen Prognosen liegen werden. Selbst bei optimistischen Annahmen[3] werden die Kosten für einen Brennstoffzellenantrieb bei einer jährli-

[1] Vgl. hierzu u.a: [19, 20, 27, 47, 48, 123, 182, 245].

[2] Das sind ca. 1,5% des Bestandes.

[3] Z.B. Kostensenkung um 25% bei einer Verdopplung der kumulierten Produktion.

chen Stückzahl von 100.000 Einheiten auf 100 bis 200 €/kW geschätzt. Die Zielsetzungen des PNGV-Programms[1] in den USA liegen einschließlich Elektroantrieb und Pufferbatterie zwischen 50 und 150 €/kW [79]. Heutige Verbrennungsmotoren liegen zwischen 20 und 35 €/kW. Es ist daher ziemlich sicher, dass nicht die technologischen Probleme, sondern die bei weitem noch nicht wirtschaftlichen Kosten derartiger Brennstoffzellen-Pkw die Markteinführung deutlich bremsen werden.

Bei der PEM-Brennstoffzelle[2] dient häufig eine protonenleitende Polymerfolie als Elektrolyt. Daraus abgeleitet hat sich der Begriff der PEM-Brennstoffzelle durchgesetzt. Ein wesentlicher Punkt bei der Diskussion und Bewertung der Brennstoffzelle ist die Tatsache, dass Wasserstoff nicht frei verfügbar in der Natur vorkommt und deshalb zunächst hergestellt werden muss. Dies ist nicht nur energetisch mit hohem Aufwand verbunden, sondern zudem relativ teuer.

Beim Vergleich mit konventionellen Antrieben hinsichtlich der Emissions- und Kostenbilanz muss daher die gesamte Prozesskette berücksichtigt werden. Die Wahl des Energieträgers ist daher von weitreichender Bedeutung. Das Umweltbundesamt verweist darauf, dass eine Brennstoffzelle einen um mindestens 30% höheren energetischen Wirkungsgrad aufweisen muss wie ein Benzinmotor, um die Verluste bei der Wasserstoffherstellung selbst im günstigsten Fall der Erdgasreformierung und der Wasserstoffkompression zu kompensieren [150]. Mögliche Energieketten für die Brennstoffversorgung von Brennstoffzellen zeigt Abb. 4.6. Einen Vergleich des Primärenergieaufwands bei der Herstellung und Aufbereitung von Wasserstoff liefert Abb. 4.7. Daraus wird deutlich, dass im Vergleich zur Benzinherstellung in der Raffinerie (4 MJ/Liter) die Herstellung von Wasserstoff aus Erdgas mit ca. 9 MJ/Liter Benzinäquivalent deutlich energieintensiver ausfällt.

Eine naheliegende Möglichkeit die Brennstoffzelle mit Wasserstoff zu versorgen ist, diesen im Fahrzeug entweder in flüssiger oder gasförmiger Form zu speichern und direkt ohne weitere Umwandlung der Brennstoffzelle zuzuführen. Dies hat den Vorteil, dass keine weitere Umwandlung nötig ist und deshalb die Brennstoffzelle einen besseren Wirkungsgrad erreicht. Zudem würde ein solches Fahrzeug als ZEV (Zero Emission Vehicle) anerkannt. Die direkte Versorgung mit Wasserstoff ist jedoch bis heute mit einigen Problemen verbunden, weil die erforderliche Menge an Wasserstoff für eine akzeptable Reichweite entweder gasförmig unter hohem Druck oder flüssig bei tiefen Temperaturen gespeichert werden muss.[3] Zum Vergleich: Um einen Energiegehalt eines Liters Benzin durch Wasserstoff bereitzustellen, müssen hierzu 3 m^3 Wasserstoff[4] getankt werden [150].

[1] Partnership for a New Generation of Vehicles.

[2] Hierbei steht Polymer Electrolyte Membran für PEM.

[3] Zum Thema Wasserstoff als Kraftstoff für Fahrzeugantriebe beschäftigt sich auch die Studienarbeit von S. Geitmann [103].

[4] Angabe unter Normbedingungen.

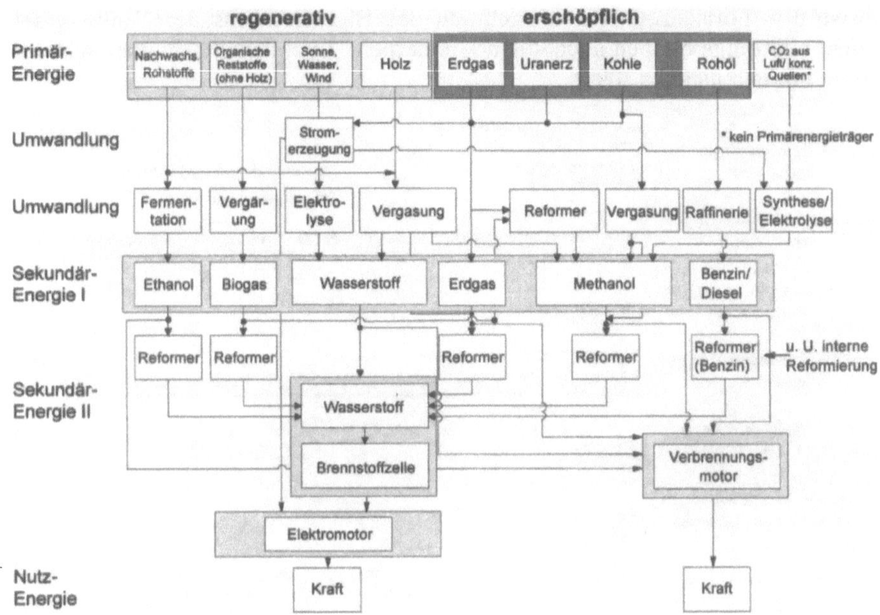

Abb. 4.6. Mögliche Kraftstoffe zur Versorgung von Verbrennungsmotoren und Brennstoffzellen sowie ihre Energieketten. Quelle: [202]

Für die Speicherung von Wasserstoff wurden in den vergangenen Jahren zahlreiche alternative Speichertechnologien untersucht, die sich prinzipiell für die „mobile" Wasserstoffspeicherung eignen würden. Zu den wesentlichen chemisch-physikalischen Verfahren zählen [36]:

- Flüssigwasserstoff (LH_2),
- Komprimierter Wasserstoff (CGH_2),
- Kryodruckspeicher (Mischform aus Kryo- und Druckspeicherung),
- Absorption in Metallhydrid (MH_2),
- Adsorption an Zeoliten,
- Absorption an Kohlenstoff-Nanostrukturen,
- Eisenschwammspeicherung und
- Chemische Speichersysteme (NH_3, Methanol).

Bünger stellt in [36] den Entwicklungsstand von Wasserstoffspeichern für mobile und portable Anwendungen ausführlich dar. Dabei geht er auch auf die jeweiligen Perspektiven ein, verweist aber am Ende darauf, dass die Vergleichbarkeit der verschiedenen Optionen nur bei gleichzeitiger Nennung der Randbedingungen für eine individuelle Anwendung möglich ist.

Bei der Hochdruckspeicherung wird gasförmiger Wasserstoff mit einem Druck bis zu 300 bar gespeichert. Zwar konnten inzwischen auch bei der Entwicklung von leichteren Druckgasbehältern – beispielsweise aus kohlefaserverstärktem

Kunststoff – Fortschritte v.a. hinsichtlich des Eigengewichts des Tanks erzielt werden, allerdings bleiben auch solche modernen Druckbehälter immer schwerer als ein Flüssigkeitstank [209].

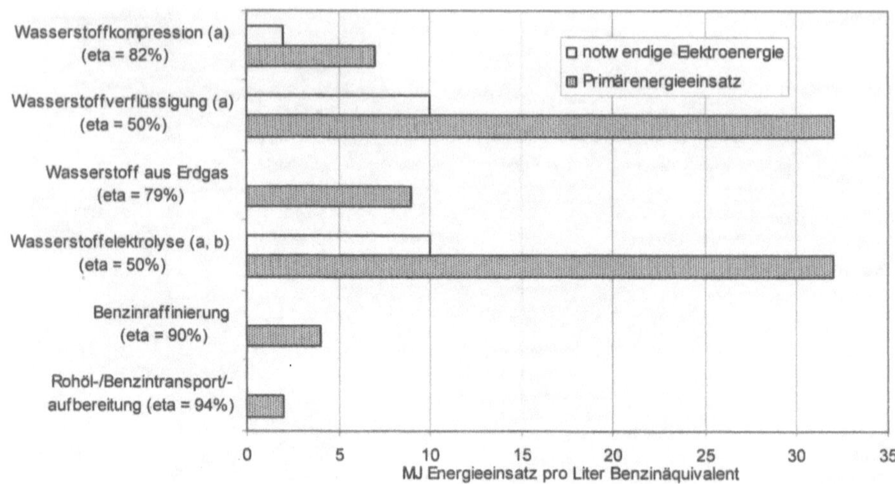

Abb. 4.7. Primärenergieaufwendungen für die Herstellung und Aufbereitung von Benzin und Wasserstoff. Quelle: [150]
[a] Strom im deutschen Energiemix 2005, [b] fortschrittliche alkalische Elektrolyse

Die Speicherung von Wasserstoff in flüssiger Form erfordert dagegen Temperaturen von minus 253 °C. Dabei entstehen v.a. Probleme bei der Aufbewahrung des Wasserstoff, da der Tank extrem gut isoliert sein muss und beim Tanken, für das Tieftemperaturpumpen benötigt werden. Daneben sind die Leitungen sorgfältig zu optimieren, um eine Wärmezufuhr zu verhindern. Insgesamt ist festzuhalten, dass für die in Abb. 4.7 genannten Herstellungs- und Speicheralternativen hohe energetische Aufwendungen anfallen. Bei der Druckvariante fallen für die Verdichtung rund 7 MJ/Liter Benzinäquivalent an, für die Verflüssigung sind es gar 32 MJ/Liter Benzinäquivalent. Der attraktive Brennstoff Wasserstoff erfordert demnach einen hohen Aufwand an Speicher- und Herstellungstechnologien. Daraus ableitend ist der Wettbewerb um den idealen Treibstoff für die Brennstoffzelle noch nicht entschieden. Eine Reihe Automobilhersteller verfolgen demnach auch unterschiedliche Brennstoffzellen-Konzepte. Tabelle 4.1 stellt die wichtigsten Entwicklungen mit Stand 2001 dar.

Wie daraus hervorgeht, setzen die Hersteller bei der Entwicklung von Brennstoffzellenantrieben auf Wasserstoff bzw. Methanol als Treibstoff.[1] Es ist jedoch absehbar, dass sich die Fahrzeughersteller zunächst auf die fossilen Pfade (Wasserstoff aus Erdgas, Benzin, Methanol, etc.) entscheiden, da sie sich davon eine

[1] Einen aktuellen und guten Überblick über die Brennstoffzellenstrategien ausgewählter Automobilhersteller mit Stand Januar 2001 erhält man in [29].

flächendeckende und zügige Einführung versprechen. Ob diese Lösungen jeweils auch aus Umweltgesichtspunkten zu empfehlen sind, ist hierbei eine Frage, die im folgenden Kapitel aufgegriffen wird.

Tabelle 4.1. Pkw-Prototypen mit Brennstoffzellenantrieb. Quelle: [6] u. eigene Recherchen

Hersteller / Typ	Präsentationsjahr	Kraftstoffart
BMW		
750hl	In Entwicklung	Wasserstoff
DaimlerChrysler		
NECAR	1993	Wasserstoff (g)
NECAR 2	1995	Wasserstoff (g)
NECAR 3	1997	Methanol (fl)
NECAR 4	1999	Methanol (fl)
Jeep Commander	2000	Methanol
NECAR 5	2000	Methanol (fl)
Fiat		
Elettra H2 fuel cell	2001	Wasserstoff
Ford		
P2000 HFC	1999	Wasserstoff
TH!NK FC5	2000	Methanol
Focus		
GM/Opel		
Zafira	1998	Methanol
Precept	2000	Wasserstoff
HydroGen 1 [b]	2000	Wasserstoff (fl)
Honda		
FCX-V1	1999	Wasserstoff
FCX-V2	1999	Methanol
FCX-V3	2000	Wasserstoff
Mazda		
Demino	1997	Wasserstoff [a]
Nissan		
R'nessa	1999	Methanol
Renault		
FEVER	1997	Wasserstoff (fl)
Laguna Estate	1998	Wasserstoff (fl)
Toyota		
RAV 4 FCEV	1996	Wasserstoff [a]
RAV 4 FCEV	1997	Methanol
Volkswagen		
Bora HyMotion	2000	Wasserstoff

fl flüssig, *g* gasförmig
[a] Metallhydridspeicher
[b] in Anlehnung an den Opel Zafira

Bei der Entwicklung von Brennstoffzellen-Pkw setzen die Automobilhersteller zunehmend auch auf Kooperationen. So haben beispielsweise Toyota und General Motors zu Beginn des Jahres 2001 eine Kooperation zusammen mit der Exxon

Mobil Corporation vereinbart, in der die Entwicklung von Brennstoffzellen-Pkw mit zwei verschiedenen Strategien vorangetrieben werden soll. Darin sollen die Pkw kurz- und mittelfristig fossile Kraftstoffe, langfristig Wasserstoff verwenden. Zuvor hatten beide Konzerne im Herbst 2000 ihre Teilnahme an der sogenannten „California Fuel Cell Partnership“ bekannt gegeben, ein Zusammenschluss verschiedener Unternehmen, die in den nächsten Jahren ca. 50 Brennstoffzellenfahrzeuge unter realen Alltagsbedingungen erproben. Bedeutender Zusammenschluss bei der Erforschung und Entwicklung der Brennstoffzelle ist auch die Allianz zwischen Ballard Power in den USA und DaimlerChrysler.

DaimlerChrysler hat sich unter den weltweiten Automobilkonzernen am deutlichsten zur Brennstoffzelle als dem Antriebsaggregat der Zukunft bekannt. Mit dem NECAR 5 – dem jüngsten einer Reihe von Versuchsfahrzeugen – hat DaimlerChrysler nach eigenen Angaben „einen weiteren Meilenstein auf dem Weg zu serienreifen Brennstoffzellen-Fahrzeugen erreicht“. Nach Ansicht des Stuttgarter Automobilherstellers hat die Brennstoffzelle unter den alternativen Antrieben die besten Zukunftsaussichten. Sie „kombinieren die Reichweiten konventioneller Verbrennungsmotoren mit niedrigem Kraftstoffverbrauch, minimalem Schadstoffausstoß und der geringen Wirkungsgrade als herkömmliche Motoren erreichen“ [49]. Der Konzern konzentriert seine strategischen Entwicklungen innerhalb der alternativen Antriebe seit einigen Jahren auf die Entwicklung von Brennstoffzellen. Das Unternehmen setzt dabei auf die bordeigene Wasserstoffproduktion aus Methanol im Sandwichboden der A-Klasse. Auch Ford propagiert die Herstellung von Wasserstoff aus Methanol, während andere Hersteller bis zu einer möglichen Versorgung mit Wasserstoff auf die Reformierung von Benzin setzen.

Methanol – geeigneter Kraftstoff für die Brennstoffzelle?

Werden flüssige Energieträger für Brennstoffzellenantriebe verwendet, so müssen diese in einer zusätzlichen Verfahrensstufe in Wasserstoff umgewandelt werden. Hauptmotivation für die Automobilhersteller – allen voran DaimlerChrysler – für die Verwendung von Methanol ist die relativ einfache Handhabung beim Tankvorgang. Zum einen müssten sich die Konstrukteure bei der Gestaltung des Tanks nicht maßgeblich umstellen, zum anderen könnte der Kunde in gewohnter Art und Weise einen flüssigen Kraftstoff tanken. So ist die Lobbyarbeit für eine Schaffung der notwendigen Infrastruktur für Methanol bereits in vollem Gange.[1] Die Strategen in den Unternehmen lassen keine Gelegenheit aus, um auf die vermeintlich sinnvollste Kraftstoffoption Methanol für die Brennstoffzelle hinzuweisen. Doch ist die Methanolreformierung an Bord tatsächlich die Option der Zukunft?

---

[1] Dabei werden die Installationskosten für die Methanol-Infrastruktur in Deutschland unterschiedlich bewertet. Während die Lobbyvereinigung „American Methanol Institute“ von 50.000 $ pro Tankstelle in Deutschland ausgeht [6] schätzt ARAL die Kosten mit 100.000 € höher ein [249]. Für einen Markt von 25 Millionen Pkw mit einer Leistung von 40 kW sind in [79] Investitionen in Höhe von umgerechnet 2.300 € pro Pkw angegeben.

Bevor auf die Beantwortung dieser Frage eingegangen wird, zunächst zur technischen Vorgehensweise. Die Umwandlung in wasserstoffreiches Gas erfolgt in sogenannten Reformierungsprozessen, bei dem der Kraftstoff zusammen mit Wasser einem Reformierungskatalysator zugeführt wird. Die heterogen katalysierte Reformierung findet in einem endothermen Prozess bei Temperaturen von 150 bis 300 °C und Drücken von ca. 5 bar statt. Dabei läuft folgende Reformierungsreaktion ab:

$$CH_3OH + H_2O \Leftrightarrow CO_2 + 3H_2 \tag{4.3}$$

Daneben kommt es zur Methanolspaltung, womit auch Kohlenmonoxid entsteht:

$$CH_3OH \Leftrightarrow CO + 2H_2 \tag{4.4}$$

Durch die gleichzeitig ablaufende Konvertierungsreaktion wird Kohlenmonoxid zu CO_2 oxidiert:

$$CO + H_2O \Leftrightarrow CO_2 + H_2 \tag{4.5}$$

Der Wärmebedarf der Reformierung (endothermer Prozess) wird durch einen katalytischen Brenner gedeckt, der mit Methanol/Wasser-Gemisch (während der Anfahrphase) und dem wasserstoffreichen Anodenabgas der Brennstoffzelle (Betriebsphase) betrieben wird [150]. Da die PEM-Brennstoffzelle sehr empfindlich hinsichtlich einer Vergiftung mit CO ist, muss das hiermit verunreinigte Wasserstoffgas vor der Zuleitung in die Brennstoffzelle gereinigt werden. Hierzu muss die Konzentration von Kohlenmonoxid im Wasserstoffgas auf unter 100 ppm reduziert werden. Ein Methanol-Brennstoffzellensystem[1] zeigt vereinfacht folgende Abb. 4.8.

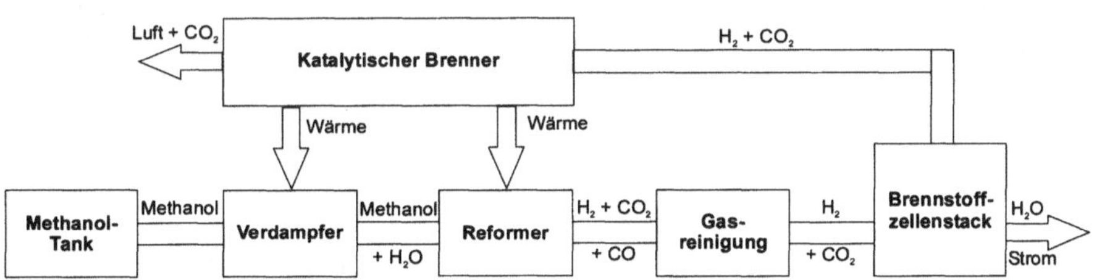

Abb. 4.8. Vereinfachte Darstellung eines Methanol-Brennstoffzellensystems

4.2.3 Bewertung der Systeme

Patyk weist in seiner Untersuchung [199] zurecht darauf hin, dass die Umweltverträglichkeit von Brennstoffzellen auf der Basis der Umweltwirkungen der gesam-

[1] Detaillierte Darstellungen zu Methanol-Brennstoffzellensysteme in [155] sowie zur Verfahrensanalyse der Stromerzeugung mit Methanol als Energieträger in [170].

ten Energieumwandlungsketten, d.h. einschließlich aller der Stromerzeugung in Brennstoffzellen vorgelagerten Prozesse, beurteilt werden muss.[1] Der Verweis auf lokale Emissionsfreiheiten, Wasser als dem vermeintlich einzigen „Abgas" aus dem Auspuff von Brennstoffzellen-Pkw oder gar die Bezeichnung als „Null-Liter-Auto"[2] ist für eine seriöse Betrachtung unzureichend. Vielmehr dienen derartige Verkürzungen mehr dem Marketing als einer Versachlichung der Diskussion. Konkret bedeutet dies nach Ansicht von Patyk [199]:

- Die Umweltverträglichkeit von Brennstoffzellen muss auf der Basis der Umweltwirkungen der gesamten Energieumwandlungsketten, d.h. einschließlich aller der Stromerzeugung in Brennstoffzellen vorgelagerten Prozesse, beurteilt werden,
- die relative Umweltverträglichkeit von Brennstoffzellen muss im Vergleich mit realistisch gewählten Referenzsystemen bestimmt werden,
- für bestimmte Umweltwirkungskategorien wie Treibhauseffekt und Versauerung bei einer Untersuchungsoption gegenläufige Ergebnisse müssen in ihrer Bedeutung plausibel eingeschätzt werden.

Bereits bei der Betrachtung der Umwandlungsschritte für die Bereitstellung des Wasserstoff fällt auf, dass bei der Wahl von Methanol dieses zunächst beispielsweise aus Erdgas hergestellt werden muss. Deshalb würde nahe liegen, Erdgas direkt als Treibstoff für Brennstoffzellen zu verwenden, anstatt zunächst aus Erdgas Methanol zu gewinnen[3] und dieses im Pkw in Wasserstoff zu reformieren. Dabei sind Wirkungsgrade von 65% für die Herstellung von Methanol aus Erdgas und 81% für die Reformierung von Wasserstoff aus Methanol zu berücksichtigen [41]. Bereits die Bereitstellung des Wasserstoff bedingt im Falle der Methanolreformierung Wirkungsgradverluste in Höhe von 47%. Die Verwendung von Erdgas für Brennstoffzellen ist im übrigen auch bei der Entwicklung stationärer Brennstoffzellen für den Ein- und Mehrfamilienbereich derzeitiger Entwicklungspfad. So entwickelt der größte europäische Heizungshersteller, die Vaillant GmbH in Remscheid, seit einiger Zeit in Zusammenarbeit mit dem amerikanischen Brennstoffzellenentwickler Plug-Power ein sogenanntes Brennstoffzellen-Heizgerät. Die Entwickler setzen auch hierbei auf die erdgasgespeiste Brennstoffzelle. Die Erdgasreformierung weist zudem die günstigste Primärenergiebilanz auf [150].

In unterschiedlichen Studien, die sich der ökologischen Bewertung verschiedener Brennstoffzellen-Antrieben – insbesondere der Wahl der Kraftstoffe – widmen, sind demzufolge in der Vergangenheit immer wieder Zweifel an der ökologischen Vorteilhaftigkeit insbesondere bei Verwendung von Methanol dokumentiert. So verweist Carpetis in seiner Studie [41] darauf, dass der Versuch, den exergetisch wertvolleren Wasserstoff durch den besser speicherbaren Kraftstoff (Methanol) zu ersetzen, mit einem Nachteil in der Gesamtbilanz erkauft wird. Die

[1] Vgl. zur Umweltverträglichkeit von PEFC-Brennstoffzellen auch [204].

[2] Wie die Äußerungen des Vorstandsvorsitzenden Jürgen E. Schrempp bei der Vorstellung von Necar 5 im November 2000.

[3] Derzeit werden 90 Prozent des Methanols aus Erdgas gewonnen.

Studie zeigt auf, dass ein Elektrofahrzeug mit Brennstoffzelle und Methanolbetankung (η_{TOT}=0,2) sogar einen geringeren Gesamtwirkungsgrad der Energieumwandlungskette[1] aufweist, als ein Dieselmotor (η_{TOT}=0,25). Die Studie zieht die Schussfolgerung, dass der Brennstoffzellenantrieb mit Methanol sogar die energetisch aufwendigste Alternative darstellt und ein sehr niedriger Ausstoß klimarelevanter Emissionen mit einem Brennstoffzellenantrieb zu erreichen ist, bei welchem Wasserstoff in komprimierter Form betankt wird. Bei diesem System wird ein Antrieb mit gutem Wirkungsgrad mit einer Primärenergiequelle niedrigen Kohlenstoffinhalts kombiniert. Folgende Abbildung fasst wesentliche Ergebnisse der Studie zusammen.

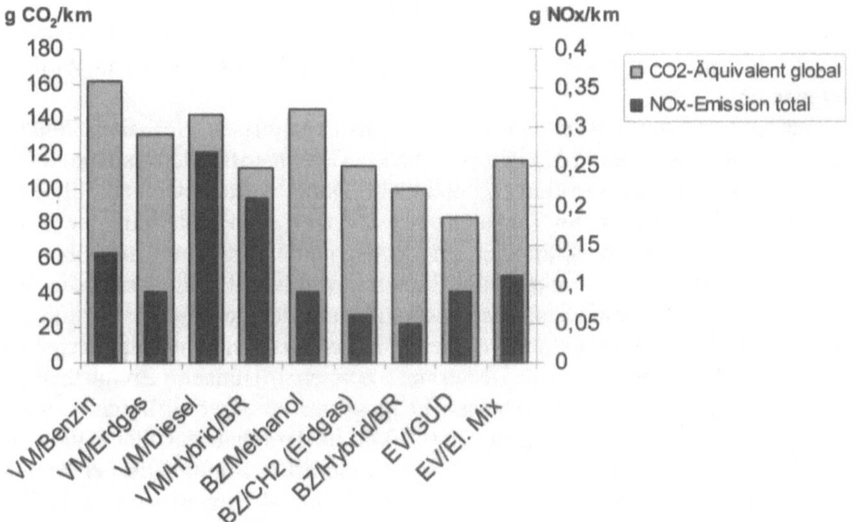

Abb. 4.9. Globale Treibhausemissionen und globale NOx-Emissionen unterschiedlicher Antriebskonzepte auf Basis der gegenwärtigen fossilen Energieversorgung. Quelle: [41] *VM: Verbrennungsmotor; BR: Bremsenergierückgewinnung; BZ: Brennstoffzelle; EV: Batteriefahrzeuge; El. Mix: Europäischer Kraftwerkmix*

Die Ergebnisse in Abb. 4.9 zeigen, dass sich die Emissionen an klimarelevanten Gasen bei Antrieben mit Verbrennungsmotor im Bereich von 130 bis 160 g/km bewegen. Dabei weist der Erdgasantrieb die niedrigsten CO_2-Emissionen auf. Werden Antriebe bei Fahrzeugen mit Reichweiten bis ca. 500 km betrachtet, so ist der Brennstoffzellenantrieb in Hybridausführung[2] der mit den niedrigsten CO_2-Emissionen. Insgesamt ist festzustellen, dass der Brennstoffzellenantrieb mit Methanol in etwa die gleichen CO_2-Emissionen aufweist wie der Diesel-Verbrennungsmotor, der allerdings deutlich mehr globale NOx-

[1] Von der Primärenergiekette bis zum Rad.

[2] Autonome Hybridfahrzeuge paralleler Bauart mit Bremsenergierückgewinnung.

Emissionen emittiert. Damit gehört der Methanol-Brennstoffzellenantrieb zu den Antriebskonzepten mit den höchsten CO_2-Emissionen [41].

Carpetis zieht aus den Untersuchungen u.a. den Schluss, dass die Einführung von Brennstoffzellenfahrzeugen in Bezug auf den Primärenergiebedarf fossilen Ursprungs keine „klaren" Vorteile anbietet. Globale Emissionsvorteile sind nur bei Brennstoffzellenantrieben mit gasförmigen Wasserstoff zu erreichen. Aus Erdgas hergestelltes Methanol für Brennstoffzellenfahrzeuge würde demnach höhere CO_2-Emissionen und einen höheren Ressourcenverbrauch als herkömmliche Diesel- oder erdgasbetriebene Pkw verursachen. Das Reduktionspotenzial von Brennstoffzellenantrieben auf fossiler Basis reduziert sich auf die klassischen Schadstoffe NOx, CO, NMHC und SO_2. Diese werden jedoch – wie bereits ausgeführt – durch Emissionsvorschriften wie die EURO 4 ausreichend reduziert. Die dargestellten Ergebnisse verändern sich jedoch erheblich, wenn eine nichtfossile Energiewirtschaft zu Grunde gelegt wird [41]. Auf diesen Umstand wird noch eingegangen.

Auch andere Studien kommen zu ähnlichen Ergebnissen. So haben Pehnt und Nitsch in ihren Bilanzen [202] unterschiedliche Brennstoffzellensysteme hinsichtlich ihrer ökologischen Wirkungen untersucht. Dabei wurde jeweils die Bereitstellung eines MJ Kraftstoff frei Tankstelle bzw. Nutzer, die Herstellung des Gesamtfahrzeugs sowie ein Fahrkilometer im gemischten Fahrzyklus[1] mit einem Pkw (Leergewicht 750 kg) als funktionelle Einheit gewählt. Auch hier weist die Bereitstellung und Verbrennung von Methanol aufgrund des geringeren Wirkungsgrad des Umwandlungsprozesses höhere Treibhausgasemissionen auf als beispielsweise bei Diesel oder Benzin. Insgesamt können demnach Brennstoffzellen-Fahrzeuge auf fossiler Methanolbasis (Erdgas) nur eine geringfügige Treibhausgas-Reduktionswirkung aufweisen. Damit fällt die Treibhausgasbilanz nicht signifikant besser aus als die des Dieselfahrzeugs. Selbst bei optimistischer Annahme zukünftiger Optimierungspotenziale wird die Methanol-Brennstoffzelle nur knapp 20% der CO_2-Emissionen gegenüber heutiger Benzin-Pkw einsparen können[2].

Auch das Umweltbundesamt hat mehrfach Brennstoffzellen-Pkw sowohl aus ökologischer Sicht als auch durch Kosten-Nutzen-Analysen untersucht. Dabei wird festgestellt, dass Emissionsminderungen und Ressourcenschutz durch verbrauchsoptimierte ULEV-Antriebe wesentlich kosteneffizienter realisiert werden können als durch optimierte Brennstoffzellenfahrzeuge. Nennenswerte Reduzierungspotenziale des Treibhausgases CO_2 durch Brennstoffzellenantriebe sieht das Umweltbundesamt dabei ebenfalls nicht. Das UBA empfiehlt dagegen, die bereits heute möglichen Potenziale zu einer Senkung des Kraftstoffverbrauchs um mindestens 50% zu nutzen [150]. Interessant im Zusammenhang mit der Forcierung von Brennstoffzellenantrieben mit Methanol als Primärenergieträger ist die

[1] Kombination aus NEFZ und Autobahnfahrt.

[2] Werden Verbrennungsmotoren, beispielsweise durch den Einsatz von Hybridantrieben (s. Kap. 4.3) oder den beschriebenen Optionen der Hubraumverkleinerung mit Aufladung im vorigen Kapitel 4.1, weiter optimiert, dürfte die Bilanz der Methanol-Brennstoffzelle noch schlechter ausfallen.

Tatsache, dass der Antriebsart auch frühere Studien kein Reduktionspotenzial bezüglich der CO_2-Emissionen bescheinigten. So kommt die bereits im Jahre 1992 vorgestellte Studie [102] zum Schluss, dass beim Einsatz von Methanol für Brennstoffzellenantriebe in Bezug auf die CO_2-Emissionen der gesamten Energieumwandlungskette vom Erdgas bis zur Umsetzung der mechanischen Energie am Rad, mit 18 kg/100 km ein mit konventionellen Antrieben vergleichbares Emissionsniveau erreicht wird. Dies entspricht einem Benzinäquivalent von ca. 7 Liter pro 100 km. Die aufgezeigten Ergebnisse werden also nicht nur von einer Vielzahl aktueller Studien belegt, sondern sind vielmehr Ergebnis auch über einen langen Zeitraum durchgeführter Bilanzen.

Die Autoren der zitierten Studien weisen jedoch darauf hin, dass sich beim langfristig unabdingbaren Übergang zu Kraftstoffen auf Basis erneuerbarer Primärenergieträger die Frage nach dem optimalen Kraftstoff erneut stellt. Carpetis [41] geht davon aus, dass die Vorteile der Brennstoffzelle im Rahmen einer nichtfossilen Energieversorgung eindeutig sind. In einem solchen System wird die Verfügbarkeit eines Kraftstoffs vorausgesetzt. Die Antwort auf die Frage, welche der Alternativen bei gleichem Kraftstoff energetisch günstiger ist, reduziert sich auf den Vergleich des Kraftstoffverbrauchs. Allerdings ist die Markteinführung von regenerativen Energiequellen (im vorliegenden Fall Solarwasserstoff und Methanol aus Biomasse) eine Entwicklung mit unsicherem Zeithorizont.

Interessant in der Studie [202] ist außerdem die Berechnung des Break-even zwischen Benzin-Ottomotor und Methanol-Brennstoffzelle bzw. H_2-Brennstoffzelle. Dieser liegt zwischen H_2-Brennstoffzelle und Benzinfahrzeug bei deutlich unter 100.000 km, sofern es nicht zu nennenswerten Ersatzinvestitionen kommt. Die Methanol-Brennstoffzelle kann erst nach ca. 150.000 km eine positive Treibhausbilanz aufweisen. Das Umweltbundesamt schätzt dagegen auch die Nutzung regenerativer Energien bei Brennstoffzellen skeptisch ein, da sie ohne deutliche Primärenergieverbrauchsminimierung im Vergleich zu effizienten Verbrennungsmotoren mit fossilen Energieträgern keinen wesentlichen Beitrag zur Ressourcenschonung leisten können [150]. Auch Petersen und Diaz weisen darauf hin, dass die Diskussion um die Brennstoffzelle auf die Frage des zukünftigen Energiesystems hinführt. Dennoch betrachten auch sie die Zukunft der Brennstoffzelle eher skeptisch, weil sie aus ihrer Sicht keine Probleme löst und zudem nach Markteinführung aus Kostengründen zunächst auf die Luxusklasse beschränkt bleiben wird [207]. Wenngleich nicht sicher ist, ob letztere Annahme tatsächlich eintritt, so dürfte jedoch das Kostenproblem bis auf weiteres bestehen bleiben auch wenn beispielsweise das erste Brennstoffzellenfahrzeug von DaimlerChrysler eine A-Klasse sein wird.

In [201] wird zudem ein weiterer Aspekt betrachtet: Pehnt und Nitsch gehen in ihrer Studie davon aus, dass auch aus Ressourcenerwägungen ein weitgehendes Recycling der Antriebssysteme unerlässlich sein wird. Zwar wurde nach deren Angaben der Gehalt an Platingruppen-Metallen (PGM) seit den 60er Jahren um einen Faktor 2000 reduziert. Dennoch führt eine weitflächige Einführung von Brennstoffzellen-Systemen zu einer erheblichen Bindung dieser Edelmetalle, die auch angesichts der geografischen Konzentration der Reserven (94% in Südafrika) durchaus als kritisch einzuschätzen ist.

Fazit. Ob die Brennstoffzelle eine ressourcen- und klimaschonende und somit vertretbare Antriebsart auf dem Weg zum Ein-Liter-Auto darstellt, hängt entscheidend von der Basis der Primärenergie ab. Solange die Brennstoffzelle[1] auf eine fossile Energiebasis zurückgreift, sind keine Entlastungen im Zusammenhang mit dem Ausstoß klimarelevanter Emissionen, z.B. CO_2, zu erwarten. Da die Brennstoffzelle bis auf weiteres eine zudem teure Alternative darstellt und deshalb mit einer sehr zögernden Marktdurchdringung zu rechnen ist[2], muss deren Beitrag einzig auf die technische Entwicklung mit Blick auf eine – bis dato leider noch weit entfernte – nichtfossile Energiebasis beschränkt bleiben. Selbst wenn man in diesem Fall der Brennstoffzelle das Potenzial einer durchgängig regenerativen Antriebsoption mit vergleichsweise guten Wirkungsgraden zu Gute hält, so steht bereits heute fest, dass sie keinen Beitrag zur Reduzierung der Klimaschutzverpflichtungen im vorgesehenen Zeitraum leisten wird. Die Brennstoffzelle bleibt bis auf weiteres eine interessante Option für die Zukunft. Die Brennstoffzelle als „Null-Liter-Auto", wie es der Vorstandsvorsitzende von DaimlerChrysler Jürgen E. Schrempp gerne bezeichnet[3], dürfte bis auf weiteres reines Wunschdenken bleiben.

4.3 Hybridantriebe

In der Diskussion um die sogenannten „alternativen Antriebe" mit Ziel einer Schadstoff- und Kraftstoffverbrauchsreduzierung wurden mit verlässlicher Regelmäßigkeit auch immer wieder Elektroantriebe ins Gespräch gebracht. Dabei ist deren Potenzial zur Reduzierung lokaler Schadstoffbelastungen unbestritten. Probleme bereitet – ähnlich wie bei der Brennstoffzelle – die Bereitstellung der elektrischen Energie auf Basis fossiler Energieträger. So hat ein umfassender versuch mit Elektrofahrzeugen auf der Insel Rügen[4] im Wesentlichen ergeben, dass zwar ein bedeutender Vorteil in der lokalen Emissionsfreiheit besteht, hinsichtlich globaler Treibhausgasemissionen und Schadstoffe aber nur eine Verlagerung vom Pkw zum Kraftwerk erfolgen würde. Gleichwohl ist hier anzumerken, dass es sich dabei hauptsächlich um Pkw-Konzepte handelte, die vormals für den Antrieb mit Verbrennungsmotoren entwickelt wurden und ein dementsprechend hohes Gewicht aufweisen. Zudem muss – analog zum Brennstoffzellenantrieb – auch der

[1] Insbesondere auf Basis Methanol.

[2] DaimlerChrysler rechnet offenbar nur noch mit ca. 10 – 15% bis zum Jahr 2030.

[3] So anlässlich der Vorstellung von Necar 5 in Berlin im November 2000. Zuvor hatte Schrempp bereits auf der Hauptversammlung davon gesprochen, dass die Ingenieure „vielleicht bereits am Null-Liter-Auto" arbeiten [106].

[4] „Erprobung von Elektrofahrzeugen der neuesten Generation auf der Insel Rügen". Vgl. hierzu [132].

Elektroantrieb neu beurteilt werden, wenn eine Energieversorgung jenseits der mit der CO_2-Hypothek belasteten fossilen Energieträger zur Verfügung steht. Weiteres Problem bei reinen Batteriefahrzeugen ist aber die Speicherung der elektrischen Energie, die bis dato nicht befriedigend gelöst werden konnte. In Kap. 4.1 wurde andererseits darauf hingewiesen, dass heutige Verbrennungsmotoren mit großem Hubraum im Teillastbetrieb eine vergleichsweise ungünstige Kraftstoffausnutzung aufweisen. Würde man einen Verbrennungsmotor ständig in seinem optimalen Betriebspunkt laufen lassen, würden hingegen deutlich bessere Wirkungsgrade bis über 40% erreicht. So geht das Rocky Mountain Institute davon aus, dass sich die Wirkungsgrade hybridbetriebener Pkw im Vergleich zu herkömmlichen Pkw mit Verbrennungsmotor verdoppeln lassen [217]. Allerdings verbindet Lovins diese Annahme mit der Kombination eines Hybridantriebs mit eine ultraleichten Konstruktion. Die sogenannten Hybridantriebe ermöglichen die Kopplung von mehreren Antriebsaggregaten, so dass im Falle einer intelligenten Auslegung beispielsweise ein Verbrennungsmotor die Energie für einen Elektroantrieb zur Verfügung stellt. Es ist zudem sehr wahrscheinlich, dass Elektroantriebe eine sehr interessante Antriebsform der Zukunft darstellen werden.[1] Im vorangegangenen Kapitel über die Brennstoffzelle liefert auch diese die elektrische Energie für den Antrieb der Elektromotoren und ist im weiteren Sinne ein serieller Hybrid. Petersen und Diaz nennen in [207] folgende Vorteile des Elektroantriebs:

- hoher Wirkungsgrad des Elektromotors bis über 90%,
- hohe Leistungsdichte von bis zu 700 W/kg,
- die Möglichkeit einer Bremsenergie-Rückgewinnung.

Der oben dargestellte Nachteil des Elektroantriebs (Speicherproblematik) könnte nun mit der Problematik des Verbrennungsmotors (ungünstiger Wirkungsgrad im Teillastbetrieb) kurioserweise zu einer potenziell interessanten Lösung führen. Der Verbrennungsmotor würde dann im optimalen Betriebspunkt betrieben und somit vom Fahrleistungsbedarf entkoppelt über einen Generator zur „Energiequelle“ des Elektromotors. Aus Sicht der batteriegetriebenen Elektrofahrzeuge werden so die Vorteile beider Antriebsarten, wie hohe Reichweite, schnelles Nachtanken und insbesondere die Möglichkeit einer Rückgewinnung der Bremsenergie eine sinnvolle Kombination [8]. Da der Verbrennungsmotor den Strom für den Radantrieb erzeugt, werden sperrige, schwere und zudem teure Batterien ebenso überflüssig wie Bedenken über eine begrenzte Reichweite oder das zeitaufreibende Auftanken an einer Steckdose. Auf diese Kombination kleiner, verbrauchsarmer Verbrennungsmotoren als Energielieferant für einen Elektroantrieb wird am Beispiel des Hypercars in Kap. 7.1 noch eingegangen. Zunächst jedoch zu den unterschiedlichen Antriebskonzepten für Hybridfahrzeuge.

Definitionsgemäß ist ein Hybridantrieb die Kombination aus mindestens zwei unterschiedlichen Antriebssystemen. Es ist demnach über die oben genannte Kombination aus Verbrennungsmotor und Elektroantrieb möglich, auch andere

[1] Zu den Anforderungen an Elektroantriebe s. [196, 263].

Varianten zu realisieren.[1] Mit heutigem Stand der Technik sind seither aber vorzugsweise elektrische Antriebe mit Verbrennungsmotoren kombiniert worden. Unterschieden werden bei Hybridantrieben zunächst zwei Grundprinzipien: dem seriellen und dem parallelen Hybridantrieb (Abb. 4.10). Beim parallelen Hybridantrieb sind Verbrennungsmotor und Elektromotor mechanisch mit den Antriebsrädern gekoppelt. Sie beinhalten neben den beiden Antriebsmotoren und Speichern ein oder mehrere Getriebe, Kupplungen und Freiläufe. Dabei können die beiden Antriebssysteme sowohl einzeln als auch gleichzeitig zum Antrieb genutzt werden. Bei der seriellen Variante wird hingegen quasi eine „Reihenschaltung" der Energiewandler vorgenommen. Dabei wird der Verbrennungsmotor nicht mechanisch an die Antriebsräder angebunden. Vielmehr treibt der Verbrennungsmotor einen Generator an, der den Strom für den elektrischen Antrieb und Speicher liefert. Vorteil des seriellen Antriebs ist der mögliche Wegfall des Schaltgetriebes.

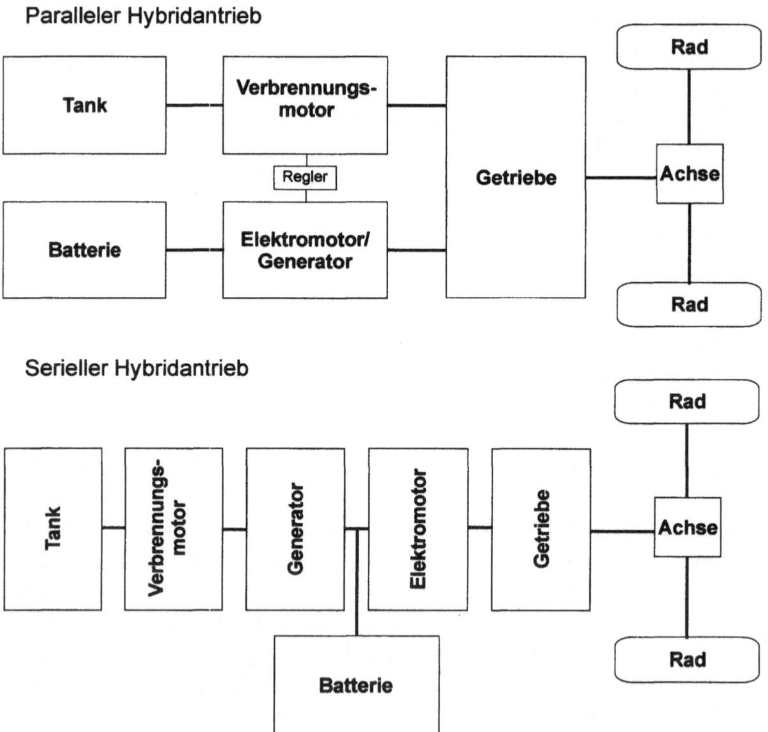

Abb. 4.10. Serielle und parallele Antriebskonzepte für Hybridfahrzeuge. Quelle: [8, 209]

[1] Zu den unterschiedlichen Betriebsstrategien von Hybridfahrzeugen s. [38, 243], letztere Literatur allerdings mit dem Ziel eines leistungsorientierten, nicht eines verbrauchsgünstigen Hybrids. Allgemeine Hintergrundinformationen zu Hybridantrieben liefert [265].

Eine Misch- und zugleich Sonderform der beiden grundsätzlichen Varianten stellt der sogenannte kombinierte oder leistungsverzweigende Hybrid dar. Beim kombinierten Hybrid besteht die Möglichkeit, durch Schließen einer Kupplung direkt die Leistung des Verbrennungsmotors mechanisch an die Räder zu übertragen. Leistungsverzweigende Hybride sind relative komplex. Dabei wird nur ein Teil der Leistung des Verbrennungsmotors direkt an die Räder übertragen, die restliche Leistung gelangt z.B. über ein Planetengetriebe und zwei Elektromotoren an die Antriebsräder [8].

Insbesondere in den USA werden sowohl parallele als auch serielle Hybridantriebe intensiv u.a. im Rahmen der im Jahr 1994 initiierten „Partnership for a New Generation of Vehicles (PNGV)“ sowie im vom US-Department of Energy geförderten „Hybrid Propulsion System Development Program“ entwickelt. Inzwischen sind die Probleme zu hoher Kosten von Hybridantrieben weitgehend gelöst. So bieten inzwischen verschiedene Hersteller Pkw mit Hybridantrieb zum Kauf an.

Die Vor- und Nachteile des parallelen und seriellen Hybridantriebs sind in Anlehnung an [201] in der nachfolgenden Tabelle 4.2 dargestellt.

Tabelle 4.2. Vor- und Nachteile von Hybridkonzepten. Quelle: [201]

	Serieller Hybrid	Paralleler Hybrid
Energieverbrauch	nur bedingt Einsparungen, da gesamte Leistung über verlustbehaftete mehrfache Energiewandlung übertragen wird	Einsparungen
Emissionen	deutliche Reduktion, da Verbrennungsmotor quasistatisch betrieben wird	weniger Emissionsreduktion als beim seriellen Hybrid
Bremsenergierückgewinnung	möglich	möglich
Masse	deutlich höher als beim Verbrennungsmotor	deutliches Mehrgewicht
Sonstige Vorteile	Langfristig ist der Einsatz von Brennstoffzellen oder Gasturbinen/Stirling als Stromerzeuger möglich.	Möglichkeit der lokalen Nullemission, geringere Kosten als seriell
Sonstige Nachteile		zwei Antriebssysteme, dadurch mechanische Komplexität

Im folgenden werden parallele, serielle und leistungsverzweigte Hybride näher beschrieben und dabei jeweils aktuelle Praxisbeispiele dargestellt.

4.3.1 Paralleler Hybridantrieb

Wie bereits erwähnt, wird beim parallelen Hybridantrieb sowohl der Verbrennungsmotor als auch der Elektromotor mechanisch mit den Antriebsrädern gekoppelt. Dabei kann die Betriebsstrategie nun so gewählt werden, dass der Verbrennungsmotor immer in einem emissions- und verbrauchsgünstigen Bereich gehalten wird. Dies erlaubt eine vergleichsweise kleine Dimensionierung des Verbrennungsmotors, der wie in Kap. 4.1 dargestellt mit einer höheren spezifischen Leistung entsprechend sparsamer arbeitet. Die jeweils zuviel bzw. zu wenig erzeugte Energie kann dann durch die entweder als Elektromotor oder als Generator arbeitende elektrische Maschine abgenommen bzw. eingespeist werden [237]. Für den Fall einer nur geringen Leistungsanforderung oder einer im Vordergrund stehenden lokalen Emissionsfreiheit besteht beim parallelen Hybrid die Möglichkeit des reinen elektrischen Antriebs aus Elektromotor und Batterie, wobei dann die Verbindung zum Verbrennungsmotor ausgekuppelt wird [246]. Dementsprechend kann auch ein Antrieb nur durch den Verbrennungsmotor erfolgen. Allerdings sind parallele Hybride hinsichtlich des Regelungsaufwands schwieriger zu handhaben als serielle Hybride. Ein bis dato bestehender Nachteil der parallelen Hybride ist jedoch das Mehrgewicht im Vergleich zum seriellen Hybrid, im wesentlichen verursacht durch die Batterie. Der parallele Hybrid lässt eine Rückgewinnung der Bremsenergie zu.

Mit dem Honda Insight[1] hat der japanische Autokonzern 1999 auf dem amerikanischen Markt einen 2-sitzigen Pkw mit parallelen Hybridantrieb angeboten. Der Insight ist mit einem Dreizylinder-Benzinmotor mit einem Hubraum von 1 Liter, der hinsichtlich seiner Reibungsverluste optimiert wurde[2] sowie einem Elektromotor mit einer Gesamtleistung von 56 kW (76 PS) ausgestattet [9]. Technisches Herzstück ist dabei das sogenannte Integrated-Motor-Assist-System (IMA). Der kompakte Elektromotor/Generator – der direkt auf der Kurbelwelle des Verbrennungsmotors montiert ist – liefert beim Beschleunigen zusätzliche Kraft, die er beim Bremsen generiert. Der so gewonnene Strom wird in einer nur 20 kg schweren Nickel-Metallhydrid Pufferbatterie gespeichert und beim erneuten Beschleunigen wieder abgerufen (Abb. 4.11). Der Honda Insight ist mit einem Kraftstoffverbrauch von 3,4 Liter im NEFZ eines der verbrauchsgünstigsten Pkw und reicht damit für über 1.100 Kilometer mit einer Tankfüllung[3]. Selbst im Stadtzyklus verbraucht er nur 4,1 Liter pro 100 km. Mit einer CO_2-Emission von nur 80 Gramm pro Kilometer hält der Insight darüber hinaus die deutsche D4-Abgasnorm ein und ist damit sogar einen Hauch klimafreundlicher als der Drei-Liter-Lupo von Volkswagen. Denn obwohl der Lupo 3L von VW einen Verbrauch von nur 3,0 Liter auf 100 km aufweist, emittiert dieser dennoch mehr

---

[1] Vgl. hierzu u.a. [129].

[2] Honda gibt an, dass die Reibungsverluste gegenüber einem vergleichbaren 1,5-Liter-Motor um 38 Prozent reduziert werden konnten [130].

[3] Im Juni 2000 stellte der Insight mit 2,74 l/100km während einer 6.014 km langen „Küstenrundfahrt“ in Großbritannien einen neuen britischen Verbrauchsrekord auf.

CO_2, da es sich hierbei um einen Dieselmotor handelt. 1 Liter Diesel emittiert auf Grund seiner höheren Dichte jedoch ca. 13% mehr CO_2 als ein Liter Benzin. [59, 282]. Von April 2000 an hat Honda 140 Vorführmodelle bei ausgewählten 40 Markenhändlern für Probefahrten bereitgestellt. Mit dieser ungewöhnlichen Aktion wollte der Konzern zusätzliche Informationen über das konkrete Käuferinteresse an dem hybridangetriebenen Insight in Deutschland sammeln und einhergehend damit die generelle Marktakzeptanz von ökologisch orientierter Automobiltechnologie testen [130, 148]. Dem Insight mit Schaltgetriebe soll Mitte 2001 eine Automatikversion folgen. Im Frühjahr 2003 wird Honda zudem sein Erfolgsmodell Civic als Hybridversion anbieten und rechnet damit, mit diesem Modell erstmals auf dem Hybrid-Markt Geld zu verdienen [108].

Die Insight-Karosserie, die rund 40 Prozent weniger wiegt als eine vergleichbare Stahlkonstruktion, ist eine in Aluminium Space Frame-Bauweise ausgeführte Konstruktion. Zur Reduzierung des Gesamtgewichts auf 835 Kilo (850 Kilo inklusive Klimatisierungsautomatik) tragen außerdem aus Kunststoff-Kompositmaterial gefertigte Anbauteile wie die hinteren Radverkleidungen bei.

Zum relativ niedrigen Kraftstoffverbrauch des Insight trägt außerdem eine günstige Aerodynamik mit einem c_w -Wert von nur 0,25 bei, die zum einen aus der gestreckten Coupé-Form, dem glatten Unterboden und den Hinterradverkleidungen resultiert. Darüber hinaus ist der Insight mit speziellen, rollwiderstandsarmen Reifen bestückt [130, 8]. Der Insight ist mit einer automatischen Motorabschaltung im Stillstand ausgestattet. Beim Anhalten schaltet sich der Dreizylinder selbstständig ab. Sobald der Fahrer die Kupplung betätigt und den ersten Gang einlegt wird dieser erneut aktiviert. Eine sogenannte Start-Stop-Automatik hatte u.a. VW bereits zuvor in ähnlicher Weise angeboten, jedoch in Deutschland keine große Verbreitung gefunden. Das Umweltbundesamt weist allerdings darauf hin, dass die Mehremissionen beim Anlassen zu einer negativen Umweltbilanz im Vergleich zum Laufen lassen des Motors führen können, falls eine Auszeit von 45 bis 60 Sekunden unterschritten würde [209].

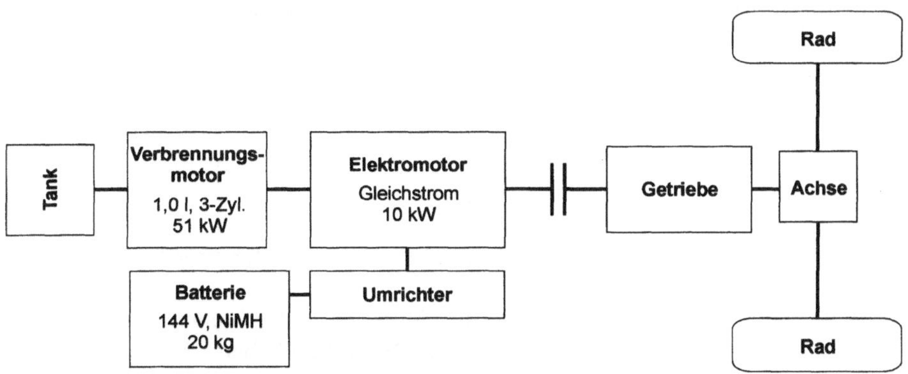

Abb. 4.11. Antriebsschema des Honda Insight mit parallelem Hybridantrieb

Honda begründet seine Entscheidung für die dargelegte Auslegung des Hybrids damit, dass bei Konzepten, bei denen Verbrennungsmaschine und elektrische Aggregate voneinander getrennt sind, komplexe Kontrollsysteme sowie Batterien mit hoher Kapazität und entsprechendem Gewicht erforderlich sind. Honda entschied sich stattdessen für das kompaktere, leichtere und insgesamt weitaus weniger aufwendige „Assistenten-Konzept", das nach Ansicht des Unternehmens dennoch eine mindestens gleichwertige Kraftstoff- und Emissionsminderung erzielt.

Für 2003 hat Honda den Escape HEV[1] angekündigt, einem kompakten Sport Utility Vehicle mit einem 4-Zylinder-Verbrennungsmotor und batteriebetriebenen Elektromotor. Mit einem Verbrauch von ca. 5,5 Liter pro 100 km ist er aber recht durstig [216].

4.3.2 Serieller Hybridantrieb

Beim seriellen Hybridantrieb vollzieht sich der Antrieb immer über den Elektromotor, der entweder direkt über die Batterie betrieben wird oder die elektrische Energie über den Generator aus dem Verbrennungsmotor stammt. Es besteht also keine Anbindung des Verbrennungsmotors an die Antriebsräder. Für den seriellen Hybrid bestehen Varianten sowohl mit einem Fahrmotor und Differential als auch Konzepte mit zwei Fahrmotoren pro Achse unter Wegfall des Differentials bis hin zu Radnabenmotoren [8]. Vorteil des seriellen Hybrids ist die weitgehende Flexibilität bei der Anordnung der Komponenten durch die nicht vorhandene mechanische Anbindung des Verbrennungsmotors an die Antriebsräder ebenso wie die Möglichkeit, die Batterie im Vergleich zum Elektrofahrzeug kleiner dimensionieren zu können. Bei der Dimensionierung des Elektromotors ist zu beachten, dass dieser die gesamte Leistung bereitstellen muss, die benötigt wird.

Die Tatsache, dass die Entwicklung serieller Hybride im Vergleich zu parallelen Konzepten seither weit weniger forciert wurde, liegt darin begründet, dass v.a. in den 70er und 80er Jahre keine Elektromotoren zur Verfügung standen, welche die hierfür notwendige Leistungsdichte und hohen Wirkungsgrad decken konnten [8]. Vorteil des seriellen Hybrids ist aber die Möglichkeit, den Verbrennungsmotor aufgrund dessen mechanischen Entkoppelung phlegmatisiert, d.h. in der Dynamik eingeschränkt betreiben zu können. Mit Ziel einer Reduzierung des Kraftstoffverbrauchs kann dieser somit im verbrauchsgünstigsten Betriebspunkt oder auf einer Kennlinie günstigsten Kraftstoffverbrauchs betrieben werden.

4.3.3 Leistungsverzweigter und kombinierter Hybridantrieb

Durch Schließen einer Kupplung kann die Leistung des Verbrennungsmotors direkt mechanisch an die Räder zu übertragen, z.B. im Fall hohen Leistungsbedarfs. Dabei können die Elektromotoren zusätzlich Leistung abgeben und somit kurzzei-

[1] Hybrid Electric Vehicle.

tig die Spitzenleistung erhöhen. Dies verbessert zwar den Wirkungsgrad, hat aber einen deutlich höheren Aufwand durch die benötigte Kupplung und einer komplizierten Betriebsstrategie zur Folge. Außerdem kann die Anordnung von Verbrennungsmotor und Generator nicht mehr frei gewählt werden, da nun eine mechanische Ankopplung des Verbrennungsmotors realisiert wurde [8].

Mit dem Toyota Prius ist seit einigen Jahren auch ein sogenannter leistungsverzweigender Hybrid auf dem Markt. Dabei kann ein Teil der Leistung des Verbrennungsmotors anstatt im Generator in elektrische Energie umgewandelt auch direkt mechanisch an die Antriebsräder übertragen werden. Die restliche Leistung gelangt z.B. über ein Planetengetriebe und zwei Elektromotoren an die Antriebsräder. Dabei kann mit der gewählten Anordnung das System als stufenlos verstellbares Getriebe wirken. Der Verbrennungsmotor benötigt kein zusätzliches Getriebe. Abbildung 4.12 zeigt das Prinzip des leistungsverzweigten und kombinierten Hybridantriebs.

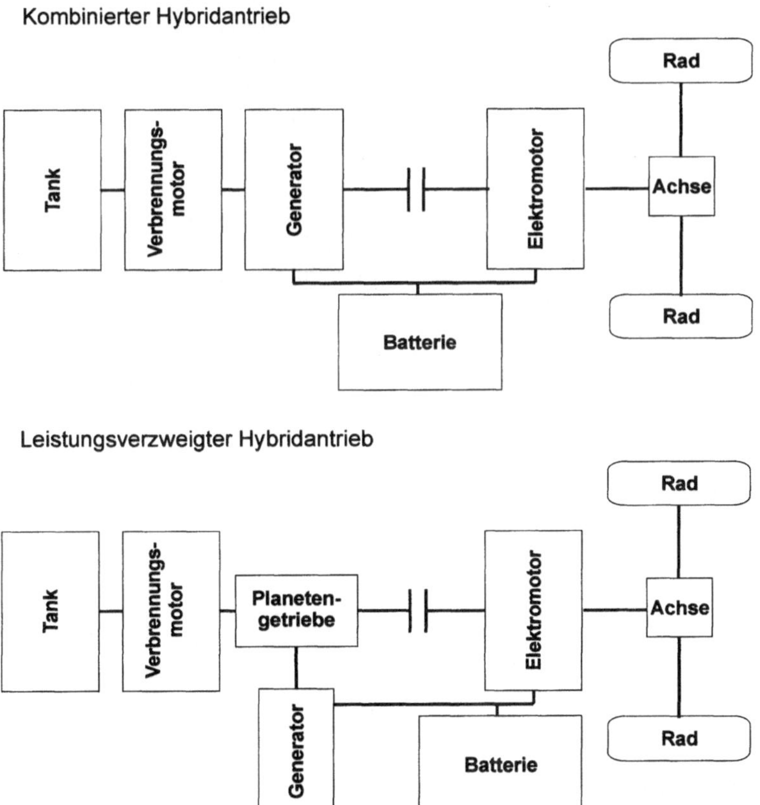

Abb. 4.12. Kombinierter und leistungsverzweigter Hybridantrieb. Quelle: [8]

Der viertürige Toyota Prius – ein leistungsverzweigender paralleler Hybridantrieb – ist seit 1997 auf dem japanischen Markt, und seit 2000 in einer leistungsgesteigerten Variante auch auf dem amerikanischen und europäischen Markt erhältlich. Der Prius – auch als THS[1] bezeichnet – ist somit der weltweit erste Pkw mit Hybridantrieb in Massenproduktion. Er wird angetrieben von einem 1,5 Liter-Benzinmotor mit einer Leistung von 43 kW (in Europa 53 kW) und zwei Wechselstrom-Synchronmotoren mit Permanentmagnet, die nochmals 30 kW (Europa: 33 kW) Leistung erzielen. Der Prius ist mit einer Bremsenergierückgewinnung ausgestattet. 44 kg schwere Metall-Hydrid-Hochleistungsbatterien mit einer Kapazität von insgesamt 6,5 Amperestunden dienen als Speicher. Die Leistungsverzweigung erfolgt über das dazwischengeschaltete Planetengetriebe, das je nach Betriebszustand des Fahrzeugs die Leistung des Verbrennungsmotors zu den Rädern oder zum Generator verteilt (Abb. 4.13). Dabei wird die Leistung des Verbrennungsmotors im normalen Fahrbetrieb etwa je zur Hälfte auf die Antriebsräder und auf den Generator bzw. ersten Elektromotor verteilt. Dieser wiederum speist den zweiten Elektromotor, um im Bedarfsfall den Achsantrieb zu unterstützen. Beim Beschleunigen oder bei Steigungsfahrten wird zusätzliche Leistung aus den Batterien abgefordert, im Umkehrfall wird beim Bremsen oder bei Bergabfahrten ein Teil der freiwerdenden kinetischen Energie wieder in elektrische Energie umgewandelt, mit der die Batterien während der Fahrt aufgeladen werden [209]. Der nach Euro 4 schadstoffarme Toyota Prius erreicht nach Herstellerangaben im japanischen 10-15 Fahrzyklus einen Kraftstoffverbrauch von 3,6 Liter pro 100 km [146]. Im Neuen Europäischen Fahrzyklus beträgt der Kraftstoffverbrauch 5,1 Liter Benzin pro 100 km[2], ein für einen Kompaktwagen vergleichsweise äußerst niedriger Wert. Dem ca. 22.700 Euro teuren Prius[3] bescheinigen selbst eingefleischte Autotester einen „ungewöhnlich genügsamen Antrieb mit voll alltagstauglicher Technik“ [10].

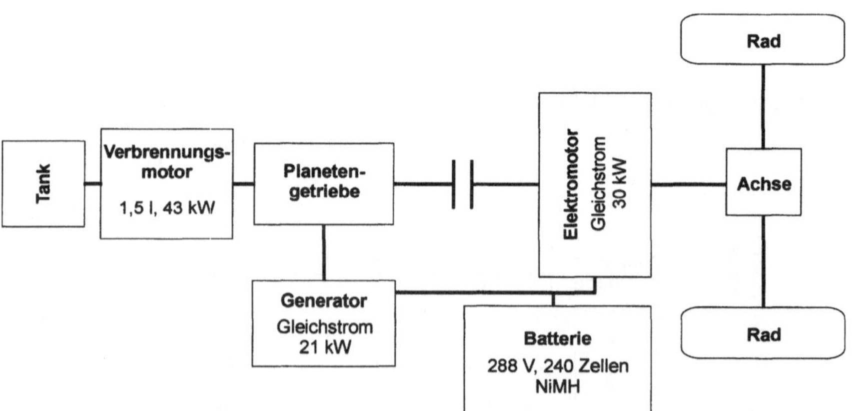

Abb. 4.13. Antriebsschema des Toyota Prius mit leistungsverzweigtem Hybridantrieb

[1] Toyota Hybrid System.

[2] Angabe des Gesamtverbrauchs nach 93/116/EG für die 53 kW-Variante. Quelle: Toyota [252].

[3] Angeblich wird dieser Preis von Toyota subventioniert.

Mit einem Leergewicht von 1257 kg ist das Gesamtgewicht des Prius ein wesentlicher Nachteil. Auf dem Weg zum Ein-Liter-Auto hat der Prius vor allem dieses Manko abzulegen. Daneben ist der angesprochene c_w-Wert von 0,3 nur gängiger Durchschnitt. Fest steht, dass auch der hubraum- und leistungsstarke Verbrennungsmotor einer deutlichen Reduzierung des Kraftstoffverbrauchs entgegen steht. Würde es gelingen, das Gewicht beispielsweise zu halbieren und einen c_w-Wert von 0,2 zu realisieren, käme man allein dadurch bei konstanten Gesamtwirkungsgrad nach Berechnungen des Wuppertal Instituts auf einen Kraftstoffverbrauch von nur mehr 2,5 Liter pro 100 km [209]. Dabei sind die Potenziale bei Verwendung eines deutlich leistungsärmeren Motors und der damit möglichen Verwendung deutlich kleinerer und effizienterer Antriebskomponenten noch nicht berücksichtigt. Der Weg zum echten Ein-Liter-Auto dürfte für Pkw nach Art des Prius zwar ein langer sein – unmöglich dagegen ist er nicht.[1]

4.3.4 Bewertung der hybriden Antriebsformen

Die Bewertung der Hybridantriebe kann unter verschiedenen Gesichtspunkten erfolgen. Dies betrifft zum einen das Potenzial zur Reduzierung lokaler Schadstoffemissionen beispielsweise innerhalb von Städten als auch diverser Umweltindikatoren wie dem Treibhauspotenzial, Zerstörung der Ozonschicht oder Versauerungspotenziale. Letztere erfordern für ihre Erhebung eine komplexe Ökobilanz, wie sie in Kap. 6.1.1 dargestellt wird. Hybride Antriebskonzepte sind in den vergangenen Jahren in mehreren veröffentlichten Studien[2] bewertet worden. Dabei ist zu beachten, dass es sich dabei um eine Vielzahl von unterschiedlich ausgelegten Hybridantrieben handelt und diese deshalb untereinander schwer vergleichbar sind. Wie in den vorangegangenen Kapiteln gezeigt wurde, ist der Kraftstoffverbrauch wesentliche Einflussgröße hinsichtlich der ökologischen Bilanz von Pkw und somit dessen drastische Reduzierung anzustreben.

Auch Carpetis fordert die Fortführung der Diskussion zum Vergleich der Alternativen auf Basis der globalen Energie- und Emissionswerte. Er hat in seinen Untersuchungen [41] u.a. auch den Energiebedarf verschiedener Hybridausführungen von Fahrzeugantrieben am Beispiel paralleler, autonomer Hybride dargestellt. Dabei werden Hybride mit Diesel-Verbrennungsmotor wie auch mit Brennstoffzelle und gasförmigen Wasserstoff an Bord betrachtet. Zudem wird die Variante mit Bremsenergierückgewinnung untersucht. Dabei weist Carpetis auf den wesentlichen Vorteil des Hybridantriebs im Vergleich zum Antrieb ausschließlich mit Verbrennungsmotor hin. Beim Hybrid arbeitet das – wesentlich kleiner auslegbare – Hauptaggregat vorwiegend im optimalen Bereich und Leerlaufverluste können vermieden werden. Er kommt zum Schluss, dass Hybridantriebe in allen Fällen energetisch lohnend sind. Dabei ist der eigentliche Gewinner der Hybridi-

[1] Nähere Informationen unter www.toyota-prius.de.

[2] Siehe [277] sowie zu den Hybridantrieben und Vorstellungen des Rocky Mountain Institutes [177].

sierung der Verbrennungsmotor und nicht etwa beispielsweise die Brennstoffzelle. Bei Auslegung eines parallelen Hybrids mit Verbrennungsmotor und Bremsenergie-Rückgewinnung kann der Kraftstoffverbrauch um ca. 20% gegenüber dem Referenzfahrzeug (mit Verbrennungsmotor) gesenkt werden. Wesentlicher Grund für dieses Ergebnis ist, dass bei hybrider Auslegung des Antriebs die Prozessverluste des Verbrennungsmotors wesentlich vermindert werden. Die wesentlichen Ergebnisse der Studie [41] zeigt Abb. 4.14.

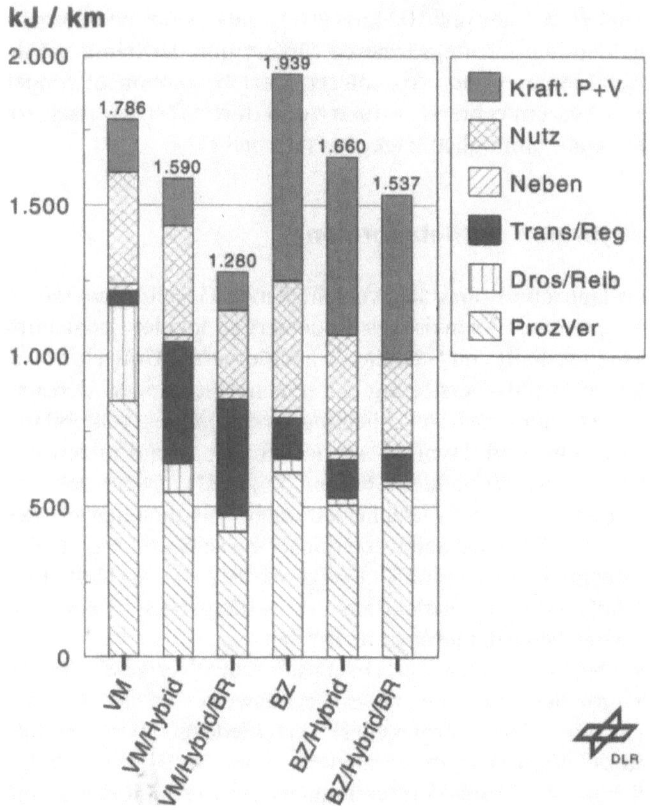

Abb. 4.14. Energieaufwand verschiedener Antriebskonzepte im NEFZ. Quelle: [41]
VM: Verbrennungsmotor; BR: Bremsenergierückgewinnung; BZ: Brennstoffzelle; Kraft. P+V: Kraftstoffproduktion, Transport und Verteilung; Nutz: Nutzleistung; Neben: Nebenverbraucher; Trans/Reg: Transmission und Regelung; Dros/Reib: Drosselung und Reibung; ProzVer: Prozess-Verluste

Die Ergebnisse zeigen insbesondere den deutlichen Unterschied zwischen Hybridantrieb mit Verbrennungsmotor und Bremsenergierückgewinnung und Brennstoffzelle. Dabei weist der parallele Hybridantrieb mit Bremsenergierückgewinnung gegenüber der Brennstoffzelle einen um 33% geringeren Energiebedarf auf.[1] Unabhängig von der Auslegung ist der Hybridantrieb in jedem Fall energetisch günstiger als ein Antrieb lediglich durch einen Verbrennungsmotor.

Mit den beiden dargestellten Beispielen – dem Toyota Prius und dem Honda Insight – sind seit einiger Zeit Hybrid-Pkw auf dem Markt, die zu den verbrauchsgünstigsten Pkw weltweit zählen. Der Honda Insight ist momentan gar der verbrauchsgünstigste Benziner auf dem Markt. So führen die beiden Modelle in der Statistik [77] „Fuel Economy Guide“ für das Modelljahr 2001 der US-amerikanischen Umweltbehörde EPA die Liste der verbrauchsgünstigsten Pkw an.[2] Trotz dieser erfolgreichen Praxisbeispiele gibt es dennoch auch konservative Studien, die das Reduktionspotenzial des parallelen Hybrid gegenüber dem Referenzfahrzeug auf maximal 10%, beim seriellen Hybridantrieb gar eine Erhöhung des Kraftstoffverbrauchs um 20% berechnen [81]. Was die Autoren dieser Studie jedoch gänzlich vernachlässigen, ist das Reduktionspotenzial von Hybridantrieben in Pkw, die sehr effizient ausgelegt sind. Es wird bei der weiteren Reduzierung des Kraftstoffverbrauchs bei hybridangetriebenen Pkw als sehr darauf ankommen, dass der Pkw extrem leicht ist, einen ausgezeichneten Luftwiderstandsbeiwert aufweist (<0,2) sowie rollwiderstandsarme Reifen besitzt. Trotz der Tatsache, dass diese Minderungspotenziale beim Toyota Prius nicht genutzt worden sind, weist dieser gegenüber heutigen Pkw einen deutlich geringeren Kraftstoffverbrauch auf. Es zeigt sich demnach, dass allein mittels Fahrsimulationen (wie beispielsweise in [81]) die Reduktionspotenziale von Pkw-Antrieben nicht hinreichend ermittelt werden können.

---

1 Berechnet im NEFZ.

2 Gegenüber 852 analysierten Pkw, Vans und SUV's mit einem Durchschnittsverbrauch von knapp 11 Liter pro 100 km (Kraftstoffreichweite 21,4 mpg).

5 Karosseriewerkstoffe auf dem Weg zum Ein-Liter-Auto

Die Karosserie des Pkw ist ein Schlüsselelement zur Reduzierung des Kraftstoffverbrauchs, vereinigt sie doch den größten Gewichtsanteil einer einzelnen Baugruppe auf sich. Wie in den vorangegangenen Kapiteln bereits beschrieben wurde, reicht allerdings eine Gewichtsreduzierung der Karosserie alleine nicht aus, um signifikante Kraftstoffeinsparungen auf dem Weg zum Ein-Liter-Auto zu erzielen. Vielmehr stellt der Leichtbau im Karosseriebau den notwendigen Impuls für die Umkehr der Gewichtsspirale dar, wie sie in Kap. 3.1 beschrieben wurde.

Leichtbaupotenziale im Fahrzeugbau sind zum einen durch den Einsatz spezifisch leichter Werkstoffe als auch deren Konstruktion und Bauweisen, Belastung und Krafteinleitung sowie Auslegung und Optimierung gegeben. Das folgende Kapitel wird sich mit den Potenzialen hinsichtlich möglicher Leichtbauwerkstoffe befassen. Dabei ist in jedem Fall eine lebenszyklusweite Betrachtung notwendig. Letztendlich ist der dominante Einfluss des Fahrzeuggewichts mit jeden realisierten Fortschritten für dessen Reduzierung zwar ein Garant zur Verbesserung der Ökobilanz. Die hierfür notwendigen Aufwendungen in der Herstellungs- und Recyclingphase dürfen jedoch nicht unberücksichtigt bleiben. Dabei stellt sich insbesondere die Frage, ob erhöhte Energieaufwendungen bei der Herstellung spezifisch leichter Karosseriematerialien sich in der Nutzungsphase wieder amortisieren können. Das Gewichts-Reduktionspotenzial des verwendeten Werkstoff ist dabei mit den in der Folge erzielbaren sekundären Gewichtseinsparungen gemeinsam zu betrachten und den Aufwendungen gegenüberzustellen.

Im Karosseriebau haben in den vergangenen Jahren zahlreiche neue Werkstoffe Einzug gehalten.[1] Bei den metallischen Werkstoffen hat Magnesium mit seiner geringen Dichte (ρ=1,74 kg/dm^3) und guten mechanischen Eigenschaften einzelne Einsatzbereiche erschlossen. Insgesamt wurden 1997 weltweit ca. 24.000 Tonnen des Leichtbauwerkstoffs im Fahrzeugbau verwendet [149]. Das sind ca. 7% der weltweiten Produktionsmenge. Nach einer Marktprognose[2] wird sich der Einsatz von Magnesium im Fahrzeugbau bis 2002 verdoppeln. Nachteile sind jedoch seine geringe Kaltverformbarkeit und Bruchzähigkeit, seine hohe chemische Reaktionsfähigkeit und das im Vergleich zu Aluminium höhere Schwindmaß bei der Erstarrung. Zwar ist noch kein Sekundärkreislauf aufgebaut, jedoch ist Magnesium grundsätzlich recyclingfähig.

---

[1] Vgl. hierzu auch [264, 267].

[2] Quelle: HYDRO-Magnesium.

Wie noch im Kapitel über die faserverstärkten Kunststoffe dargestellt wird, sollte ein im Vorfeld einer breiten Verwendung fehlendes Recyclingsystem – bei vorhandener grundsätzlichen Eignung des Werkstoffs für das Recycling – aber kein Hinderungsgrund für dessen Einsatz sein. Magnesium ist noch sehr teuer, korrodiert unter allen NE-Metallen am stärksten und muss deshalb im technischen Einsatz eine Oberflächenbehandlung haben. Realisierte Anwendungen beschränken sich bis dato beispielsweise auf Zylinderkopfabdeckungen, Getriebe- und Differentialgehäuse, Räder, Türmodule oder Sitzlehnen. Eine Anwendung als denkbarer Karosseriewerkstoff ist derzeit nicht abzusehen. Zudem haben Studien gezeigt, dass Gewichtseinsparungen von 50% und mehr gegenüber Stahl erreicht werden müssen, damit sich der Einsatz von Magnesium bezüglich des Treibhauseffektes bei Fahrstrecken unter 100.000 Kilometer amortisiert [56]. Pehnt und Nitsch zitieren darüber hinaus weitere technische und Infrastrukturhemmnisse (z.B. Verarbeitungskapazitäten) für einen großflächigen Einsatz von Magnesium [201].

Selbst Titan hat im Nutzfahrzeugbau einzelne Anwendungen gefunden, wird aber im Pkw trotz überragender Festigkeitswerte bis dato nicht eingesetzt. Grund dafür ist neben dem sehr hohen Preis auch die Tatsache, dass Titan relativ schwer verarbeitbar ist.

Daneben sind sogenannte Superleichtmetalle in der Diskussion. Beryllium wird im Rennfahrzeugbau beispielsweise in Bremssätteln verwendet, ist mit über 250 € pro kg aber extrem teuer. Lithium als leichtestes Metall optimiert bei Verwendung in Aluminium-Legierungen dessen Eigenschaften hinsichtlich einer um 8% verminderten Dichte und eines erhöhten E-Moduls um bis zu 11% [149]. Der Einsatz von Metall-Matrix-Verbundwerkstoffen (MMC), beispielsweise kohlefaserverstärkten Magnesiumbauteilen, ist seither ebenfalls auf einzelne Komponenten beschränkt und zudem in Steifigkeit und Festigkeit den faserverstärkten Kunststoffen unterlegen.[1]

Im folgenden Kapitel werden die Werkstoffe Aluminium und faserverstärkte Kunststoffe für den Einsatz als Karosseriewerkstoff im Pkw-Bau beschrieben. Dies hat mehrere Gründe: Aluminium ist derzeit als bereits praktizierte Alternative zur Stahlkarosserie ein vielversprechender Werkstoff. Faserverstärkte Kunststoffe – insbesondere kohlefaserverstärkte – bieten unter den möglichen Karosseriematerialien die größten Gewichts-Einsparpotenziale. Beide Werkstoffe stellen mehr revolutionäre als evolutionäre Ansätze dar. Das derzeitige Problem der Automobilindustrie ist es nämlich, dass für eine massive Reduzierung des Pkw-Gesamtgewichts die seither verfolgte Strategie eines Austausches einzelner konventioneller Stahlbauteile durch Aluminium, Kunststoff oder Magnesium nicht ausreicht. Faserverstärkte Kunststoffe bieten dagegen die Möglichkeit, eine Gewichtsspirale nach unten in Gang zu setzen, die eine völlig neue Definition des Fahrzeugs auch in Bezug auf gewichts- und leistungsreduzierte Antriebe und ei-

[1] Zum Einsatz leichter Metalle s. u.a. [93].

ner Vielzahl anderer Komponenten erlaubt. Auch der traditionelle Werkstoff Stahl hat durch diese Entwicklungen profitiert und ist weiter optimiert worden.[1]

5.1 Gewichtsoptimierte Stahlkarosserien

Im Zuge des Einsatzes neuartiger Werkstoffe im Karosseriebau, wie den nachfolgend beschriebenen Beispielen Aluminium und faserverstärkte Kunststoffe, haben sich auch innerhalb des Traditionswerkstoffs Stahl einige Entwicklungen und Forschungsarbeiten zur Gewichtsoptimierung ergeben. Die Frage, ob eine signifikante Gewichtsoptimierung der Pkw-Karosserien mit ultraleichten Werkstoffen unter Billigung ihrer teils vorhandenen Nachteile wie erhöhter energetischer Aufwendungen in der Herstellung oder wesentlich höherer Materialkosten erfolgen wird oder besser der bewährte Werkstoff Stahl optimiert werden soll, ist noch nicht abschließend geklärt. Fest steht jedoch, dass faserverstärkte Kunststoffe auf Grund ihrer hervorragenden Materialeigenschaften die größten Potenziale zur Gewichtsminimierung aufweisen dürften, gefolgt von Aluminium und Stahl.

Für den traditionellen Werkstoff Stahl wurden im Rahmen des Entwicklungsprojekts „ULSAB“ (Ultra Light Steel Autobody) Lösungen zur Gewichtsreduzierung im Karosseriebau entwickelt. Das von 35 Stahl-Produzenten aus 18 Ländern durchgeführte Projekt galt als Versuch, dem „Leichtbau A8“ eine Stahl-Alternative entgegenzustellen. Dabei war es übergeordnetes Ziel, an einer Karosseriestruktur das Leichtbaupotenzial moderner Stahlwerkstoffe und Fertigungsverfahren darzustellen. Konkret wurden folgende Einzelziele verfolgt:

- Gewichtsreduzierung um 25% gegenüber den Referenzkarosserien,
- die durch Benchmarking ermittelten Durchschnittswerte der statischen und dynamischen Karosseriefestigkeit sollten zumindest erreicht werden,
- Erfüllung definierter Anforderungen an die passive Sicherheit,
- Einsatz von Technologien, die für die nächste Fahrzeuggeneration in Großserie verfügbar sind.

Durch den Einsatz beispielsweise von hochfesten Stählen, innenhochdruckgeformten Teilen und lasergeschweißten Profilen konnte das Strukturrohgewicht eines Mittelklasse-Pkw von durchschnittlich 275 kg um die anvisierten ca. 25% reduziert werden. Die Zielwerte für die statische und dynamische Karosseriesteifigkeit wurden dabei sogar deutlich übertroffen. Eine darüber hinaus durchgeführte Kostenstudie hatte zum Ergebnis, dass Stahlleichtbau auf dem Kostenniveau konventioneller Stahlkarosserien zu realisieren ist. In einem Folgeprojekt sollen Stahl-Zusatzbauteile um weitere 10% leichter werden [69].

Auch die Auslegung mittels Lochblechtechniken beispielweise für Querträger, sogenannte Doppel-Dünnblechtechniken – bei denen mehrere dünne Bleche durch

[1] Zur Konstruktion von Pkw-Karosserien sowie Reparatur- und Crashverhalten s. insbesondere [7].

den Effekt der Adhäsion oder Kohäsion miteinander verbunden werden – ermöglichen Gewichtseinsparungen, in der letzteren Leichtbauweise bis zu 20% pro m^2 [149]. Der Einsatz sogenannter Tailored Blanks verspricht beispielsweise durch Variation der Türinnenbleche gewisse Gewichtsreduzierungspotenziale. Dabei werden beanspruchungsgerechte Lösungen durch miteinander verschweißte Dünnbleche angestrebt, die gemeinsam umgeformt werden.

Ob der Werkstoff Stahl Massenwerkstoff für die Rohkarosserie bleiben wird, ist umstritten. Während einige Experten der Ansicht sind, dass Stahl ausreichende Optimierungspotenziale besitzt, sind andere eher skeptisch. So geht beispielsweise der Umweltbevollmächtigte der DaimlerChrysler AG, Prof. Werner Pollmann, davon aus, dass konventionelle Karosserien aus Stahl neuen Konzepten weichen werden [138]. Stahl wird aber wegen seiner hohen Dichte (vgl. Abb. 5.1) nicht an die Minderungspotenziale beispielsweise von Aluminium oder gar faserverstärkten Kunststoffen heranreichen können. Da die Möglichkeiten der Gewichtsminderung mit konventionellen Stahlkarosserien für ein Ein-Liter-Auto nicht ausreichen werden, müssen bei Konzepten mit Stahl durch konstruktive Änderungen Potenziale zur Minimierung des Fahrzeuggewichts erschlossen werden. Die Loremo Automotive GmbH hat diesen Weg bei der Entwicklung des L22 gewählt, wie in Kap. 7.2 ausführlich beschrieben wird.

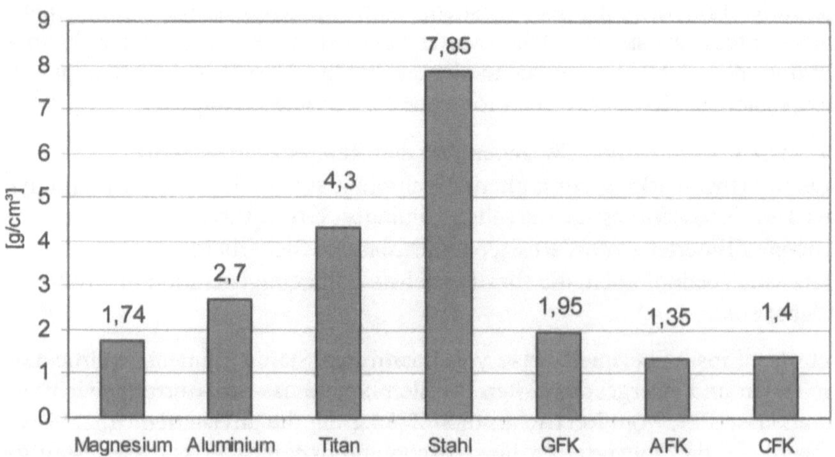

Abb. 5.1. Dichte unterschiedlicher Karosseriematerialien. Quelle: [149, 201]
Angabe der Faserverbundwerkstoffe bei einem Faservolumenanteil von ca. 55%

Es kann festgehalten werden, dass für die Reduktion der Fahrzeugmasse zwar insbesondere faserverstärkte Kunststoffe auf Grund ihrer geringen Dichte und ausgezeichneten Materialeigenschaften weitaus größere Potenziale aufweisen als Stahl. Jedoch muss bei ersteren ein zum Teil erheblich höherer energetischer Aufwand für die Herstellung berücksichtigt werden. Wie die Beispiele des Greenpeace SmILE[1] oder des L22 der Loremo Automotive GmbH (vgl. Kap. 7.2) zeigen, lassen sich aber auch ohne Einsatz von ökologisch aufwendigeren Materialien – durch teils erhebliche konstruktive Änderungen – auch unter Verwendung des traditionellen Werkstoff Stahl Gewichtseinsparungen von bis zu 25% erreichen.

5.2 Aluminium im Karosseriebau

In den vergangenen Jahren hat der Werkstoff Aluminium im Pkw verstärkt Einzug gehalten. Jedes europäische Auto enthält derzeit im Durchschnitt 65 Kilogramm Aluminium – das entspricht rund fünf Prozent des Fahrzeuggewichts, Tendenz steigend. Die European Aluminium Association (EAA) prognostiziert für das Jahr 2015 die drei- bis vierfache Menge Aluminium in jedem Pkw, die Autohersteller rechnen mit einer Steigerung des Aluminiumanteils auf bis zu 15 Prozent [173]. Vor allem die Audi AG hat mit dem Audi A8 und dem A2 neue Pkw mit Vollaluminium-Karosserie auf den Markt gebracht, die in der so genannten Space-Frame-Bauweise konstruiert wurden, einem räumlichen Fachwerk aus der Kombination geschlossener Profile und Stahlverknotungen, welches das Gerüst für die Karosseriebleche bildet. Auch der in den vorangegangenen Kapiteln beschriebene Honda Insight wiegt auf Grund seiner Aluminium-Karosserie nur 835 kg und ist damit 40% leichter als eine Stahlkonstruktion. Zuvor hatte Honda bereits 1990 mit dem Sportwagen NSX das erste Vollaluminium-Serienauto eingeführt [128]. Auch beim Lupo 3L von Volkswagen sind zahlreiche Fahrwerksteile aus Leichtmetall statt aus Stahl gefertigt. Teile der Karosserie, wie Türen, Klappen und Kotflügel, bestehen aus Aluminium. Das Leergewicht sank im Vergleich zum Standard-Lupo um 150 kg auf 830 kg [272].

Aluminium wird mit seiner um zwei Drittel geringeren Dichte von nur 2,7 kg/dm^3 aber nicht nur im Karosseriebau verwendet. Anwendungen sind als Integral-Hinterachse, Querträgerbefestigungen für die Federung, geschmiedete Achsbauteile oder Zylinderblöcke realisiert. Daneben findet der sogenannte Aluminium-Schaum mögliche Anwendungen im Pkw. Der hochporöse Aluminiumwerkstoff mit zellularer Struktur ist sehr leicht und bietet ein gutes Dampfungs- und Energieabsorptionsvermögen.

Bei der Verwendung von Aluminium als Werkstoff für eine Pkw-Karosserie ist es nicht damit getan, Stahl durch Aluminium zu ersetzen. Aufgrund der unterschiedlichen Materialeigenschaften sind hier gänzlich andere Konstruktionsbauweisen notwendig. Dabei stehen grundsätzlich drei verschiedene Bauweisen von Aluminiumkarosserien zur Verfügung. Man unterscheidet hierbei zwischen der

- Space-Frame-Bauweise (SF),
- Blechbauweise (BB) und der
- Hybridbauweise (HB) aus den beiden genannten.

---

[1] Vgl. Seite 14.

Bei der Blechbauweise aus Aluminium handelt es sich um eine selbsttragende Karosserie, bei der sowohl die Tragstruktur als auch die Außenhaut aus Aluminiumblechen geformt sind. Als Verbindungstechniken kommen hierbei Kleben, Nieten, Stanzen, Klammern und Schweißen in Frage. Beim oben genannten Honda NSX ist eine Blechbauweise zum Einsatz gekommen.

Eine Aluminiumkarosserie in Hybridbauweise beinhaltet sowohl Elemente der Space-Frame- als auch der Blechbauweise. Diese können Guss, Bleche und Profile enthalten [226]. Die oben genannte Space-Frame-Bauweise wurde in Deutschland erstmals beim Audi A8 eingesetzt und ging im Audi A2 in die Großserie[1]. Beim Space-Frame-Prinzip wird jedes Flächenteil mittragend in eine hochfeste Aluminium-Rahmen-Struktur integriert. Der Gitterrahmen besteht dabei aus Strangpressprofilen, die über Knoten aus Vakuum-Druckguss miteinander verbunden sind und die Aufnahme von Kräften ganz oder zu einem übverwiegenden Teil übernehmen. Diese Profile werden im sogenannten Innenhochdruckverfahren hergestellt. Damit ist es möglich, den Profilquerschnitt innerhalb der Gesamtlänge zu variieren und das Bauteil damit den wechselnden Anforderungen anzupassen. Ergänzend dazu treten Hochdruck-Alu-Gussteile sowie Aluminium-Bleche. Abbildung 5.2 zeigt eine Space-Frame-Struktur. Allerdings haben die Gussknoten den Nachteil, dass sie in der Herstellung relativ aufwendig sind und damit eine zusätzliche Legierung in das Fahrzeug gebracht wird, wodurch u.a. das Recycling erschwert wird. Dies ist ein Grund dafür, dass im A2 der Audi AG die Zahl der Gussknoten bereits deutlich reduziert worden ist [30].

Abb. 5.2. Aluminium-Space-Frame-Struktur am Beispiel des Audi A2. Quelle: [43]

[1] Zum Audi A2 vgl. [157].

Neben den Vorteilen des deutlich niedrigeren Gewichts besitzt eine Aluminium Space-Frame-Struktur zudem deutlich weniger Teile als eine vergleichbare Stahlkarosserie. Dadurch sind niedrigere Werkzeugkosten und kürzere Konstruktionszeiten möglich [30]. Probleme bei der Verarbeitung von Aluminium in Pkw-Bau bereitet die Fügetechnik. Die im Stahlkarosseriebau bekannte Punktschweißtechnik kann aufgrund der ungleich höheren Wärmeleitfähigkeit von Aluminium sowie der Unzugänglichkeit der Profile und Gussknoten von innen nicht für einen breiten Einsatz in Frage kommen. Als Ersatz stehen hier inzwischen unterschiedliche Fügetechniken zur Auswahl.[1] Es sind dies

- das linienförmige MIG-Schweißen und
- Laseranwendungen

sowie für die Verbindung der Außenhautteile an den Tragrahmen mechanische Techniken wie das

- Stanznieten,
- Clinchen und
- Kleben.

Mittlerweile haben auch andere Hersteller Pkw mit Aluminium Space-Frame-Karosserien auf den Markt gebracht, so z.B. das Elektrofahrzeug EV-1 von General Motors, das seit 1996 in Serie produziert wird. Die meisten Anwendungen wurden jedoch lediglich als Konzept erprobt und vorgestellt. Die BMW AG hat zwei Kompaktwagenstudien vorgestellt, die Typen E1 und Z13. Im März 1995 stellte die Opel AG das Studienfahrzeug „Maxx“ mit einer Rahmenstruktur aus Aluminiumprofilen vor. Ein geradezu sensationell niedriges Leergewicht von nur 400 kg erzielte ein norwegisches Unternehmenskonsortium mit dem sogenannten Cityfahrzeug „PIV“ (Personal Independent Vehicle). Dabei wurde das Aluminium Space-Frame mit thermoplastischen Kunststoffen beplankt [30].

Die Substitution einer Karosserie aus Stahl mag hinsichtlich der Potenziale zur Gewichtsminimierung zunächst sinnvoll erscheinen. Jedoch ist wie eingangs erwähnt eine lebenszyklusweite Bewertung notwendig. Ähnlich wie bei den kohlefaserverstärkten Kunststoffen muss die Reduzierung des Kraftstoffverbrauchs während der Nutzungsphase mit erhöhten Aufwendungen bei der Herstellung des Aluminiums „erkauft“ werden. Dabei wird bei der Herstellung von Aluminium zwischen Primär- und Sekundäraluminium unterschieden. Das noch überwiegend verwendete Primäraluminium wird dabei über die Umwandlung von Bauxit in Aluminiumoxid und anschließende Reduktion durch Schmelzelektrolyse (Kryolith-Tonerde-Verfahren nach Hall und Héroult) zu Aluminium hergestellt. Hierbei werden nach Angaben der DLR pro kg Aluminium größenordnungsmäßig 13-15 kWh Strom benötigt. Sekundäraluminium, das aus Recyclingprozessen zur Verfügung steht, wird in Umschmelzwerken aufbereitet [201].

[1] Zum Einsatz alternativer Werkstoffe, insbesondere Aluminium, im Leichtbau vgl. auch [118].

Die Frage lautet daher folgerichtig, ob und wann sich die Aufwendungen innerhalb des Pkw-Lebens wieder amortisieren (vgl. Abb. 5.3). Auch hier muss aber das Potenzial des Leichtbauwerkstoffs Aluminium im Zusammenhang mit möglichen sekundären Gewichtseinsparungen gesehen werden. Gelingt es etwa, maßgebliche sekundäre Gewichtseinsparungen und die Umkehr der Gewichtsspirale in Gang zu setzen, die ohne der massiven Reduzierung des Karosseriegewichts kaum möglich wären, so kann und darf auch Aluminium nicht isoliert in seiner Ökobilanz betrachtet werden. Vielmehr muss mit Ziel einer Reduzierung des Kraftstoffverbrauchs die Minimierung aller Fahrwiderstände in Kombination mit effizienten und umweltverträglichen Antriebsstrategien erfolgen. Trotz der ohne Zweifel vorhandenen Innovationsleistungen v.a. der Audi AG bei der Einführung der Aluminium Space-Frame-Karosserie ist jedoch letzteres kaum bzw. nur unzureichend erfolgt.

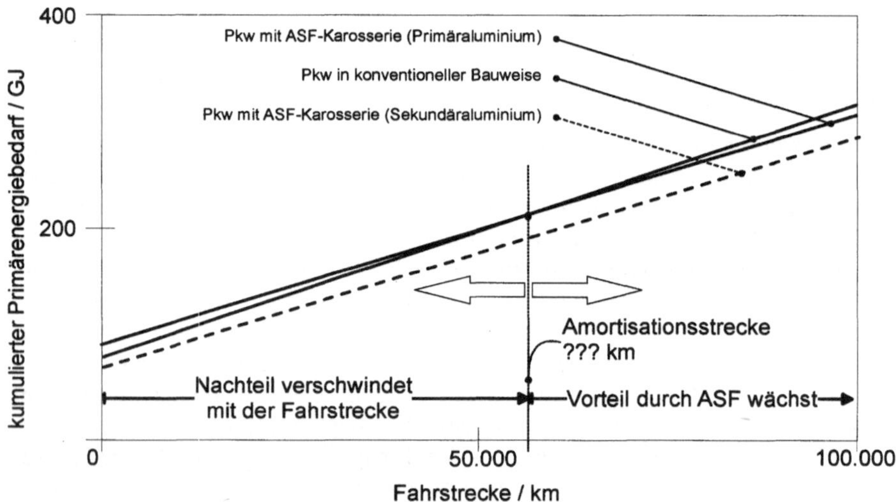

Abb. 5.3. Amortisation energetischer Aufwendungen bei der Herstellung von Aluminium in Abhängigkeit von der Fahrtstrecke in Anlehnung an [234]

In einigen Ökobilanzen ist dieser Frage bereits nachgegangen worden. So hat u.a. Eberle in seiner umfangreichen Dissertation [70] einen ganzheitlichen Vergleich der Rohkarosserie-Varianten Stahl, Edelstahl und Aluminium durchgeführt. In [234] ist u.a. untersucht worden, in wie weit die Umstellung von gegossenen Knoten in Knoten aus Blech oder aus Strangprofilen zu Vorteilen in der Ökobilanz führt.

Dabei ist zunächst festzuhalten, dass eine Ökobilanz alle Produktlebensphasen berücksichtigen muss. Hierzu werden sogenannte Prozesskettenanalysen durchgeführt, die zur Herstellung der jeweiligen Bauteile erforderlichen Stoff- und Energieströme erfasst und bis an ihren Ressourcenursprung zurückverfolgen. Die Nutzungsphasen der Pkw in unterschiedlichen Werkstoffausführungen werden in der Regel über den Ansatz von Minderverbrauchskoeffizienten (vgl. Kap. 3.1.1) berechnet. Hier ergeben sich abhängig von der Wahl des Minderverbrauchskoeffizienten teils erheblich voneinander abweichende Ergebnisse. Im Extremfall werden bei Wahl unrealistisch hoher Koeffizienten die Ergebnisse der Bilanz verfälscht.

Eberle hat Karosseriestrukturen in stahlintensiver, aluminiumintensiver und edelstahlintensiver Ausführung untersucht. Dabei wird von folgender Gewichtsverteilung ausgegangen (Tabelle 5.1).

Reinhard geht bei seinen Berechnungen von einer Gewichtseinsparung der Aluminiumkarosserie gegenüber der Stahlvariante von 44% aus. Diese Gewichtsminimierung ist ähnlich optimistisch wie die mit dem Audi A2 als Entwicklungsziel vorgegebene Gewichtseinsparung von mindestens 40%.

Tabelle 5.1. Materialverteilung der in [70] untersuchten Karosserievarianten

Material	Stahlintensiv [%]	Edelstahlintensiv [%]	Aluminiumintensiv [%]
Stahlblech	94	-	-
Stahlkleinteile	6	7	18
Edelstahlblech	-	88	-
Aluminiumblech	-	5	82

Unter diesen Annahmen kommt Eberle zum Ergebnis, dass mit Ausnahme des Ressourcenabbaus die Aluminiumkarosserie in allen Umweltkategorien besser abschneidet als die Stahlvarianten. Dieses ökologisch ausgesprochen positive Ergebnis ist aber insbesondere auf die o.g. hohe Gewichtseinsparung zurückzuführen. Bei einer geringeren Ausschöpfung des Leichtbaupotenzials würde laut Eberle einerseits die Herstellungsphase durch zusätzliche ökologische Aufwendungen infolge des Materialmehraufwands belastet werden. Andererseits würde dieser negative Effekt durch geringere ökologische Einsparungen während der Nutzungsphase sogar zusätzlich verstärkt. Die Vorteilhaftigkeit von Aluminium im Karosseriebereich gilt daher nur, sofern zum einen dessen Leichtbaupotenziale realisiert werden und zum anderen die Gewichtseinsparung in Abhängigkeit der verbrauchsrelevanten Fahrzeugparameter auch zu einem respektablen Minderverbrauch während der Fahrzeugnutzung führt [70]. Auf diesen Sachverhalt wurde bereits bei der Berechnung der Amortisationsstrecke beim Einsatz kohlefaserverstärkter Karosserien in Kap. 3.1.1 verwiesen. Er gilt analog für in der Herstellung energieintensive Leichtbauwerkstoffe wie Aluminium.

Bei der Herstellung von Aluminium-Space-Frame-Karosserien ist hinsichtlich der ökologischen Bewertung zu unterscheiden, ob es sich hierbei um Primäraluminium oder Sekundäraluminium handelt. Wenngleich diverse Quellen, u.a. [209, 215], das Recycling von Aluminium weitgehend als technisch gelöst ansehen, ist jedoch darauf hinzuweisen, dass allein die technische Machbarkeit des Aluminiumrecyclings die Verwendung von Sekundäraluminium nicht sichert. Vielmehr muss darüber hinaus sichergestellt sein, dass eine wirtschaftlich ausreichende Menge an Sekundäraluminium in zudem ausreichender Qualität zur Verfügung steht. Der bisherige Aluminiumkreislauf der Karosserien über den Shredderweg weist insbesondere hinsichtlich eines Hochwertrecyclings der Aluminiumknetlegierungen nach Ansicht von Eberle noch Verbesserungspotenziale auf [70].

Vergleicht man die Amortisationsstrecke für diverse Umweltindikatoren auf Grund der erhöhten energetischen Aufwände bei der Herstellung von Aluminium, so ergeben sich bei Primär- als auch Sekundäraluminium einige Bandbreiten. Eine Untersuchung [234] der Audi AG kommt zum Schluss, dass die Nachteile in der Herstellungsphase innerhalb der Nutzungsphase wieder – teils mehrfach – kompensiert werden (Tabelle 5.2). Allerdings ist darauf hinzuweisen, dass den Berechnungen zum Teil sehr günstige Annahmen zu Grunde liegen. Zum einen geht die Untersuchung davon aus, dass durch den Einsatz der Aluminium-Space-Frame-Karosserie das Karosseriegewicht gegenüber der konventionellen Stahlbauweise um 43% reduziert werden kann. Für den in der Nutzungsphase daraus resultierenden Kraftstoffminderverbrauch rechnen die Autoren mit einem Kraftstoffminderverbrauchskoeffizienten von 0,5 Liter/100 kg*100 km. Teilweise greift die Studie gar zu noch höheren Koeffizienten[1] durch Interpretation eines Praxis-Tests der Zeitschrift „Auto-Bild".

Tabelle 5.2. Amortisationsstrecken in Bandbreiten bei ASF-Karosserien in Primär- und Sekundärvariante gegenüber einer konventionellen Stahlkarosserie. Quelle: [234]

	ASF-Karosserie (Primäraluminium) [km]	ASF-Karosserie (Sekundäraluminium) [km]
Primärenergiebedarf	66.000 bis 112.000	9.500
CO_2-Emissionen	15.000 bis 62.000	< 0
NOx-Emissionen	96.000 bis 237.000	21.000
NMVOC-Emissionen	24.000 bis 42.000	13.000
Treibhauspotenzial	19.000 bis 42.000	< 0
Versauerungspotenzial	167.000 bis 484.000	<< 0

Doch nicht alle Studien kommen zu solch optimistischen Ergebnissen zur Erreichung eines energetischen Patts zwischen Aluminium- und Stahl-Pkw, wie die oben zitierte. So nennt Drewes [68] bei Verwendung von 100% Primäraluminium eine Amortisationsstrecke von mehr als 140.000 km, bei der Verwendung von 70% Sekundäraluminium immerhin noch 100.000 km. Auch Zetsche geht davon aus, dass für die Amortisation bei Verwendung von 100% Primäraluminium eine Fahrtstrecke von mehr als 100.000 km notwendig ist [285]. Besonders positiv schneidet die Verwendung von aluminiumintensiven Karosserien dann ab, wenn man – wie in [226] – eine länderspezifische Analyse der CO_2-Emissionen durchführt. Dabei erwartet Roß bis zum Jahr 2010 im mittleren Szenario eine Reduktion der Kohlendioxidemissionen in Deutschland von bis zu 0,8 Millionen Tonnen. Die kuriose Betrachtung kommt zum Schluss, dass Deutschland von den Verbrauchs- und Emissionsvorteilen profitieren kann, ohne die mit der Produktion verbundenen Belastungen tragen zu müssen. Eine derartige „wissenschaftliche"

[1] Bis zu 0,64 Liter/100 kg*100 km.

Auslegung missachtet allerdings die globale Wirksamkeit insbesondere der Treibhausgasemissionen und verschiebt die ökologische und soziale Problematik der extrem stoffstromintensiven Produktion von Aluminium in andere Länder. Pehnt und Nitsch zitieren in [208] ökologische Amortisationsdauern gegenüber konventionellen Fahrzeugen auf Stahlbasis in Abhängigkeit von verschiedenen Parametern von zwischen 5 und 14 Jahren.

Als ein Problem beim Recycling von Pkw in Leichtbauweisen hat sich kurioserweise die Gestaltung der EU-Altauto-Richtlinie erwiesen. Insbesondere Dr. Siegfried Schäper von der Audi AG hat darauf in der Vergangenheit mehrfach hingewiesen. Ab 1.1.2006, so die Direktive, müssen mindestens 85% eines Altautos verwertet werden, mindestens 80% davon auf stofflichem Weg. Ab 2015 setzt die EU die Verwertungsquote auf 95% hoch, stoffliches Recycling soll dann mindestens 85% einnehmen. Außerdem müssen Neufahrzeuge spätestens ab 2004 zu mindestens 95% wieder verwendbar oder verwertbar sein [99]. Nach Ansicht von Dr. Schäper verfehlen die in der EU-Altautodirektive bisher vorgesehenen Unterquoten für werkstoffliches Recycling nicht nur den beabsichtigten zusätzlichen ökologischen Nutzen gegenüber einer energetischen Verwertung. Vielmehr stehen sie nach Ansicht des Recyclingexperten der Audi AG dem „übergeordneten ethischen und ökologischen Ziel der Nachhaltigkeit im Wege". Den Weg zu der nach Meinung von Schäper benötigten Korrektur öffnet die EU-Direktive in ihrem Artikel 7[1] durch eine Überprüfung der Zielvorgaben bis zum Ende des Jahres 2005 [233]. In der Konsequenz der Direktive bedeutet dies beim Einsatz beispielsweise einer ASF-Karosserie, dass die ab 2015 erforderliche Quote für das werkstoffliche Recycling von 85% durch den Anteil der Metalle nicht gedeckt werden kann. Die Folge ist nach Ansicht einiger Experten, dass zur notwendigen Deckung auf die Verwertung von Nichtmetallen zurückgegriffen werden muss. Kritiker wenden hierbei ein, dass dann vermehrt auch Kunststoffe bei den Kleinteilen im Pkw demontiert werden müssen. Dies erhöht den Aufwand und steigert die Kosten. Zu den Problemen der EU-Altautodirektive in Zusammenhang mit der Verwendung von Leichtbaumaterialien wird differenziert in Kap. 6.9 Stellung genommen.

Insgesamt kann festgehalten werden, dass Aluminium im Karosseriebau durchaus Potenziale besitzt, das Gewicht des Pkw – allen voran mit der beschriebenen Anwendung als Karosseriewerkstoff – deutlich zu senken. Die bis dato vorliegenden Berechnungen hinsichtlich der ökologischen Bilanz zeigen aber, dass sich die erhöhten Aufwendungen in der Herstellungsphase teils nur mit optimistischen Annahmen z.B. des Kraftstoffminderverbrauchskoeffizienten in der Nutzungsphase wieder amortisieren können. Legt man die in Kap. 3.1.1 bei der Berechnung faserverstärkter Kunststoffe verwendeten Minderverbrauchskoeffizienten zu Grun-

[1] In Artikel 7, Absatz 2, Unterabsatz 3 der Direktive lautet es: „Bis spätestens 31. Dezember 2005 überprüfen das Europäische Parlament und der Rat die unter Buchstabe b genannten Zielvorgaben auf der Grundlage eines Berichts der Kommission, dem ein Vorschlag beigefügt ist. Die Kommission berücksichtigt in ihrem Bericht die Entwicklung bei der Materialzusammensetzung von Fahrzeugen und andere relevante fahrzeugbezogene Umweltaspekte".

de, ergeben sich dementsprechend längere Amortisationsstrecken. Ein Grundproblem dürfte sein, dass selbst bei zuversichtlichen Annahmen ein sprunghafter Fortschritt in Bezug auf die Fahrzeugmasse mit Aluminium nicht erreicht wird. Die notwendige Konzeptrevolution auf dem Weg zum Ein-Liter-Auto ist bei den heutigen Pkw mit Aluminium-Space-Frame-Karosserie bis dato nicht umgesetzt. Es fehlt an der konsequenten Nutzung des Leichtbaupotenzials für weitere sekundäre Gewichtseinsparungen in Kombination mit extrem effizienten Antrieben. Eine für die Energiebilanz der Aluminium-Karosserie entscheidende Frage wird sein, in wie weit es gelingt, Sekundäraluminium zu etablieren, werden hierbei doch nur 5% der Energie im Vergleich zu Primäraluminium benötigt [226]. Mit einer 100%-igen Deckung des zusätzlichen Aluminiumbedarfs durch das Schrottaufkommen ist allerdings erst im Jahr 2025 zu rechnen.[1]

5.3 Faserverstärkte Kunststoffe

Neben der Senkung aller Fahrwiderstände und dem Einsatz extrem effizienter Antriebe, kann die Verwendung von faserverstärkten Kunststoffen[2] v.a. für die Karosserie ein sehr vielversprechender Ausgangspunkt für eine Umkehrung der Gewichtsspirale und somit wesentliche Voraussetzung auf dem Weg zum Ein-Liter-Auto sein. Der Einsatz derartiger Materialien[3] – bei denen Verstärkungsfasern in eine Matrix eingebettet werden – verspricht eine deutliche Reduzierung des Fahrzeuggewichts. Dass die Masse eines Fahrzeugs maßgeblich den Kraftstoffverbrauch beeinflusst ist nicht neu und wurde einleitend neben anderen Fahrwiderständen, die den Kraftstoffverbrauch beeinflussen, nochmals aufgezeigt. Detaillösungen an einzelnen Komponenten oder Aggregaten mit innovativen Werkstoffen – wie der Einsatz von High-Tech-Materialien im Motor – liefern jedoch keinen wesentlichen Beitrag zur Senkung des Kraftstoffverbrauchs.

Das größte Potenzial zur Gewichtseinsparung bietet der Einsatz von kohle-, glas- oder aramidfaserverstärkten Duroplasten für eine selbsttragende Karosserie, wie sie beispielsweise bereits aus dem Flugzeug- und Rennwagenbau aber auch in einer der ersten automobilen Anwendungen beim Corvette von 1953 bekannt sind. Mit ihnen sind Gewichtseinsparungen bis zu 70% im Vergleich zu heute verwendeten Materialien möglich.[4] Faserverstärkte Kunststoffe bieten zudem ein ausgezeichnetes Energieabsorptionsverhalten. Bei Verwendung von CFK kann dies um bis zu 60% besser sein als heutige Energieabsorptionsmechanismen beispielswei-

---

[1] Laut Berechnungen in [226]. Drewes erwartet in [68] einen Deckungsquotient von 30% zwischen 2010 und 2020.

[2] Für eine grundlegende Einführung hierzu s. [136, 147, 212, 274, 275].

[3] Streng genommen handelt es sich dabei zunächst nicht um ein Material, sondern vielmehr um eine Konstruktion eines Materials aus hochfesten Fasern und der Matrix.

[4] Auch Schindler beziffert in [237] die Gewichtseinsparungen mit CFK-Strukturen mit bis zu 69%. Dabei wird das Potenzial bei glasfaserverstärkten Kunststoffen auf ca. 20-35%, bei kohlefaserverstärkten Kunststoffen auf 40-65% geschätzt [50].

se mit Faltenbeulen von Stahlprofilen. Auch hinsichtlich der Schadenstoleranz zeichnen sich Faserverstärkte Kunststoffe durch eine große Robustheit aus [113].

Neben den heute noch teils deutlich höheren Materialkosten – vor allem bei Kohlefaser[1] – gibt es hierbei in der Fachdiskussion jedoch Einwände wegen der noch ungeklärten Fragen hinsichtlich der Recycling- und Verwertungsmöglichkeiten dieser Werkstoffe. Die Problematik hat im Zuge des Inkrafttreten der EU-Altauto-Richtlinie eine neue Bedeutung erlangt. Auf die speziellen Zusammenhänge wird in Kap. 6.9 ausführlich eingegangen. Mittlerweile finden zahlreiche Forschungs- und Entwicklungsarbeiten im Zusammenhang mit der Verwendung faserverstärkter Kunststoffe im Automobilbau statt. U.a. arbeitet das US Department of Energy (DOE) mit dem Automotive Composites Consortium (ACC) in den USA zusammen, um die Barrieren für den Einsatz der innovativen Werkstoffe zu beseitigen. Allerdings sind die seitherigen Anwendungen kohlefaserverstärkter Kunststoffe in Pkw meist auf Konzeptstudien – wie den P2000 von Ford oder den ESX2 von DaimlerChrysler im Rahmen des PNGV-Programms – beschränkt.

Das Oak Ridge National Laboratory hat im Januar 2001 in einer Studie[2] eine Überprüfung und Bewertung des Einsatzes faserverstärkter Kunststoffe in der Automobilindustrie vorgelegt. Auf die wesentlichen Ergebnisse der wichtigen Studie wird in den jeweiligen Kapiteln Bezug genommen.

5.3.1 Herstellung der Fasern

Kohlefasern

Kohlefasern[3] in einer breiten, technischen Anwendung gibt es bereits seit den 60er Jahren – abgesehen davon, dass Thomas Edison bereits vor über 120 Jahren Kohlefasern für elektrische Lampen verwendet hat. Kohlefasern sind aus Graphitschichten zusammengesetzt und bestehen zu über 90% aus Kohlenstoff mit einem Durchmesser zwischen 5 und 10 µm. E-Modul und Festigkeit können in weiten Bereichen variieren. Sie hängen vom Orientierungsgrad der am Aufbau beteiligten Kohlenstoffschichten und der in der Faser während der Herstellung ausbildenden Fehlstellen ab. Kohlenstofffasern werden aufgrund ihrer Struktur in verschiedene Typen klassifiziert, die Tabelle 5.3 darstellt.[4]

---

[1] Vgl. hierzu ausführlich Kap. 5.3.4.

[2] The Cost Of Automotive Polymer Composites: A Review And Assessment of DOE's Lightweight Materials Composites Research [50].

[3] Technisch gesehen, sind Kohlefasern amorphe Graphitfasern, die bei einer Temperatur von ca. 1.200 °C pyrolisiert wurden, während „Graphitfasern" eine Behandlung bei ca. 2.200-3.000 °C voraussetzen und eine kristalline Struktur aufweisen. Kohlefasern weisen eine räumlich unstrukturierte Schicht von Graphit auf, während „Graphitfasern" eine dreidimensional geordnete Struktur besitzen und überdies wesentlich teurer und aufwendiger in der Herstellung sind. Vgl. hierzu u.a. [57, 67].

[4] Zu den Eigenschaften und Anwendungen kohlefaserverstärkter Kunststoffe s. [225].

Reines Graphit besitzt die höchsten theoretischen E-Module und Zugfestigkeiten. Solcherlei Fasern aus Graphit haben ausgezeichnete Festigkeitseigenschaften. Sie sind aber bis heute vor allem wegen der teuren Herstellung seither nur für Anwendungen im High-Tech-Bereich erschwinglich.

Tabelle 5.3. Klassifizierung von Kohlenstofffasern

Fasertyp	Strukturmerkmale
Hochfest (HT)-Kohlenstofffaser	Schichtebene weitgehend parallel zur Faserachse geringe Fernordnung
Hochmodul (HM)-Kohlenstofffaser	Schichtebene weitgehend parallel zur Faserachse gute Fernordnung
Isotrope Kohlenstofffaser	keine erkennbare Vorzugsorientierung sehr schwache Fernorientierung geringe Festigkeit

Im allgemeinen weisen Kohlefasern eine höhere Festigkeit und Steifigkeit auf als Stahl. Sie sind bei einer Dichte von ca. 1,6-2,0 g/cm³ etwa viermal steifer als Aluminium. Außerdem besitzen Kohlefasern eine sehr hohe elektrische und thermische Leitfähigkeit sowie einen hohen Ermüdungswiderstand. Sie sind außerordentlich korrosionsbeständig. Ihr Wärmeausdehnungskoeffizient ist je nach Faserrichtung unterschiedlich:

- in Faserrichtung: $\alpha_F = 0{,}1 \; bis \; -1{,}5 * 10^{-6} \; K^{-1}$
- senkrecht zur Faserrichtung: $\alpha_F = 15 * 10^{-6} \; K^{-1}$

Bemerkenswert ist zudem, dass Kohlenstofffasern fast dauerschwingfest sind. Die dynamischen Eigenschaften der Laminate sind besser als die aller anderen Werkstoffe, wie z.B. Stahl oder Aluminium.

Die Herstellung von Kohlenstofffasern kann grundsätzlich auf zwei verschiedene Weisen erfolgen. Dabei weist die in Abb. 5.4 dargestellte Herstellung aus Kohlenwasserstoffgemischen (Mesophasenpech) einige verfahrenstechnische Schwierigkeiten auf, insbesondere bei der Umwandlung der Vorläufersubstanzen des Mesophasenteers in vorcabonisierte Fasern. In der Praxis sind deshalb Kohlenstofffasern auf Basis von Mesophasenteer (die deutlich steifer sind als Fasern auf PAN-Basis) qualitativ minderwertiger und das Verfahren zugleich teurer. Trotzdem könnten diese Fasern in der Zukunft wegen der erheblich geringeren Rohstoffkosten im Vergleich zu Fasern auf PAN-Basis im Bereich der Low-Cost-Fasern eine breite Anwendung finden.

Um mit einer Stahlkarosserie wirtschaftlich konkurrieren zu können, müsste nach [50] der Preis für Kohlefaser, bei einer kohlefaserverstärkten Thermoplast-Karosserie und angenommenen Faservolumenanteil von 16%, auf etwa 19 € pro kg fallen. Wird jedoch ein Faservolumenanteil von 25% zu Grunde gelegt, so muss der Preis der Kohlefaser bereits auf ca. 2,50 €/kg fallen. Derzeit liegen die Preise für Kohlefasern zwischen 12 und 20 € pro kg.

Die hohen Materialkosten für Kohlefaser resultieren vorwiegend aus den notwendigen hohen Prozesstemperaturen. Es wird jedoch erwartet, dass Kohlefaser ab einem Preis von ca. 7,50 € pro kg auch bei hohen Stückzahlen eine wirtschaftliche Alternative zu den heute üblichen Werkstoffen darstellt [50].

Bei der Anwendung für eine Karosserie aus kohlefaserverstärkten Kunststoffen bieten sich dagegen vielmehr Fasern auf Basis von Polyacrylnitril an. Diese zeigen deutlich bessere Festigkeitseigenschaften als Fasern auf Mesophasenteer-Basis und können eine Bruchdehnung ε von 2% überschreiten. Abbildung 5.5 zeigt die Herstellung derartiger Kohlefasern auf Basis von Polyacrylnitril – dies ist zugleich das technisch wichtigere Verfahren.

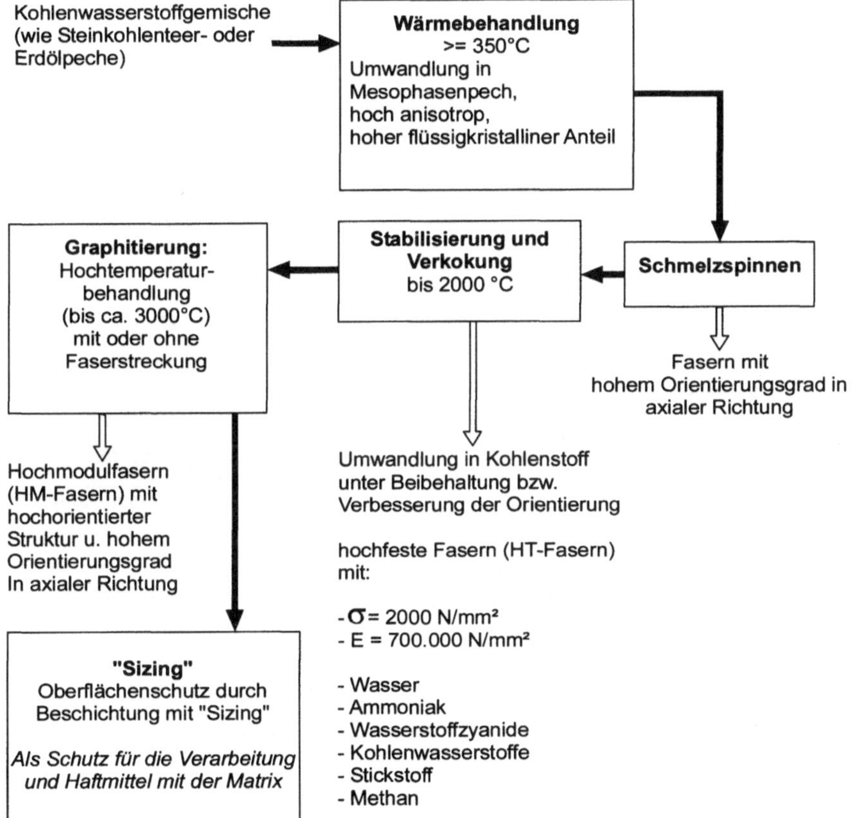

Abb. 5.4. Kohlefaserherstellung auf Basis von technischen Kohlenwasserstoffgemischen

Beide Herstellungsprozesse lassen sich vereinfacht in drei bzw. vier Stufen untergliedern, wobei die Verfahrensstufe 3 zur Herstellung von Hochmodulfasern dient und daher nicht zwingend erforderlich ist:

1. Stabilisieren: Hierbei handelt es sich um eine oxidative und/oder chemische Faserverstreckung als Vorbereitung für die Festphasenpyrolyse,
2. Carbonisieren: thermischer Abbau des stabilisierten und unschmelzbaren Faserzwischenproduktes,
3. Graphitieren (optional): Hochtemperaturbehandlung mit oder ohne Faserverstreckung,
4. Sizing: Oberflächenbehandlung als Schutz für die Verarbeitung und zur besseren Haftung der Fasern mit der Matrix.

Das Oak Ridge National Laboratory entwickelt ein Verfahren, dass mit Einsatz von Mikrowellen die Herstellung von Kohlefasern deren Kosten um ca. 20% reduzieren kann. Auch der Einsatz von kostengünstigeren Ausgangsmaterialien für die Herstellung von Kohlefasern verspricht hierbei noch deutliche Kostensenkungspotenziale.

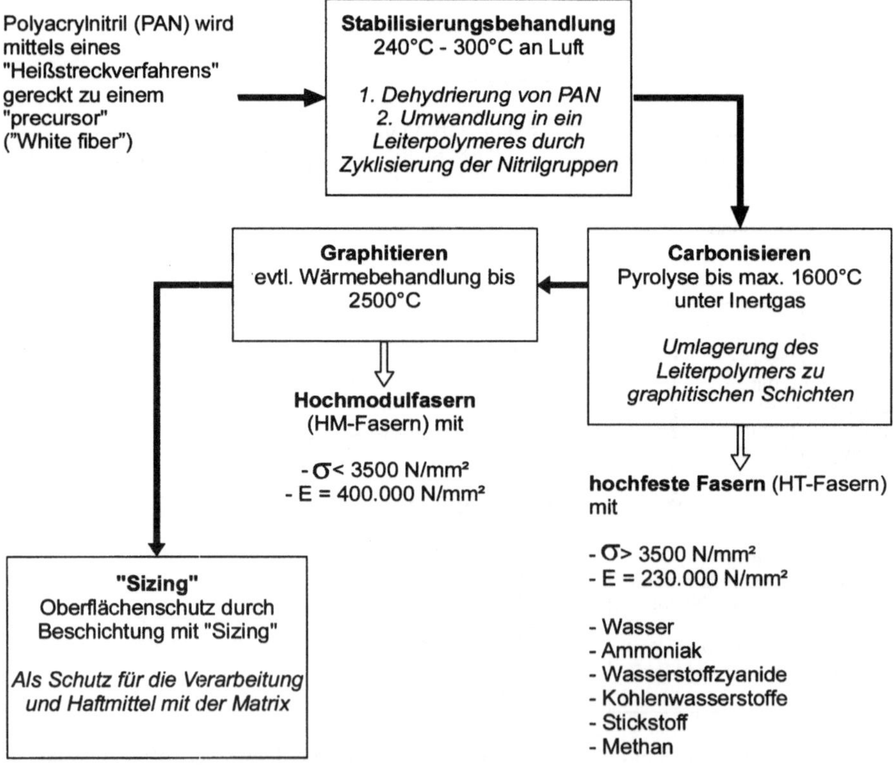

Abb. 5.5. Kohlefaserherstellung auf Basis von Polyacrylnitril (PAN)

Glasfasern

In einem mit hochfeuerfesten Steinen ausgemauerten Ofen wird Quarzsand (SiO_2), Kalkstein ($CaCO_3$), Kaolin ($Al_4[OH_8Si_4O_{10}]$), Dolomit ($CaMg(CO_3)_2$), Borsäure (B_3O_6) und Flussspat (CaF_2) bei etwa 1400 °C erschmolzen, mehrere Tage geläutert und dann flüssig durch Kanäle, den sogenannten Vorherden, zu den Spinndüsen (Bushings) geleitet. Diese aus einer Platinlegierung bestehenden Bushings werden gerade so hoch erhitzt, dass aus ihrer, an der Unterseite befindlichen, in der Regel ca. 200 oder noch mehr düsenartigen Öffnungen das Glas langsam herausfließt und schon bald fadenförmig erstarrt. Diese Fäden sind dann noch etwa 2 mm dick. Erst durch das Verstrecken der zähflüssigen Fäden mit einer sehr schnell rotierenden Aufwickelvorrichtung (dem sogenannten Spinnstand) werden die Fäden auf den gewünschten Durchmesser von z.B. 10 oder 14 μm gebracht und gleichzeitig bis auf die 40.000-fache Länge gestreckt. Die lineare Abzugsgeschwindigkeit beträgt dabei bis zu 40 m/s (ca. 150 km/h). Durch weitgehend paralleles Bündeln der kaum sichtbaren Einzelfäden (Monofilamente) erhält man ein Filamentbündel (Abb. 5.6). Glasfasern kosten derzeit[1] ab ca. 2,50 €/kg.

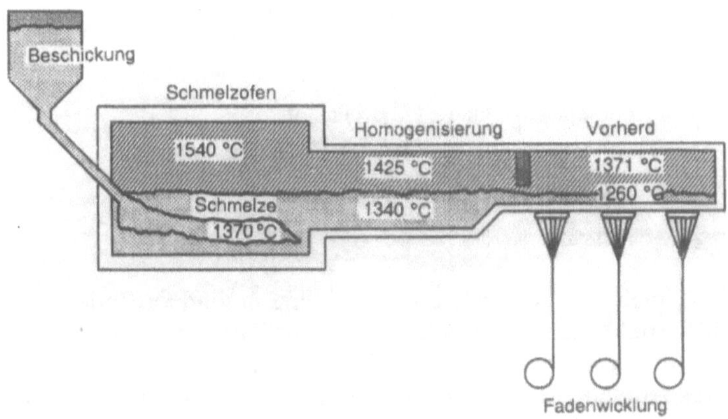

Abb. 5.6. Textilglasherstellung nach dem Düsenzieh-Verfahren. Quelle: [73], Seite 23

Aramidfasern

Aramidfasern sind lineare, organische Polymere mit hoher Festigkeit und Steifigkeit, bei denen kovalente Bindungen entlang der Faserachse bei möglichst enger Packungsdichte orientiert sind. Die Moleküle untereinander sind durch Wasserstoffbrückenbindungen verbunden. Ringe in den Ketten verleihen ihnen hohe Steifigkeit. Die geschätzte, theoretische Festigkeit liegt bei ca. 200.000 N/mm². Die bisher einzigen, kommerziell verfügbaren Fasern, die sich in ihren Eigen-

[1] Stand Juli 2001.

schaften diesen Werten annähern, sind aromatische Polyamidfasern mit z.B. 3.600 N/mm² Zugfestigkeit, 12.5000 N/mm² E-Modul bei einem Durchmesser von 12 µm[1]. Die folgende Abbildung zeigt schematisch die Produktion von Aramidfasern.

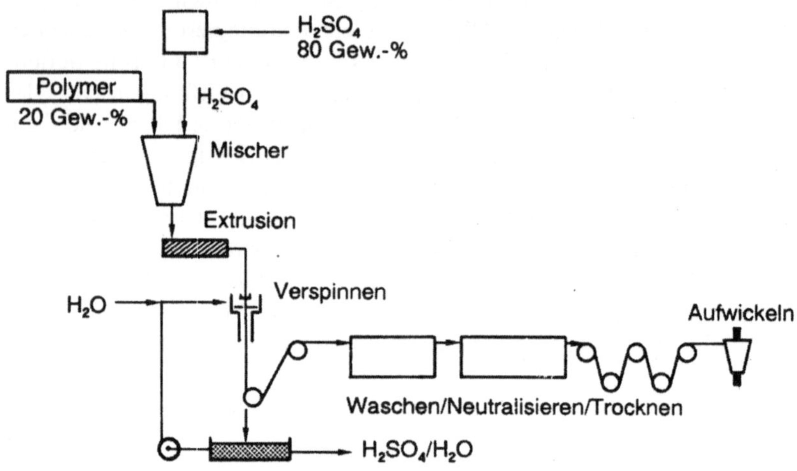

Abb. 5.7. Produktion von Aramidfasern. Quelle: [73], Seite 29

5.3.2 Herstellung der Matrix

Die Polymer-Matrix spielt bei Verbundwerkstoffen eine besondere Rolle. Während die Fasern für Festigkeit und Steifigkeit sorgen, wird die Matrix für die Einleitung der Kräfte in die Fasern und deren Überleitung von Faser zu Faser benötigt. Außerdem ist es Aufgabe der Matrix die geometrische Lage der Fasern und die äußere Gestalt des Bauteils zu sichern. Zudem schützt die Matrix die Fasern vor Umgebungseinflüssen, wie ultravioletter Strahlung, mechanischem Verschleiß, Säureeinwirkung und – im Fall des Body-in-white – bestimmt die Matrix zugleich die Oberfläche der Karosserie.

Die Wahl des Matrixmaterials hat wesentliche Auswirkungen auf die Herstellung, den Gebrauch, eine etwaige Reparatur und der Entsorgung des Verbundmaterials. Matrixmaterialien können sowohl Duroplaste als auch Thermoplaste sein. Für Verbundwerkstoffe kommen in der Regel niedermolekulare Reaktionsharze (Duroplaste) z.B. UP-Harze (ungesättigte Polyesterharze), Vinyl-Ester, EP-Harze (Epoxidharze) und Urethane zum Einsatz. Anfang 2001 liegen die Preise für Harze zwischen 2,50 € und 25 € pro kg [50].

[1] Vgl. [73], S. 28.

UP-Harze

UP-Harze[1] sind seit 1936 bekannt und haben wohl die breiteste Anwendung für Verbundwerkstoffe gefunden. Es sind farblose bis schwach gelbliche Lösungen von ungesättigtem Polyester in reaktionsfähigen Lösemitteln (meist Styrol).[2] Eine Variante von UP-Harzen stellt die Gruppe der sogenannten Vinyl-Ester dar, die v.a. im oberen Preis- und Leistungsbereich verwendet wird. Probleme ergeben sich hier allerdings wegen der hohen Schrumpfung bei Verwendung von Kohle- und Aramidfasern. Hier ist der Einsatz von Additiven unbedingt erforderlich. Kohlefasern mit einem negativen thermischen Ausdehnungskoeffizienten in einem Harzsystem, das sich bei Erwärmung stark ausdehnt, ergeben einige Probleme hinsichtlich der Matrix-Faser-Bindung und der Oberflächenqualität. Die Michigan State University hat sich dieser Problematik in einigen Forschungsaktivitäten gewidmet [165].

Die Härtung der UP-Harze erfolgt durch eine Mischpolymerisation von UP-Harz-Molekülen und dem Lösemittel Styrol, die durch freie Radikale eingeleitet wird. Als Radikalspender werden organische Peroxide (R-O-O-R) verwendet. Ihr Zerfall in Radikale kann entweder durch Wärme oder bei Raumtemperatur durch chemisch wirkende Beschleuniger oder Strahlung (z.B. UV) bewirkt werden. Die Härtung von ungesättigten Polyesterharzen zeigt die folgende Abbildung.

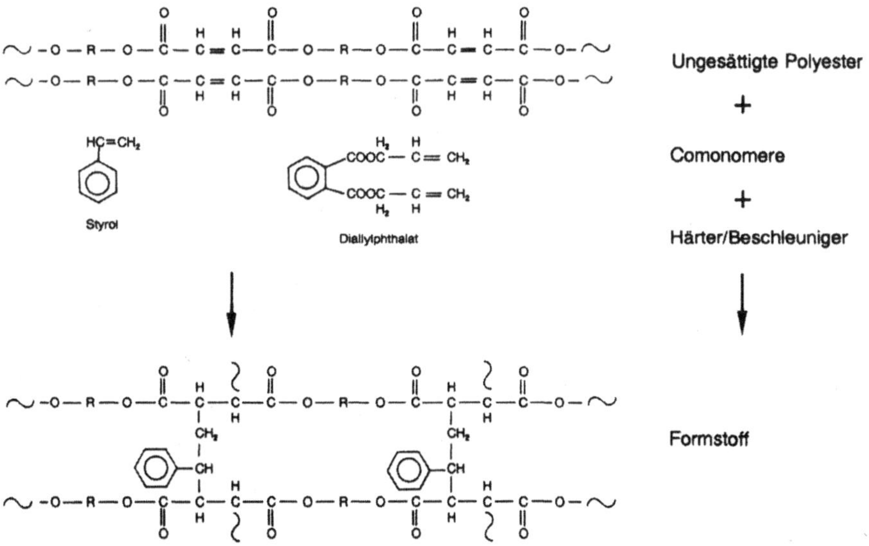

Abb. 5.8. Härtung von UP-Harzen. Quelle: [73], Seite 46

[1] Zugehörige DIN-Normen: DIN 16911, DIN 16945 und DIN 16946.

[2] Vgl. [73], S. 44.

Epoxid-Harze

Während Polyester und Vinyl-Ester die vorherrschenden Harze für Verbundwerkstoffe sind, stellen Epoxid-Harze bei modernen Hochleistungs-Verbundwerkstoffen das gebräuchlichste Harzsystem dar. Sie sind bei Raumtemperatur flüssig bis fest, von leicht gelblicher bis dunkelbrauner Farbe und können zusätzlich Hilfsstoffe, wie Lösemittel enthalten. Sie haben im Molekül mindestens eine, in den meisten Fällen zwei Epoxidgruppen, die als funktionelle Gruppen für den Aufbau zu kompakten Polymeren erforderlich sind. Die Härterkomponente wird als Flüssigkeit oder in Pulverform geliefert. Sie enthält im Molekül aktive Wasserstoffatome, die jeweils mit den Epoxidgruppen des Harzes reagieren.[1] Die dabei ablaufende Polyadditionsreaktion zeigt Abb. 5.9.

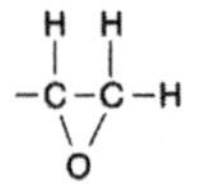

Epoxidgruppe

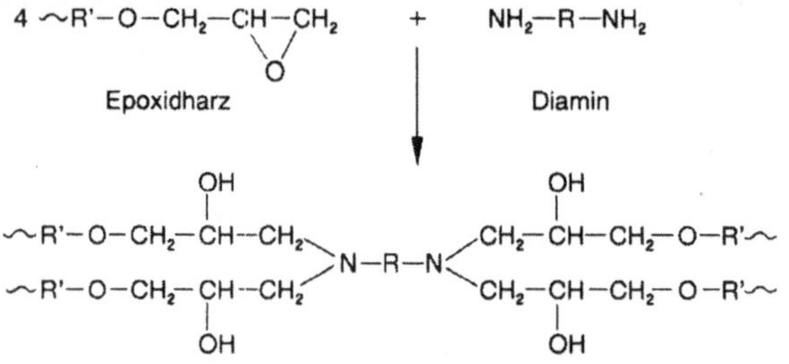

$4 \sim R'-O-CH_2-CH-CH_2$ (Epoxidharz) + NH_2-R-NH_2 (Diamin)

$\downarrow$

$\sim R'-O-CH_2-CH(OH)-CH_2$ / $\sim R'-O-CH_2-CH(OH)-CH_2$ $>N-R-N<$ $CH_2-CH(OH)-CH_2-O-R'\sim$ / $CH_2-CH(OH)-CH_2-O-R'\sim$

Abb. 5.9. Polyaddition zwischen Epoxidharz und einem Diamin als Härter. Quelle: [73], Seite 49

Urethane: Urethane werden beim sogenannten „Structural Reaction Injection Moulding“ (SRIM) eingesetzt und durch die Reaktion von Polyisocyanaten mit Polyolen auf Basis von Polyester oder Polyether hergestellt. Urethane von Polyether-Polyolen sind zwar teurer, im Niedertemperaturbereich aber zäher. Polyester-Urethane sind steifer, besitzen höhere Festigkeiten und sind außerdem billiger. Urethane haben aber sehr giftige Vorläufersubstanzen.

5.3.3 Produktion faserverstärkter Karosserien

Werden für die Karosserie eines Pkw faserverstärkte Kunststoffe verwendet, so wird die Monocoque-Bauweise nicht ausschließlich aus diesen Materialien beste-

[1] Zur Technologie der Epoxidharze vgl. [66].

hen. So werden an besonders beanspruchten Stellen Metall-Inserts eingefügt, um beispielsweise Antriebseinheit und Federung zu tragen und zu befestigen. Dabei muss insbesondere berücksichtigt werden, dass im Pkw v.a. mehrachsige Beanspruchungen auftreten.[1] Einige Bauteile werden zudem in einer Art „Sandwich"-Konstruktion ausgeführt, um die Biegesteifigkeit und Festigkeit der faserverstärkten Kunststoffe zu verbessern. Hierzu wird ein Kern mit hoher Scherfestigkeit mit Lagen aus zug- und druckfesten faserverstärkten Kunststoffen als Deckschicht kombiniert. Dabei kann der Kern aus relativ preisgünstigem geschäumten Kunststoff oder aus einer teureren aber eigenschaftsgünstigeren Wabenstruktur bestehen. Die folgende Abbildung zeigt schematisch den Aufbau einer solchen „Sandwich"-Bauweise.

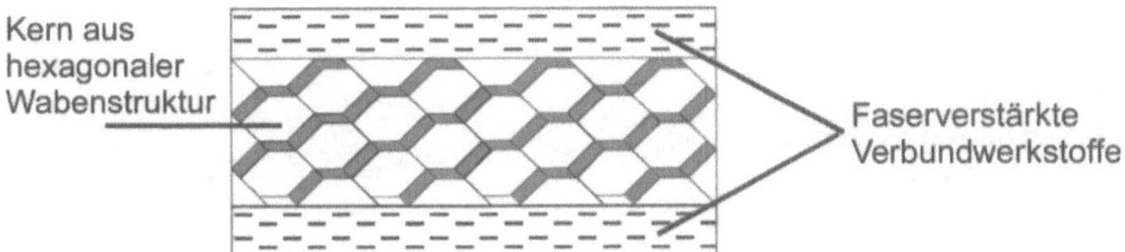

Abb. 5.10. Sandwich-Bauweise von Bauteilen

Verbreitete Materialien für den Kern dieser Sandwich-Bauweise sind Polyvinylchlorid (PVC), Urethan, Phenoplaste oder jüngst auch auf PP-Basis. Hinzu kommen Zusatzstoffe, wie Flammhemmer und Stoffe zur akustischen Dämpfung. Die Firma ISORCA in Granville, Ohio hat einen preisgünstigen und pressbaren Phenoplast-Schaum (Handelsname: ALBA-CORE®) entwickelt. Er besitzt eine geringe Entflammbarkeit, entgast keine toxischen Substanzen oder flüchtige Kohlenwasserstoffe. Wenngleich diese Art von Schaummasse im Vergleich mit anderen Schäumen bessere mechanische Eigenschaften besitzt, bleiben diese jedoch im Vergleich mit Wabenkernen deutlich zurück. Aufgrund des guten Preis/Leistungsverhältnisses kann aber davon ausgegangen werden, dass die Phenoplast-Pressmasse für Massenanfertigungen im modernen Verbundwerkstoffbereich einer Karosserie Anwendung finden können.

Wabenförmige Kerne werden aus dünnen plattenförmigen Materialien geformt, beispielsweise aus Aluminium, Edelstahl, Titan, Legierungen auf Nickel-Basis, Glasfaser, Nomex® (DuPont) oder Aramid. Es können hierzu jedoch fast alle beliebigen dünnen Materialien verwendet werden, so auch Kohlefaser. Die wichtigsten Eigenschaften der Wabenkerne sind deren hohe Druckfestigkeit, Scherfestigkeit und -Modul sowohl in Längs- als auch in Querrichtung. Dabei sind zwei verschiedene Herstellungsverfahren bekannt: Das sogenannte Expansionsverfahren, bei dem das Material mit Klebstoff in Linienform versehen, anschließend gestapelt und unter erhöhter Temperatur und Druck getrocknet wird. Abschließend wird das gestapelte Material aufgeschnitten und in die gewünschte Form gedehnt. Bei dem – weniger verbreiteten – Riffelungsverfahren wird das Material durch ge-

[1] Vgl. hierzu [31, 100].

riffelte Rollen geführt, gestapelt und an Knoten verbunden, anschließend bei erhöhten Temperaturen getrocknet, um dann die gewünschte Größe vom Block zu schneiden.

Die Wahl des Herstellungsverfahrens für Bauteile einer faserverstärkten Karosserie muss sehr genau sowohl die Wahl des Materials als auch die benötigten Eigenschaften der zu fertigenden Komponenten berücksichtigen. Kriterien wie Wirtschaftlichkeit, Arbeitsschutz und Gesundheitsbelange, Umweltauswirkungen, Flexibilität, Qualität und Prozessrate sind bei der Wahl des Herstellungsverfahrens ebenfalls von Bedeutung.[1] Jedoch ist darauf hinzuweisen, dass auf Grund der Dynamik bei der Entwicklung neuer Technologien die folgende Darstellung unvollständig bleiben muss. Technologien der drei wesentlichen Prozesskategorien können für die Herstellung von Bauteilen aus Verbundwerkstoffen in Betracht kommen. Dies sind das

- Laminierverfahren,
- das Pressverfahren sowie das
- Injektionsverfahren.

Laminierverfahren

In der Gruppe der Laminierverfahren unterscheidet man hauptsächlich das Handlaminier-Verfahren, das Faser-Harz-Spritzen (eine teilmechanisierte Form des Handlaminierens), sowie das Autoklav-Verfahren. Alle Verfahren sind jedoch v.a. wegen der niedrigen Verarbeitungsgeschwindigkeiten und des geringen Automatisierungsgrades für die Herstellung einer faserverstärkten Karosserie nicht geeignet[2] und sollen daher an dieser Stelle nicht weiter beschrieben werden. Nähere Ausführungen hierzu sind [165] und [73] zu entnehmen.

Pressverfahren

Ein Verfahren, das sich innerhalb der Pressverfahren durchgesetzt hat, ist das sogenannte Sheet Moulding Compound (SMC). Daneben führt [165] auch das „Thermoplastic Compression Moulding" als ein mögliches Verfahren innerhalb der Pressverfahren an. Dieses verwendet ein thermoplastisches Matrixsystem.

SMC ist eine flächenförmige Reaktionsharzmasse, die im Pressverfahren verarbeitet wird. Es ist aus einer Reihe von Komponenten aufgebaut, die eine Vielzahl von Variationen erlauben. Der Harzansatz wird zunächst ohne Fasern, meist durch chargenweises Mischen der Rohstoffkomponenten hergestellt. Als Mischwerkzeuge werden Dissolver und Turbulenzmischer eingesetzt. Dem Harzansatz wird kontinuierlich das Eindickmittel zudosiert. Als Verstärkungsfasern kommen

[1] Vgl. zu den Herstellungsverfahren faserverstärkter Kunststoffe u.a. [40]. Auf die Verwendung faserverstärkter Kunststoffe im Automobilbau geht grundlegend u.a. [152] ein.

[2] Vgl. [165], Tabelle 2.19, S. 54.

meist regellos liegende Fasern mit 25 bis 50 mm Länge zum Einsatz. Je nach vorgegebener Faserstruktur unterscheidet man:

- SMC-R (R=Random, regellos): unorientiert liegende geschnittene Fasern, lässt sich wegen der gleichmäßigen Fließeigenschaften am einfachsten verarbeiten.
- SMC-C (C=Continuous, endlos gerichtet): unorientiert liegende geschnittene Fasern und endlos gerichtete Faserstränge mit anisotroper Faserstruktur
- SMC-D (D=Directed, gerichtet): unorientiert liegende geschnittene Fasern und orientiert liegende Fasern mit einer Länge von 75 bis 200 mm mit anisotroper Faserstruktur

Bei der Aufbereitung des SMC werden die Faserrovings auf einem Breitschneidwerk geschnitten und fallen in flächig regelloser Anordnung auf eine mit definierter Harzschicht versehene, ca. 0,05 mm dicke Polyethylen-Trägerfolie. Die Harzschichtdicke wird durch höhenverstellbare Abstreifmesser erzielt. Eine zweite, mit Harz versehene Folie, deckt die Fasern ab. In der Imprägnierstrecke, dem Verdichtungsteil der SMC-Anlage, wird die Harzpaste zwischen die Fasern gedrückt, um diese möglichst gut zu benetzen. Nach dem Imprägniervorgang wird das SMC zu ca. 180 kg schweren Rollen aufgerollt und mit einer styrolundurchlässigen Folie abgedeckt. Die verpackten SMC-Rollen werden bei konstanter Temperatur 1-7 Tage lang gelagert. Während dieser „Reifezeit" dickt das Harz ein. Je nach Rezeptur kann diese verarbeitungsfertige Formmasse bis zu sechs Monaten bei Raumtemperatur gelagert werden.

SMC wird vorwiegend auf hydraulischen Pressen in beheizten Stahlwerkzeugen zu Formteilen verarbeitet. Die Pressdrücke liegen je nach Formulierung und formteilbedingten Fließwegen bei 30 bis 140 bar. Zunächst werden rechteckige SMC-Zuschnitte (Platinen) hergestellt. Je nach gewünschten Fließvorgängen werden 30 bis 70% der projezierten Werkzeugfläche bedeckt, wobei auch mehrere Platinen übereinandergelegt werden können. Die Werkzeugtemperaturen betragen 130 bis 160 °C.

Injektionsverfahren

In der Gruppe der Niederdruck-Verfahren werden verschiedene Injektionsverfahren unterschieden, die auch unter dem Begriff „Liquid Composite Moulding" (LCM) zusammengefasst werden können. Amory Lovins bezeichnet diese Technologie als die vielversprechendste für die Herstellung von Bauteilen aus fortschrittlichen Faserverbund-Werkstoffen.[1] Hierbei werden verschiedene Varianten des „Liquid Composite Moulding" (LCM) unterschieden, die in Tabelle 5.4 dargestellt sind.

Aus der Gruppe der Niederdruckverfahren werden die folgenden Verfahren näher beschrieben:

---

[1] [165], S. 61ff.

- Resin Transfer Moulding (RTM)
- Ultra-High-Speed Resin Transfer Moulding (UHSRTM)
- Structural Reaction Injection Moulding (SRIM)

Resin Transfer Moulding (RTM). Die verbreitetste Technologie innerhalb des Liquid Composite Moulding[1] (LCM) ist das Resin Transfer Moulding (RTM), ein Harzinjektionsverfahren, das technologische Eigenheiten des Pressvorgangs und des Spritzgießens miteinander vereinigt. Zunächst werden die zugeschnittenen Verstärkungsmaterialien in das Werkzeug eingelegt. Als Werkzeugmaterialien kommen sowohl Polymere, Aluminium und Keramik als auch Nickel oder Stahl zur Anwendung. Das Matrixharz wird unter Druck (max. 5 bar) in die geschlossene Werkzeugform injiziert. Das zusätzliche Anlegen eines Vakuums unterstützt die Durchtränkung des Fasermaterials und die Entgasung der Harzmasse. Experten halten einen wirtschaftlichen Einsatz des RTM für Klein- und Mittelserien bereits in Kürze für wahrscheinlich [125].

Ultra-High-Speed Resin Transfer Moulding (UHSRTM). Dieses Verfahren wird aufgrund der erreichbaren kurzen Zykluszeiten so genannt und wurde von Ford in den 80er Jahren entwickelt. Dabei wird mit einem 4-stufigen Verfahren gearbeitet:

- Manuelles oder automatisches Einlegen der (evtl. bereits vom Zulieferer) vorgeformten Teile in das erste Werkzeug,
- zwischenzeitlich presst das zweite Werkzeug das Harzes in die vorgeformten Teile,
- im dritten Werkzeug wird die Teilehärtung vorgenommen. Bei diesem Schritt kann das Oberteil der Presse abgenommen werden, um eine schnelle Trocknung mittels Elektronenstrahlung[2] zu gewährleisten,
- im vierten Werkzeug wird das Teil entnommen und startet anschließend mit dem ersten Prozessschritt.

Ziel muss es sein, die Zykluszeit auf unter 5 Minuten zu senken. Geoff Wood, Experte am Oak Ridge National Laboratory, ist sich sicher, dies zu erreichen: „Wir werden das Ziel der Industrie schaffen – dies ist lediglich eine Frage der Zeit. Wir sind im Moment bei etwa 8 bis 10 Minuten angelangt“, so Wood [200].

---

[1] Die oben beschriebenen LCM-Verfahren haben auf ihrem Weg zu einer Technologie für die Massenproduktion qualitativ hochwertiger Fahrzeugteile noch einige Hürden zu überwinden. Amory Lovins geht in seiner Studie [165], S. 63-73 auf verschiedene dieser Hindernisse, wie dem Fließverhalten des Harzes im Presswerkzeug, den erreichbaren Zykluszeiten, Oberflächenqualität und Abfall detailliert ein. Vgl. hierzu auch [50].

[2] Zu den verschiedenen Trocknungsverfahren vgl. [165], S. 85-90.

Tabelle 5.4. Varianten des Liquid Composite Moulding und erzielbare Zykluszeiten

Prozess	Druck	Werkzeug [a]	Fließverhalten der Matrix [b]	Mögliche Zykluszeiten (in Minuten)	Kosten
Resin Transfer Moulding (RTM)	niedrig bis mittel	weich/hart	ordentlich	8-10 [c]	gering bis mittel
Vacuum-assisted Resin Transfer Moulding (VARTM)	niedrig bis mittel	weich/hart	gut	3-4 [d]	gering bis mittel
Resin infusion Moulding (RIRTM)	niedrig	weich/hart	gut	>60	gering
Structural Reaction Injection Moulding (SRIM)	hoch	hart	schlecht	1-5	mittel
Injection Compression Sotira (ICRTM)	hoch	hart	schlecht	3-10	mittel
High-Speed Resin Transfer Moulding (HSRTM)	hoch	hart	schlecht	8-12	mittel
Ultra-high-speed Resin Transfer Moulding (UHSRTM)	niedrig bis mittel	weich	ordentlich	1-3	niedrig bis mittel

[a] unter „weichen“ Werkzeugen werden Polymere, Aluminium oder Keramik verstanden, unter „harten“ sind Nickel oder Stahl gemeint.
[b] hinsichtlich der Potenziale zur Verbesserung des Fließverhaltens.
[c] für große Teile, Quelle: [50].
[d] Quelle: [50].

Structural Reaction Injection Moulding (SRIM). Die Notwendigkeit extrem kurzer Zykluszeiten führte zur Entwicklung des Reaction Injection Moulding (RIM). Bei diesem Verfahren werden die Reaktionskomponenten nicht wie beim RTM-Verfahren in einem Mischbehälter zusammengebracht und anschließend in das Formteil transferiert, sondern erst direkt im Werkzeug zur Reaktion vermischt, also vorher getrennt gelagert und eingespritzt[1]. Eine Verfahrensvariante ist hierbei das Structural-RIM (SRIM), bei dem analog zum RTM-Verfahren eine verstärkende Faserstruktur vor dem Einspritzen der Reaktionskomponenten in das Werkzeug eingelegt wird. Probleme bereitet v.a. noch die stark exotherme Reaktion, die beim Pressen großer Teile zur Explosion führen kann. Gelingt es, diese Reaktion zu kontrollieren, so ist das SRIM-Verfahren eine durchaus vielversprechende Technologie auch für die Großserienfertigung von Karosserien aus faserverstärkten Kunststoffen.

[1] Vgl. [73], S. 114.

5.3.4 Wirtschaftlichkeit faserverstärkter Karosserien

Die Verwendung faserverstärkter Kunststoffe für Pkw-Karosserien muss unter wirtschaftlichen Gesichtspunkten rentabel sein. Neben den technologischen Hürden wird also die Frage, ob faserverstärkte Karosserien angesichts relativ hoher Materialkosten für Kohlefaser überhaupt bezahlbar sind, entscheidend über deren Erfolg oder Misserfolg entscheiden. Insbesondere bei der Diskussion über die Verwendung von Kohlefaser als Verstärkungsmaterial faserverstärkter Kunststoffe wird auf die damit verbundenen hohen Materialkosten verwiesen, die letztlich der Kunde bezahlen muss. Eine Verwendung scheitert nach Ansicht einiger Experten an den zu hohen Kosten. So schrieb beispielsweise die BMW AG in einer Stellungnahme zum Hypercar-Konzept des RMI noch im Jahr 1996:

„Die Gewichtsreduzierung des Hypercar soll vor allem durch Einsatz neuartiger Faserverbundwerkstoffe erzielt werden. Auch BMW entwickelt derartige Bauteile. Das RMI unterschlägt jedoch in seinem Konzept die noch nicht gelösten Probleme dieser neuen Werkstoffe hinsichtlich Umweltbelastung bei der Verarbeitung, Lebensdauer und Recycling. Auch deren Tauglichkeit für die Serienproduktion und die damit verbundenen erhöhten Kosten werden nicht thematisiert" [21].

Wie schnell die Entwicklung auch hierbei voranschreitet, zeigt die Tatsache, dass BMW inzwischen gemeinsam mit der US-amerikanischen Firma Zoltek AG mit Hochdruck eine neue Technologie entwickelt, mit der die komplette Fahrgastzelle von Serienautos aus kohlefaserverstärktem Kunststoff (CFK) hergestellt werden kann. Noch im Jahr 2000 sollte der erste Versuchsträger fertiggestellt werden und im Crash seine vorbildliche passive Sicherheit unter Beweis stellen. Die BMW AG im Jahre 2001 in einer Information:

„Damit übernimmt BMW eine führende Rolle bei der Entwicklung deutlich leichterer Fahrzeuge, die darüber hinaus noch sicherer, komfortabler und sportlicher sind. In den nächsten Jahren sollen die Entwicklung von Verfahrens- und Fertigungstechnik für den Bau von Serienfahrzeugen abgeschlossen und serientaugliche Werkzeuge erstellt sein. Danach steht dem Aufbau einer Serienfertigung technisch nichts mehr im Weg" [22].

In der selben Meldung wird auch bestätigt, dass Zoltek bereits Verfahren entwickelt hat, um zu geringen Kosten hochwertige Faserverbundstoffe in großer Menge herzustellen. Die Kooperation soll nun die Basis bilden, die Materialentwicklung aufgrund der fertigungstechnischen Anforderungen voranzutreiben und die Herstellungskosten dabei deutlich zu senken. Das Ziel von BMW ist es, in den nächsten fünf Jahren Serienautos mit CFK Karosserien anbieten zu können [23].

Das Rocky Mountain Institute hat in einer Studie [168] untersucht, ob Karosseriekonstruktionen aus innovativen Verbundkonstruktionen (CFK, GFK oder Aramidfaser-Compounds) in der Herstellung (einschl. Montage), mit der in der Nutzungsphase einhergehenden bzw. eingesparten Kosten (Kraftstoffverbrauch, Reparaturkosten) sowie den Entsorgungskosten (Recycling-, Deponierungskosten) verglichen mit heutigen Stahlkonstruktionen wirtschaftlich konkurrenzfähig wären. Hierzu wurden die Kosten dieser Kategorien mit Hilfe des sogenannten „Technical Cost Modeling (TCM)" analysiert und berechnet. TCM's sind spezielle Softwaretools, die zur Berechnung von Herstellungskosten entwickelt wurden. Eingangsvariablen dieser Kalkulation sind das Material, die Konstruktions- und Verfahrensspezifikationen. Die der Analyse zu Grunde liegenden Annahmen zeigt Tabelle 5.5.

Als Grundlage für die Berechnungen wurde das auf der Internationalen Automobilshow in Detroit 1992 von General Motors vorgestellte Concept-Car „Ultralite" verwendet [104]. Der Pkw wurde mit eine Karosserie aus kohlefaserverstärkten Kunststoffen realisiert, wiegt ca. 700 kg und hat einen Kraftstoffverbrauch (gemessen nach der amerikanischen EPA) im Stadtzyklus von 5,23 Liter/100 km und im Highway-Zyklus von 2,9 Liter/100 km.

Die Ergebnisse der Berechnungen haben gezeigt, dass selbst auf Grundlage mehrerer konservativer Annahmen und der derzeitigen Herstellungstechnologie[1] bei einer Jahresproduktion von 100.000 Stück, eine kohlefaserverstärkte Karosserie geringere Herstellungskosten als eine heutige Karosserie aus Stahl aufweisen würde. Hierbei ist ein Preis für Kohlefaser von ca. 11 $/kg zu Grunde gelegt sowie eine ca. 15%-ige Gewichtsreduzierung der Karosserie des Basismodells. Werden bei der Berechnung die Variablen Design und Produktion konstant gehalten und der Preis für Kohlefaser variiert, so ergibt sich für den Fall, dass beide Karosserien (aus Stahl und kohlefaserverstärkten Kunststoffen) in der Herstellung gleich teuer würden, ein Break-Even-Point von 9,15 $/kg Kohlefaser. Dabei fallen Annahmen wie beispielsweise die Kosten der Kraftstoffe mit amerikanischen Niveau im Vergleich zum deutschen eher konservativ aus.

In der Diskussion, ob eine kohlefaserverstärkte Karosserie wirtschaftlich wäre, wird häufig der Einwand erhoben, dass der Preis für Kohlefaser um ein Vielfaches über dem Preis von Stahl liegt und ein Fahrzeug aus diesem Material zu teuer und deswegen nicht marktfähig wäre. Die Betrachtung lediglich auf einzelne Materialpreise ist jedoch zu kurz gegriffen. Zu beachten ist hierbei, dass Käufer eines Autos nicht etwa 123 kg kohlefaserverstärkten Kunststoff und eine Menge anderer Materialien einkaufen, sondern das Produkt Auto. Insofern spielen Einzelkomponenten und die Verteilung ihrer Kosten keine entscheidende Rolle. Letztlich verkaufsrelevant ist der gesamte Kaufpreis[2] und deshalb gibt es eben entscheidende Unterschiede zwischen einem fertigen Auto und einigen kg Kohlefaser. Lovins wirft hierzu in die Diskussion folgende Argumente ein:

1. Es wird für die selbe Festigkeit wie bei der Stahlkarosserie ein Vielfaches weniger an Kohlefaser als an Stahl benötigt;
2. Es kann für viele verstärkte Bauteile kostengünstigere Fasern (beispielsweise Glasfasern) verwendet und somit eine Mischbauweise realisiert werden;

[1] Die sich bei einem relativ jungen Werkstoff, wie faserverstärkte Kunststoffe, in den nächsten Jahren noch deutlich weiterentwickeln wird.

[2] Bei genauer Rechnung sind sogar die Lebenslaufkosten einschließlich sämtlicher Betriebskosten, Kraftstoffe und Reparaturen etc. entscheidend.

3. Der äußerst unterschiedliche Herstellungsprozess für eine Karosserie aus Verbundwerkstoffen kann Werkzeuge, Ausrüstung und Bauteilkosten sparen, und möglicherweise allein dadurch die kostspieligen Materialkosten ausgleichen;
4. Einsparungen sind auch in der Lackierung der Karosserie erreichbar;
5. Wenn ein Pkw mit faserverstärkter Karosserie mit sehr viel geringeren Werkzeug- und Ausrüstungskosten verbunden ist, so erlaubt dies auch eine lokalere Produktion in kleineren Einheiten und somit eine angepasstere Marktstruktur wie beispielsweise Direktverkauf, eine auf Bestellung produzierende und nahezu lagerbestandsfreie Herstellung, sowie Direktanlieferung. Dies würde den Preisaufschlag reduzieren, einen geringeren Einzelhandelspreis erlauben sowie eine höhere Gewinnspanne zur Folge haben, selbst wenn die gesamten Produktionskosten höher wären, als für ein konventionelles Fahrzeug aus Stahl.

Tabelle 5.5. Annahmen für die TCM-Berechnungen

Fertigungsspezifikationen	
Jahresproduktion	100.000 Stück/a
Produktlaufzeit	4 Jahre
Gebäudelaufzeit	20 Jahre
Umlaufkapitalsperiode	3 Monate
Kapital-Rücklaufrate	10%/a
Bodenpreis	800 $/m^2$
Energiekosten	0,08 $/kWh
Lebenszyklusspezifikationen	
durchschnittliche Fahrzeug-Lebensdauer	12,6 Jahre
Diskontsatz	10%/a
Fahrzeugmasse (ohne Karosserie)	444 kg
Betriebsstoffkosten-Spezifikationen	
Jahreskilometerleistung	10.372 Meilen (=16689 km)
Benzinpreis	1.25 $/U.S. Gallon (=0,37 €/Liter [a])
Reparatur-Spezifikationen	
Schadenhäufigkeit	7,7%/Fahrzeugjahr
Entsorgungsspezifikationen	
Deponie-Gebühr	25 $/Tonne
Stahl-Recycling-Erlös	0,12 $/kg
Erlös für das Recycling der CFK's	0,55 $/kg
Polyurethan/Glas-Recycling-Erlös	0,18 $/kg

[a] Bei einem Dollar-Kurs von 1,12 €/$.

Ermittelt man nun die Break-Even-Kurve für die Herstellungskosten im Vergleich zu einer Stahlkarosserie in Abhängigkeit einer Gewichtsreduzierung gegenüber dem Basismodell „Ultralite", so ergibt sich folgender Sachverhalt, der in Abb. 5.11 dargestellt wird.

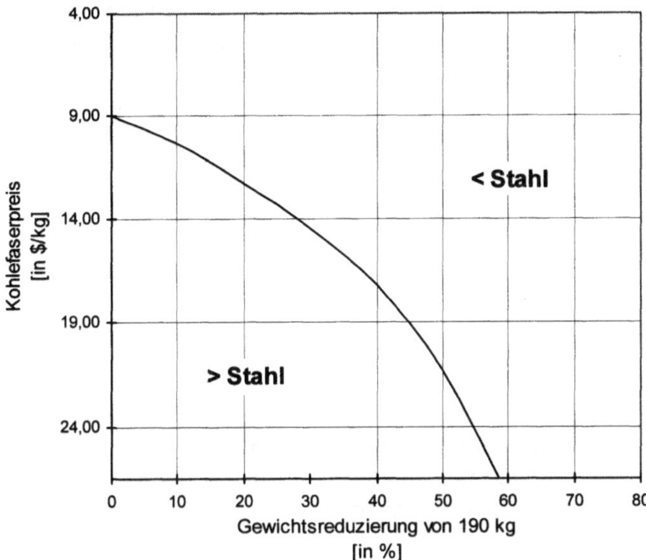

Abb. 5.11. „Break-even-Kurve" der Herstellungskosten einer Kohlefaser-Karosserie gegenüber einer Stahlkarosserie in Abhängigkeit der Gewichtsreduzierung

Legt man nun den Preis für Kohlefasern, wie sie zum Zeitpunkt der Studie üblich waren, nämlich ca. 17,60 $/kg (8 $/lb), zu Grunde, so zeigt sich, dass dieser Preis bei einer Gewichtsreduzierung von ca. 41% gegenüber „Ultralite" erreicht wird. Dies würde bedeuten, dass ein Pkw mit kohlefaserverstärkter Karosserie ca. 552 kg wiegen dürfte. Diverse Automobilunternehmen und auch Amory Lovins streben ein Gewicht von 580 kg in der Kurzfrist-Version [165] und 400 kg in der Langfrist-Version an. Auch das Ein-Liter-Auto von Volkswagen wird voraussichtlich ca. 400 kg wiegen.[1]

Zudem muss berücksichtigt werden, dass bei einer Massenfertigung von Kohlefaser der Preis weiter deutlich fallen wird. So hat D. J. DeLong (Amoco Performance Products Inc.) ermittelt, dass sich bei einer Produktion mit einem hohen Fixkostenanteil und einem mittleren Kapitalkostenanteil der Preis von Kohlefaser mit zunehmendem Produktionsumfang, wie in Tabelle 5.6 dargestellt, verändert.

Die in der Studie [168] angenommene Jahresproduktion von 100.000 Pkw hat eine Menge an Kohlefaser von 21 Millionen U.S.-Pfund (ca. 10.000 Tonnen) zur Folge. 1992 betrug die Jahresproduktion von Kohlefaser ca. 15 Millionen U.S.-Pfund (ca. 6.800 Tonnen). Nach den Analysen von DeLong hätte dies einen Fall des Kohlefaserpreises auf 7 $/lb (17 Euro/kg[2]) zur Folge. Wenn zudem angenommen wird, dass diese Produktion lediglich ein Teilsegment des Marktes darstellt, ist mit einem weiteren Fall des Kohlefaserpreises zu rechnen. Derzeit[3] be-

[1] Vgl. Kap. 7.3.

[2] Bei einem Dollar-Kurs von 1,12 Euro.

[3] Im Sommer 2001.

trägt der Preis für Kohlefaser auf dem Weltmarkt – je nach Reinheit und Typ der Faser – zwischen 4 und 8 $/lb[1].

Tabelle 5.6. Voraussichtliche Entwicklung des Kohlefaserpreises mit zunehmender Produktionsmenge

Kohlefaserpreis (1994)	Produktionsmenge	
[$/lb] [a]	[Mio lb/a]	[Mio kg/a]
$ 7	35	15,88
$ 6	55	25
$ 5	120	55
$ 4	300	136

[a] 1 lb = 0,454 kg.

Der weltweit führende Hersteller und Verarbeiter faserverstärkter Kunststoffe, die Fa. Zoltek, bietet bereits heute ihren Großkunden Kohlefaser zum Preis von 8$/lb. Das Unternehmen erwartet, den Preis mittelfristig auf 5$/lb senken zu können. Es wird zudem seine Produktionskapazitäten im Bereich Kohlefaser massiv erweitern [190]. Nach Angaben der Automotive Composite Alliance (ACA) wird sich die Verwendung von Faserverbundwerkstoffen in der Automobilindustrie von derzeit ca. 160.000 Tonnen auf ca. über 200.000 Tonnen im Jahr 2004 erhöhen.[2] In [50] wird festgestellt, dass sich der Kohlefaserpreis auf ein Niveau von ca. 7 bis 20 Euro pro kg verglichen mit dem derzeitigen Niveau etwa halbieren müsste, wenn sich der Einsatz kohlefaserverstärkter Kunststoffe als Karosseriewerkstoff wirtschaftlich rechnen soll. Für das renommierte Institut steht jedoch fest, dass faserverstärkte Kunststoffe erste Wahl für den Werkstoff im Pkw sind. Jedoch gibt es zur Senkung der Kosten weiteren Forschungs- und Entwicklungsbedarf.

Dieffenbach et al. haben in [63] eine Kostenabschätzung von Karosserien in verschiedenen Materialausführungen durchgeführt. Die Studie schätzt die Kosten von glas- bzw. kohlefaserverstärkten Karosserien im Vergleich zur Stahlkarosserie um 62% bis 76% höher ein.[3] Dabei sind die Hauptfaktoren, die einem wirtschaftlichen Einsatz dieser Werkstoffe derzeit noch entgegenstehen, die Materialkosten der Kohlefaser und die Zykluszeiten der Herstellung glasfaserverstärkter Kunststoffe. Zwar sind die Werkzeug- und Arbeitskosten geringer, können die höheren Materialkosten der Kohlefaser im Falle der CFK allerdings derzeit nicht ausgleichen [50].

Ein weiterer ökonomischer Denkansatz eröffnet sich aber mit Blick auf die eingesparten Kosten während der Nutzungsdauer des Fahrzeugs durch den Einsatz von Leichtbauteilen, wie einer faserverstärkten Karosserie. Bei einem durchschnittlich angenommenen Gewichtseinfluss von $\alpha_{2\varnothing}$ = 0,7 l/100 kg*100 km

---

1 Quelle: Oak Ridge (Tenn.) National Laboratory.

2 www.autocomposites.org.

3 Dabei wurden Monocoque-Karosserien aus glasfaserverstärktem Duroplast und kohlefaserverstärkten Thermoplasten untersucht.

(s. auch Seite 26 ff), einen Benzinpreis von 1,10 Euro und eine Fahrleistung von 200.000 km zu Grunde, ergibt sich ein Mehrverbrauch an Treibstoff von 14 Litern während der Nutzungsdauer pro kg Mehrgewicht. Umgerechnet bedeutet dies Mehrkosten von ca. 15 Euro. Zieht man nun den Umkehrschluss, so dürfte jedes kg an Gewichtseinsparung ebenfalls 15 Euro kosten und wäre dennoch – über die Nutzungszeit des Fahrzeugs gerechnet – kostenneutral erbracht. Doch nur wenige der in [50] analysierten Kostenberechnungen haben Lebenszykluskosten unter der Berücksichtigung des geringeren Kraftstoffverbrauchs während der Nutzungsphase des Pkw berechnet. Bei dieser Betrachtung liegen die gesamten Kosten über dem Lebenslauf nur noch 12% über denen einer Stahlkarosserie.

Das RMI zieht in der Studie [165] das Fazit, dass Pkw mit faserverstärkten Karosserien einfacher und im Optimalfall sogar kostengünstiger herzustellen sind als konventionelle Karosserien. Die Verbundmaterialien sind zwar bezogen auf das Gewicht deutlich teurer als Stahl, aber günstiger pro Auto, weil deutlich weniger Material verglichen mit einer Stahlkarosserie benötigt werden und sie einfacher in der Herstellung sind. Die vom Rocky Mountain Institute dargelegten Vorschläge für ein Hypercar bedeuten ein radikal einfacher konstruiertes Fahrzeug, das deutlich weniger Teile gemessen an heutigen Konstruktionen benötigt. Die Werkzeugkosten, Montage- und Entwicklungszeiten sind demnach ebenfalls um ein zehnfaches geringer als bei konventionellen Fahrzeugen [165]. Das Konzept wird in Kap. 7.1 beschrieben.

Auch Haldenwanger weist darauf hin, dass die teilweise unvermeidlichen Kostenerhöhungen für Leichtbauwerkstoffe und den damit verbundenen Technologien[1] dann akzeptiert werden, wenn sich diese im Verlauf der Nutzungsphase wieder amortisieren. Die somit mögliche Grenzkostenrechnung berücksichtigt jedoch nicht den Zinsverlust bzw. –gewinn der Investitionen im Vergleich zur konventionellen Technik [117].

Insgesamt ist für eine wirtschaftliche Produktion faserverstärkter Karosserien noch einiger Forschungs- und Entwicklungsbedarf vorhanden. Die Ziele richten sich dabei vor allem auf die Reduzierung der Kosten, die Entwicklung geeigneter Herstellungsverfahren mit niedrigen Prozesszeiten und hohen Durchsätzen, die Weiterentwicklung von Recyclingverfahren, welche eine Rückgewinnung der fasern ermöglichen sowie die Betrachtung von Reparaturaspekten.

5.3.5 Recycling, Verwertung und Entsorgung

Jährlich kommen weltweit ca. 1,4 Millionen Tonnen an Verbundwerkstoffen zum Einsatz[2], zugleich aber auch eine nicht unerhebliche Menge von Abfall, die entsorgt werden muss. Eine von „Environmental Technical Services", ETS durchgeführte Umfrage bei Unternehmen der Verbundwerkstoffindustrie ergab, dass der-

---

[1] Die auch geringere Investitionen zur Folge haben können als bei der konventionellen Karosseriefertigung.

[2] Angabe der „Society of Plastics Industry Composite Institute". Vgl. [260], S. 52.

zeit der Großteil der Abfälle aus faserverstärkten Kunststoffen auf Deponien entsorgt wird. So schätzt allein McDonnell Douglas Aerospace (MDA) ihr Aufkommen an zu deponierenden Verbundwerkstoffen jährlich auf über 22 Tonnen. Die Deponierung wird aus Kostengründen aber zunehmend unerschwinglich, zudem gehen damit wertvolle Materialien unwiederbringlich verloren. Das in Deutschland bereits seit Oktober 1996 gültige Kreislaufwirtschafts- und Abfallgesetz (KrW-/AbfG), schreibt weiterhin eine Prioritätenreihenfolge vor, die in erster Linie das Vermeiden und in zweiter Linie die stoffliche oder energetische Verwertung von Abfällen vorsieht. Auch Haldenwanger betont, dass ein schlüssiges Recyclingkonzept entscheidend für den vermehrten Einsatz von Faserverbundwerkstoffen ist. Dabei muss der Leitgedanke das Wiedergewinnen der Rohstoffe sein [117].

Ein Recycling von faserverstärkten Kunststoffen gestaltet sich aber aus mehreren Gründen schwierig. Da faserverstärkte Kunststoffe in hochwertigen Anwendungsbereichen in der Regel Duromere als Matrix haben, beispielsweise Epoxid-Harze oder Ungesättigte Polyester-Harze (UP-Harze), lassen diese sich nach der Aushärtung beim erneuten Erwärmen nicht wieder aufschmelzen. Ein Umschmelzen zu anderen Anwendungen kommt deshalb für faserverstärkte Kunststoffe mit Duromer-Matrix nicht in Betracht. Zum anderen müssen die Rezyklate gute Materialeigenschaften aufweisen.[1]

In Anlehnung an [165] ist den verschiedenen abfallwirtschaftlichen Optionen folgende Prioritäten einzuräumen: Grundsätzlich sollte eine möglichst lange Lebensdauer des Pkw und daran anschließend eine extensive Wiederverwendung und Wiederverwertung angestrebt werden. Als sinnvollste Art des Recycling bezeichnet auch Lovins alle Arten, bei denen die wertvollen Fasern für ihre Wiederverwendung zurückgewonnen werden, beispielsweise durch eine Methanolyse der faserverstärkten Kunststoffe. Weniger günstig hält Lovins das Sekundärrecycling durch Zerkleinern in Partikel- und Mahlgutfraktionen sowie das Tertiärrecycling durch Pyrolyse, um den Energiegehalt der Materialien zu nutzen.

Lovins et al. können keine definitive Aussage darüber machen, wie viel Energie durch das Recycling von Composites – über den Produktlebenszyklus betrachtet – eingespart bzw. zurückgewonnen werden kann. Das RMI nimmt an, dass für Prozesse, welche die wertvollen Fasern wiederherstellen (wie beispielsweise der Methanolyse) ein Großteil der eingesetzten Energie verwertet werden kann. Kapitel 6.5 wird hierzu jedoch eine Einschätzung über den Energieverbrauch diverser Recyclingverfahren nach [53] liefern.

Im folgenden werden unterschiedliche abfallwirtschaftliche Optionen, wie sie für eine faserverstärkte Karosserie in Frage kommen, näher beschrieben und hierfür auf Basis der bis heute verfügbaren Erkenntnisse Prozessketten dargestellt. Beim Recycling von faserverstärkten Kunststoffen muss grundsätzlich zwischen wirrfaserverstärkten Kunststoffen (SMC und GMT) und lang- bzw. endlosfaserverstärkten Verbundwerkstoffen unterschieden werden. Während sich bei SMC das Partikelrecycling weitgehend etabliert hat, liegen in der Rückgewinnung der

[1] Vgl. hierzu auch [13, 16, 28] sowie allgemein zum Kunststoffrecycling [74, 283].

Fasern bei langfaserverstärkten Kunststoffen noch erhebliche Schwierigkeiten. Um eine möglichst hohe Wertschöpfung zu erreichen, sollte angestrebt werden, eine Verkürzung oder Schädigung der Fasern zu vermeiden und möglichst Langfasern wieder aus dem Recyclingprozess zurückzugewinnen. Dies ist zwar prinzipiell durch nass-chemische (solvolytische) Verfahren – wie beispielsweise durch eine Methanolyse oder Hydrolyse – möglich. Jedoch liegen die Fasern nach der chemischen Auflösung der Matrix in völlig ungeordnetem Zustand und in einer Art breiartigem Wollknäuel vor. Um die Fasern in geordnetem Zustand – möglichst als Gewebe, Gelege oder gar aufgespult – zurückzugewinnen und anschließend einer Weiterverarbeitung zugänglich zu machen, müssen noch geeignete mechanische Verfahren entwickelt und erprobt werden. Dies ist aber vor allem bei den relativ steifen und brüchigen Kohlenstofffasern ein Problem. Gerade hier wäre die Rückgewinnung aber sinnvoll, weil Kohlefasern zur Zeit noch relativ teuer sind.

Bis heute existiert noch kein Verfahren für das Recycling von faserverstärkten Kunststoffen, das im großen industriellen Maßstab durchgeführt wird und bei dem die Fasern wieder so zurückgewonnen werden, dass sie für die Verstärkung in anderen High-Tech-Anwendungen verwendbar sind.[1] Auch Pehnt [201] bestätigt, dass solche Verfahren, die vor allem hinsichtlich einer gewebeförmigen Anordnung von Fasern ausgelegt sein müssen, noch in der Entwicklung sind. Nach Auskunft der Arbeitsgemeinschaft Verstärkte Kunststoffe AVK in Frankfurt/Main gibt es in Deutschland seit einigen Jahren ein praktiziertes Recycling-Verfahren, nämlich die stoffliche Verwertung glasfaserverstärkter Kunststoffe durch die Fa. ERCOM Composite Recycling in Rastatt[2]. Chemische Verfahren oder die pyrolytische Verwertung von faserverstärkten Kunststoffen werden bis heute im industriellen Maßstab noch nicht durchgeführt [44, 44]. Dennoch stellt für CFK die Möglichkeit der Rückgewinnung der wertvollen Kohlenstofffasern etwa durch nass-chemische Verfahren eine aussichtsreiche Recyclingmöglichkeit dar.

Aus nicht ausgehärteten CFK-Prepregs können schon heute durch Herauslösen der EP-Matrix mit Aceton und einer definierten Zerkleinerung Kohlenstoff-Kurzfasern zurückgewonnen und damit hochwertige Verbundwerkstoffe hergestellt werden [73]. Dazu werden die Kurzfasern in einem Strömungsprozess ausgerichtet, das Lösemittel abgetrennt und zu einem unidirektionalen Gelege konfektioniert [235]. Wegen der hohen Kosten und fehlender Anwendungen für die Rezyklate ist das Verfahren bis dato aber unwirtschaftlich [24]. Jedoch kann das noch nicht ausgehärtete CFK-Prepreg weiterhin zerkleinert, falls nötig mit frischem Harz und Füllstoffen versetzt, und daraus eine Pressmasse ähnlich BMC hergestellt werden. Dieses Verfahren wird z.B. in einem Doppelschnecken-Extruder durchgeführt. Der undefinierte Aushärtungszustand der Prepreg-Abfälle erschwert allerdings die Anwendung dieser Pressmassen.

---

[1] [5], S. 46.

[2] Persönliche Auskunft von Frau Conrad (AVK Frankfurt/Main). Die ERCOM Composite Recycling GmbH gehört zu Menzolit-Fibron, einem Unternehmen der Dynamit Nobel Gruppe.

Eine umfangreiche und bereits im April 1995 von der „Environmental Technical Services" in Missouri durchgeführte Literaturrecherche hat ergeben, dass im wesentlichen nur fünf Prozesse direkt für das Recycling von faserverstärkten Kunststoffen anwendbar sind:

- Stoffliche Verwertung
- Katalytisch chemische Prozesse
- Umkehrvergasung
- Pyrolyse
- Verbrennung

Vorherrschendes Problem bei einigen der Recyclingverfahren bereitet vor allem die Trennung der Fasern von der Matrix in Form von Langfasern in einer nutzbar geordneten Struktur. Meist werden diese beim Verfahren entweder stark verkürzt oder können gar nur in Form völlig ungeordneter Faserbündel zurückgewonnen und dann aber nicht weiterverwendet werden.

Thermisch-stoffliches Recycling

Katalytische Niedertemperatur-Pyrolyse. Eine neuartige Technologie für das Recycling von Faserverbundwerkstoffen entwickelt seit einigen Jahren das US-amerikanische Unternehmen „Adherent Technologies" in Albuquerque, New-Mexico. Es ist – neben ETS – nach eigenen Angaben das derzeit einzige Unternehmen, das ein neues Recycling-Verfahren entwickelt, um Kohlefasern zurückzugewinnen.[1] Das Verfahren trennt das Matrix-Harz von den Fasern durch eine Katalytische Niedertemperatur-Pyrolyse. Auf Grund der relativ niedrigen Temperaturen, die während der Pyrolyse herrschen (sie liegen deutlich unterhalb der Temperaturen einer konventionellen Pyrolyse bei ca. 200 °C), zersetzen sich die Fasern nicht und lassen sich folglich mit einer nur geringen Verschlechterung der Materialeigenschaften zurückgewinnen.

Zur Zeit wird der Verbund-Abfall noch vor der Pyrolyse geshreddert. Dies hat zwar Wertverluste der Fasern zur Folge, aber den Vorteil einer einfachen Rückgewinnung. Der Prozess lässt sich auch dahingehend abändern, dass Langfasern zurückgewonnen werden können. Labortests haben gezeigt, dass sich der Prozess für die Trennung und Rückgewinnung der Bestandteile von Faser-Verbundwerkstoffen eignet[2] und dass die Katalytische Niedertemperatur-Pyrolyse ein geeignetes Recyclingverfahren sowohl für Verbundwerkstoff-Abfall als auch für Prepregs darstellt.

Der Prozess ist geschlossen und somit weitgehend umweltfreundlich und ungiftig. Er läuft bei niedrigen Temperaturen (ca. 200 °C) ab und weist niedrige Zykluszeiten[3] auf. Die durch das Verfahren abgetrennten Kohlefasern können für in Pressverfahren hergestellte Verbundwerkstoffe wiederverwendet werden. Dabei

---

[1] Vgl. [260], S. 53.

[2] Persönliche Mitteilung von Ronald E. Allred an Amory B. Lovins im Juli 1995.

[3] Die Umwandlungszeiten betrugen im Laborverfahren weniger als 5 Minuten.

weisen die wiedergewonnenen Fasern eine vollkommen intakte Oberfläche auf. So wurde beispielsweise bei einer Untersuchung mit dem Rasterelektronenmikroskop bei 1000-facher Vergrößerung keinerlei Erhöhung der Oberflächenrauheit festgestellt. Ebenso konnten erstaunlich wenige Harz-Reste auf der Faser-Oberfläche beobachtet werden.[1]

Bei dem Verfahren wird der Composite-Abfall zunächst geshreddert und anschließend in der Reaktions-Kammer bei Temperaturen unterhalb 200 °C unter Einwirkung von Katalysatoren behandelt. Hier wird die Matrix in ein Gemisch aus kurzkettigen Kohlenwasserstoffen zersetzt und von den Fasern als Gas abgetrennt. Die abgetrennten Fasern können als Verstärkung in neuen Composites oder als Füllstoffe verwendet werden. Die Kohlenwasserstoffe werden raffiniert und als Chemikalien oder Brennstoffe weiterverwendet. Abbildung 5.12 zeigt schematisch den Ablauf einer Niedertemperatur-Pyrolyse.

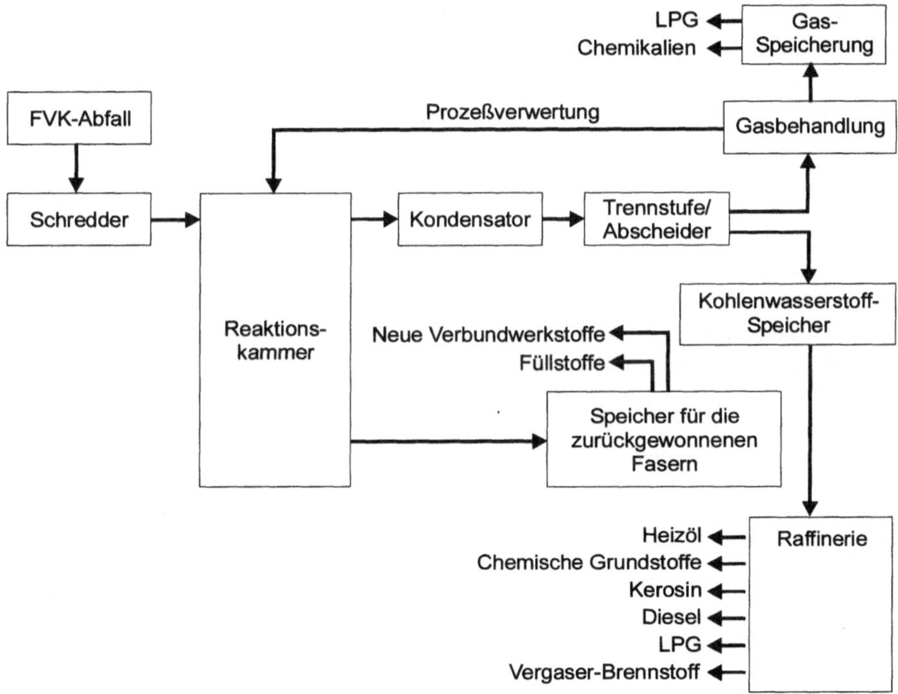

Abb. 5.12. Schematische Darstellung der Katalytischen Niedertemperatur-Pyrolyse. Quelle: [5], S. 46ff

Kleinere Forschungsprogramme zur Niedertemperaturpyrolyse hat außerdem die Solent Environmental Research Laboratories durchgeführt.

[1] Im Versuch wurde ein Restbestand von ca. 15 Gew.-% Harz auf den Fasern festgestellt. Vgl. hierzu auch [260].

Umkehrvergasung. Bei der Umkehrvergasung – einem Verfahren, das für die Anwendung bei faserverstärkten Kunststoffen vor allem von der ETS[1] entwickelt wird – wird das Harz in kurzkettige Kohlenwasserstoffe und Synthesegas (hauptsächlich H_2 und CO) umgewandelt. Es ähnelt dem Verfahren der Pyrolyse. Während bei dieser aber Energie bereitgestellt werden muss, läuft die Umkehrvergasung exotherm ab. Im Reaktor verbleiben anorganische Füllstoffe und die Fasern. Das Verfahren hat sich bereits bei der Kohletrocknung und -vergasung bewährt. Die Umkehrvergasung ist ursprünglich für die Behandlung von Sonderabfall an der Universität von Missouri entwickelt und von Chem Char Research, Inc. patentiert worden. Versuche haben gezeigt, dass das Verfahren für das Recycling von faserverstärkten Kunststoffen geeignet ist. Abbildung 5.13 zeigt eine mögliche Anlage für das Composite-Recycling.

Für die zurückgewonnenen Fasern ergeben sich nach Angaben von ETS verschiedene Verwendungsmöglichkeiten. So ist beispielsweise die Anwendung als Isoliermaterial oder im Bereich des Schallschutz denkbar.[2] Durchgeführte Tests haben gezeigt, dass die zurückgewonnenen Kohlefasern nahezu identische Biegefestigkeiten und teils sogar höhere Zugfestigkeiten als neuwertige Glasfasern aufweisen. Sie unterscheiden sich im wesentlichen nicht von Glasfasern auf Primärbasis. Insofern können die Rezyklat-Kohlefasern in einem bestimmten Volumen Glasfasern ersetzen. Eine Anwendung als Low-Cost-Fasern erscheint ebenso denkbar.

Das von der ETS entwickelte Verfahren könnte sich durchaus zur Marktreife entwickeln. Die Resultate sind so ermutigend, dass das Verfahren inzwischen patentiert wurde. Sollte sich das Verfahren auch in der Pilotanlage bewähren, so ist davon auszugehen, dass es sich auch für CFK mit Epoxidharzmatrix eignet. In Versuchen konnten aus kohlefaserverstärktem Epoxidharz, teils auch lackiert, die Fasern zurückgewonnen werden. Auch Versuche mit Kohlefaser/Epoxid-Prepregs waren erfolgreich [260]. Auf den Fasern lag nach den Versuchen lediglich ein Rest-Gehalt an anhaftendem Epoxid von unter 10% vor.

Die Washington University unterstützt zudem ein Entwicklungsprogramm für die Verwendung der rezyklierten Kohlefasern zur Verstärkung von glasfaserverstärkten Composites. Hierzu werden 1,5 Volumen-% rezyklierte Kohlefasern dem GFK zugesetzt. Zwar ergaben Messungen im 4-Punkt-Biegeversuch eine geringere Biegefestigkeit von 9,7 N/mm^2 gegenüber 12,4 N/mm^2 bei Primärware. Jedoch zeigte sich, dass im Gegensatz zu Primär-GFK die Festigkeitseigenschaften bei alkalischer Umgebung bei Einsatz von Kohlefaser-Rezyklatware in GFK nicht abfielen [260].

Chemisches Recycling

Die für die Rückgewinnung der Fasern notwendige Zersetzung der Matrix von faserverstärkten Kunststoffen kann auch mittels einer chemischen Aufspaltung der

---

[1] Environmental Technical Services, ETS.

[2] Vgl. [260], S. 57.

Verbindung durchgeführt werden. Dies ist sowohl durch eine Methanolyse als auch durch eine Glykolyse und Hydrolyse möglich. Bei den Verfahren wird die Duroplast-Matrix unter Einsatz von Methanol, Glykol oder Wasser in ihre chemischen Ausgangsbestandteile aufgelöst. Unter den sogenannten solvolytischen (chemischen) Verfahren soll nachfolgend die Methanolyse exemplarisch näher betrachtet werden.

Die Methanolyse ist ein Verfahren unter den Solvolyse-Prozessen, bei denen unter Einwirkung eines geeigneten Lösungsmittels die Harz-Matrix der Verbundwerkstoffe aufgelöst wird, während die Fasern weitgehend oder sogar vollständig unversehrt zurückbleiben. Dabei ist prinzipiell die Rückgewinnung der wertvollen Fasern möglich.

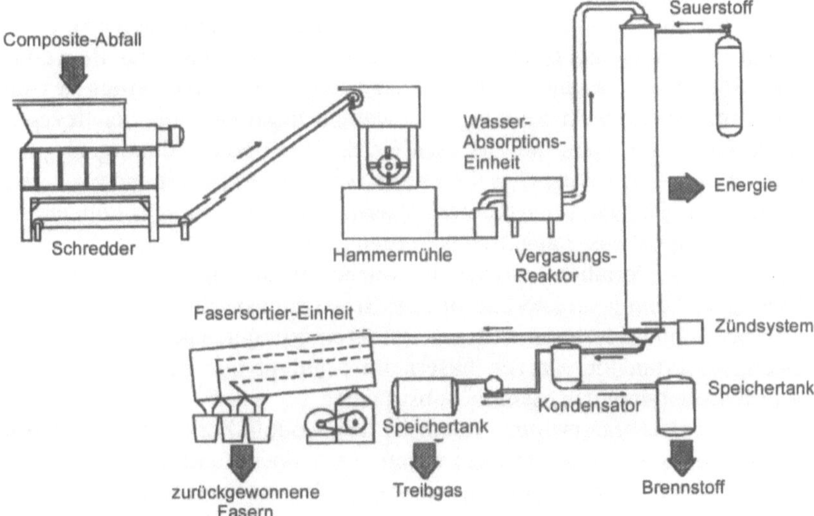

Abb. 5.13. Verfahrensschema der Vergasung. Quelle: [260]

Bei der Methanolyse – einem der ausgereiftesten Verfahren unter den Solvolyse-Prozessen – werden die Verbundwerkstoffe unter Einwirkung von Methanol unter Hochdruck erhitzt. Das Methanol zersetzt die Matrix, die entstehende Reagenz wird verdampft und anschließend in einem separaten Behälter rückkondensiert. Ziel ist, die dabei zurückgewonnenen Fasern und chemischen Grundstoffe wiederzuverwenden oder zu verwerten. Letzteres ist bereits seit geraumer Zeit technisch möglich.

Grundsätzlich unterscheiden sich Solvolyse-Prozesse der faserverstärkten Kunststoffe nicht von denen anderer Misch-Polymere. Es ist jedoch ein weiterer Schritt notwendig: die Rückgewinnung der Fasern. Dies ist v.a. bei den Endlos-Kohlefasern kein einfacher Verfahrensteil, da die Fasern sehr steif, spröde und fein sind, so dass die Handhabung der Fasern nach deren Herauslösung aus ihrer Trägermatrix unter Beibehaltung ihrer räumlichen Orientierung noch einige Anstrengungen in der Entwicklung von mechanischen Verfahren bedarf. Eine mögliche Variante könnte der Einsatz von Trägerharzen sein, die sich unter Einfluss des Lösemittels nicht auflösen und so die Faserorientierung erhalten bleibt.

Werkstoffliches Recycling

Seit einigen Jahren sind von Seiten der Industrie verstärkt Anstrengungen unternommen worden, ein Recyclingkonzept für Sheet-Moulding-Compound (SMC) bzw. Bulk-Moulding-Compound (BMC) zu entwickeln. Insbesondere SMC ist ein in der Automobilindustrie vielfach angewandter Werkstoff. Diese hatte in der Vergangenheit den Einsatz von faserverstärkten Kunststoffen im Automobilbau von einem funktionierenden Recycling- bzw. Entsorgungskonzept und der damit notwendigen Logistik abhängig gemacht.

SMC/BMC ist ein Duroplast, der nach der Aushärtung beim wiederholten Erwärmen nicht mehr aufschmelzbar ist, etwa wie ein Thermoplast. Das Recyclingkonzept von SMC/BMC beruht daher auf einer geeigneten Zerkleinerung des ausgehärteten Formstoffs, der Abtrennung von Mahlgutfraktionen und der Rezeptierung von Mahlgut zusammen mit frischem Harz. Durch den Mahlvorgang platzt die Matrix von den Faserrovings ab, die Fasern werden zerkleinert und man erhält eine Mischung aus Partikeln und kurzen Fasern. Aus dem Mahlgut können pulver- und faserförmige Anteile abgetrennt werden [236].

Für SMC wurden Verfahren entwickelt, welche die anteilige Verwendung von partikelförmigen Mahlgut im herkömmlichen Herstellungsverfahren und den Einsatz von Fasermahlgut durch ein Aufstreuverfahren ermöglichen. Da die Verstärkungswirkung aufgrund der kurzen Fasern im Mahlgut nur gering ist, werden meist nur Füllstoffe durch das Mahlgut substituiert.

Im in Abb. 5.14 schematisierten Ablauf ist das Modul „Zerkleinerung, Aufbereitung, Fraktionierung“ beispielsweise durch die Aufbereitung der Fa. ERCOM Composite Recycling, Rastatt denkbar, wie sie als Teil im werkstofflichen Recycling stattfindet [230]. Dabei wird dem Compound (UP-Harz, Füllstoffe, Additive, usw.) Partikelmahlgut (Rezyklat) mit einem Partikeldurchmesser <200 µm als Füllstoff zugesetzt, das durch folgendes Aufbereitungsverfahren aus GFK-Altteilen gewonnen wird:

Nach der Vorzerkleinerung erfolgt der Transport in geschlossenen Containern zur Aufbereitungsanlage. Das Material wird dann in mehreren Prozessstufen verarbeitet:

- Andocken des Containers mit vorzerkleinertem Material,
- Trennung der metallischen und nichtmetallischen Inserts,
- Trocknung des Materials,
- Windsichtung und Siebung in verschiedene Rezyklatfraktionen,
- Absackung des Rezyklats in Big-Bags mit ca. 0,3 bis 1 Tonne Gewicht.

Bei der Zerkleinerung entsteht ein Gemisch von glasfaserhaltigen Fraktionen, die in der Anlage getrennt werden können. Alle Fraktionen enthalten neben der

Matrix aus Harz und Füllstoffen auch Glasfasern von unterschiedlicher Länge.[1] Das Verfahrensschema veranschaulicht Abb. 5.15.

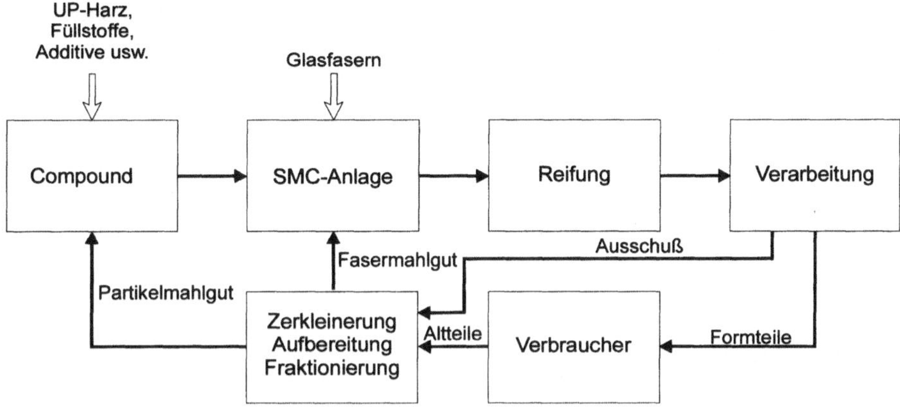

Abb. 5.14. Life-Cycle für SMC, Quelle: [236]

Fasermahlgut zur Verstärkung in Thermoplasten/Compoundierversuche von pyrolysebehandeltem CFK-Mahlgut mit PA 6. Verbreitet finden rezyklierte Kohlefasern bereits heute Verwendung in der Thermoplast-Compound-Industrie als Abschirmung gegen elektrostatische Aufladung[2] und elektromagnetische Strahlung, wegen ihrer guten tribologischen Eigenschaften, der mechanischen Festigkeiten und der chemischen Widerstandsfähigkeit.

Die Universität Erlangen-Nürnberg hat in Versuchen die Verwertung von duroplastischen faserverstärkten Kunststoffen untersucht. Ein Ansatz zur Verwertung von duroplastischen FVK besteht darin, die aufgeschlossenen Einzelfasern im Mahlgut nicht nur als Füllstoff – wie oben beschrieben – sondern für die Verstärkung in Thermoplasten auszunutzen. Es hat sich dabei gezeigt, dass bis zu 50 Gew.-% SMC-Mahlgut in Thermoplaste eingearbeitet werden kann. Dabei nimmt die Steifigkeit des Compounds zu, aber alle anderen wichtigen technologischen Kennwerte, wie z.B. Zugfestigkeit und Zähigkeit nehmen teilweise deutlich ab.

Thermoplaste, die mit kurzen Kohlenstofffasern verstärkt sind, weisen ausgezeichnete mechanische Eigenschaften sowie eine gute elektrische Leitfähigkeit auf. Am Recyclingtechnikum des Lehrstuhls für Kunststofftechnik der Universität Erlangen-Nürnberg wurde ausgehärtetes CFK mit einer Gewebe- bzw. UD-Gelegeverstärkung aus Hochmodul-Kohlenstofffasern und EP-Harz als Matrix durch Zerkleinerung in Schneid- und Hammermühlen aufgeschlossen und ein

[1] Vgl. [181]. Zum Partikelrecycling von Duroplasten s. [175].

[2] Beispielsweise ließen sich geshredderte CFK-Bauteile als Füllstoff bei der Herstellung von elektrisch leitfähigen Kunststoffen einsetzen, wie sie z.B. für antistatische Fußbodenbeläge in Computerräumen Verwendung finden.

Mahlgut mit kurzen Fasern und anhaftender Matrix sowie Faser- und Matrixbruchstücke erhalten. Der Faseranteil des Mahlguts betrug 60 Gew.-%.[1] Das CFK-Mahlgut wurde in einem Muffelofen 20 Std. lang bei 385 °C pyrolisiert (Pyrolyse mit teilweiser Oxidation). Dabei zersetzt sich die EP-Matrix ohne dass dabei die Kohlenstofffasern zerstört werden. Anschließend wurde pyrolysebehandeltes Mahlgut und unbehandeltes Mahlgut in einem Doppel-Schnecken-Extruder mit PA 6 compoundiert und regranuliert.

In das Polyamid wurden bis zu 30 Gew.-% CFK-Mahlgut und 25 Gew.-% des pyrolisierten CFK-Mahlguts eingearbeitet. Das Compound wurde zu Strängen extrudiert, im Wasserbad abgekühlt und anschließend im Schneidwerk granuliert, das dann unter Standardbedingungen in einer Spitzgussmaschine verarbeitet werden kann.

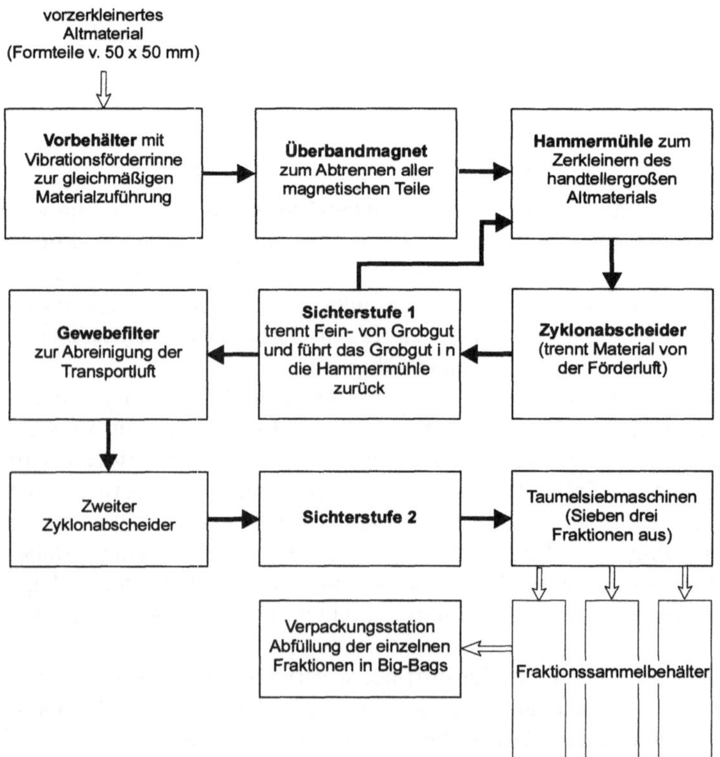

Abb. 5.15. Verfahrensschema des werkstofflichen Recycling. Quelle: Fa. ERCOM

[1] Im Vergleich zu dem ERCOM-Rezyklat (ca. 70% UP-Harz, 30% Glasfaser) weist das Mahlgut hier einen deutlich höheren Faseranteil auf.

Die CFK-Compounds weisen hervorragende mechanische Kennwerte mit einer deutlichen Verstärkungswirkung des CFK-Mahlguts auf. Die mechanischen Eigenschaften der neuwertigen PA 6-CF-Werkstoffe werden allerdings nicht erreicht. Dabei weist das Compound mit dem pyrolisiertem CFK-Mahlgut eine noch höhere Zugfestigkeit und einen höheren E-Modul als das Compound mit unbehandelter Matrix auf. Die Wissenschaftler am Lehrstuhl für Kunststofftechnik kommen zu dem Schluss, dass aufgrund der elektrischen Leitfähigkeit und der guten mechanischen Eigenschaften der PA-CFK-Compounds die Verwertung von ausgehärteten CFK-Werkstoffen neue Anwendungsfelder eröffnen, die weit über die eines minderwertigen Sekundärrohstoffs hinausgehen [235].

Leiterplattenrecycling. Ein dem werkstofflichen Recycling ähnliches Verfahren betreibt die Fa. Fuba[1] in Gittelde in Niedersachsen. In dem mechanisch-trockenen Prozess werden Leiterplatten aufbereitet und das Kupfer der Leiterbahnen als Wertstoff wiedergewonnen. Nach Auskunft von Herrn Kolbe[2], dem Leiter der Recyclinganlage, eignet sich dieses Verfahren jedoch nicht für die Aufbereitung der in dieser Arbeit betrachteten Werkstoffe, da lediglich Fasern mit einer maximalen Länge von ca. 1-2 cm wiedergewinnbar sind. Die Anlage ist jedoch derart kapitalintensiv, dass sie nur dann wirtschaftlich betrieben werden kann, wenn entsprechende Erlöse beispielsweise durch den Verkauf von Kupfer erzielt werden können. Um Langfasern zurückzugewinnen, empfiehlt Herr Kolbe den Einsatz von nass-chemischen Verfahren, verweist jedoch auch hier auf die – bereit erwähnten – noch nicht gelösten mechanischen Probleme.

Bewertung. Die Fa. ERCOM Composite Recycling GmbH betreibt mit der Aufbereitung glasfaserverstärkter Kunststoffe eine werkstoffliche Recyclinganlage für GFK, vornehmlich SMC-Bauteile aus der Automobilindustrie. Das Verfahren, faserverstärkte Kunststoffe zu shreddern und sie dann als Füllstoffe zu verwenden, weist jedoch auch Nachteile auf. Es lässt potenzielle Werte ungenutzt. Beispielsweise indem die Fasern verkürzt werden und sie somit nicht mehr als Verstärkung für hohe Belastungen eingesetzt werden können. Ziel sollte es aber sein, die Fasern so wiederzugewinnen, dass sie annähernd ihre Ausgangslänge und -Festigkeiten beibehalten und somit Kräfte über lange Distanzen übertragen können.

Technologisch müssen deshalb in der Zukunft verstärkt Anstrengungen unternommen werden, Verfahren zu entwickeln, die es erlauben möglichst Lang- bzw. Endlosfasern zurückzugewinnen, die dann erneut für höherwertige Anwendungen einsetzbar sind. Dies gilt insbesondere für heute noch teure Fasern, wie beispielsweise den Kohle- und Aramidfasern.

Dennoch stellt das werkstoffliche Recycling eine Möglichkeit dar, Füllstoffe in Sheet-Moulding-Compound- (SMC) und Bulk-Moulding-Compound-Anwendungen (BMC) zu ersetzen. Zudem gilt das Verfahren in der Glasfaserindustrie weitgehend als erprobt.

[1] Zugehörig zum Vogt-Konzern.

[2] Persönliche Auskunft vom 15.09.1997.

Falls die Fasern bei Prepregs bereits vor dem Shreddern von der Matrix abgetrennt werden – beispielsweise durch das Herauslösen des EP-Harzes mit Aceton[1] – so können diese auch für höherwertige Anwendungen eingesetzt werden.

Thermische Verwertung

Insbesondere im Zusammenhang mit Inkrafttreten der EU Altauto-Richtlinie werden in der Automobilindustrie verstärkt Forderungen laut, die darin festgelegten Verwertungsquoten insbesondere auch durch eine thermische Verwertung erfüllen zu können, um somit ein angeblich zu teures werkstoffliche Recycling zu umgehen (vgl. hierzu Kap. 6.9). Welche thermischen Verwertungswege hierfür in Frage kommen und wie diese im einzelnen zu bewerten sind, zeigt das folgende Kapitel.

GFK kann in zerkleinerter Form im Hochofen als Reduktionsmittel für Eisenerze eingesetzt werden [143]. Der anorganische Anteil in Form der Glasfasern, der dabei als Schlacke abgeführt werden muss, ist jedoch verhältnismäßig hoch. Hochofenschlacke wiederum wird bei der Zementherstellung verwandt. Daneben wird die stofflich-thermische Verwertung im Zementwerk durchgeführt [143]. Hier dient der organische Kunstharzanteil zur Bereitstellung der ohnehin aus fossilen Rohstoffen erzeugten Prozesswärme, während der anorganische Anteil in den Zement eingebunden wird. Schließlich stellt auch die rein thermische Verwertung z.B. in Müllverbrennungsanlagen eine Entsorgungsmöglichkeit dar. Der Energiegehalt von faserverstärkten Kunststoffen ist jedoch nicht besonders hoch. Je nach Anteil anorganischer Füll- und Verstärkungsstoffe schwankt er zwischen 10 MJ/kg (SMC)[2] und 20 MJ/kg, was aber immerhin noch dem Heizwert von Braunkohle entspricht[3]. Reines Epoxidharz hat einen Heizwert von 33 MJ/kg. Bei der Verbrennung ist allerdings zu beachten, dass es sich um eine „End-of-Pipe-Technologie" handelt. Bei der Stromerzeugung im Falle der Verbrennung können bei einem elektrischen Wirkungsgrad von 25% ca. 0,8 kWh/kg FVK[4] in elektrischen Strom in einer MVA umgewandelt werden. Bis heute ist allerdings keine Anlage ausschließlich für die Verbrennung von Composites in Betrieb [260]. Die Verbrennung von kleineren Mengen faserverstärkter Kunststoffe ist dagegen in Müllverbrennungsanlagen zusammen mit Hausmüll und hausmüllähnlichen Gewerbeabfällen bereits gängige Praxis.

Verbrennung. Der Heizwert von Epoxidharz liegt bei ca. 30 MJ/kg. Zunehmender Anteil anorganischer Füll- und Verstärkungsstoffe reduziert den nutzbaren mittleren Heizwert auf etwa 20 MJ/kg bei 30%-igem Fremdstoffanteil und auf etwa 10 MJ/kg bei 70% Glasfaseranteil.[5] Ein typisches SMC-Bauteil (ungesättigtes

---

[1] [73], S. 148.
[2] Vgl. [229], S. 780.
[3] [76], S. 150.
[4] Bei einem angenommenen Heizwert von 11.000 kJ/kg; beispielsweise bei einem hohen anorganischen Fasergehalt von 60% und höher.
[5] Vgl. [76], S. 150.

Polyesterharz mit Glasfaserverstärkung) hat einen Heizwert von ca. 10 MJ/kg. Verbrennungsanlagen, ausschließlich für die Verwertung von faserverstärkten Kunststoffen sind bis heute allerdings nicht in Betrieb [260]. Die Werkstoffe werden in der Regel in den vorhandenen Müllverbrennungsanlagen zusammen mit Hausmüll oder hausmüllähnlichen Gewerbeabfällen verbrannt. Dabei ist zu beachten, dass der Heizwert des Abfalls mindestens 11.000 kJ/kg beträgt, da darunter eine thermische Verwertung laut Kreislaufwirtschafts- und Abfallgesetz (KrW/AbfG) ohnehin nicht zulässig ist.

Der Abfall wird zunächst mit den anderen zu verbrennenden Abfällen gemischt und im Müllbunker gelagert. Die vollständige Verbrennung erfolgt bei Temperaturen von ca. 1000 °C. Neben der Rostverbrennung unterscheidet man auch Wirbelschichtreaktoren, Förder- und Schüttgutreaktoren sowie Drehrohrreaktoren. Die Heizwerte der Abfälle werden mittels Dampfturbinen und Generatoren zur Energieerzeugung genutzt. Nach Verlassen der Kesselanlage durchlaufen die abgekühlten Gase eine mehrstufige aufwendige Rauchgasreinigung (RGR).

Die bei der Verbrennung entstehende Asche (22-25 Gew.-%) wird aufbereitet. Filterstäube aus den Elektrofiltern der Kesselanlagen werden in der Regel zu inertem, deponierfähigem Material verarbeitet. Die Volumenreduzierung beträgt bei der Verbrennung ca. 85-90%[1].

Untersuchungen zur Pyrolyse und Verbrennung von SMC haben gezeigt, dass Glasfasern zurückgewonnen werden können, die Eigenschaften der Glasfasern bei der Verbrennung durch die hohen Temperaturen aber deutlich verschlechtert werden.[2]

Die Verbrennung von faserverstärkten Kunststoffen stellt für kohle- und aramidfaserverstärkte Composites eine Option zur Entsorgung dar, ist aber im eigentlichen Sinne kein Recyclingverfahren, weil lediglich der Energiegehalt genutzt wird und die organischen Fasern wie Kohle- und Aramidfaser bei der Verbrennung mit zersetzt werden. Unser et al. berichten, dass bis heute keine Anlage ausschließlich für die Verbrennung von Composites in Betrieb ist [260].[3]

Pyrolyse. Unter Pyrolyse versteht man die thermische Zersetzung unter Luftausschluss bei gleichzeitiger Produktion von Pyrolyseölen und -gasen, die dann mit den üblichen petrochemischen Trennverfahren aufgearbeitet werden können.[4] Sie ist eine der drei thermischen Verfahren zur Abfallbehandlung (Verbrennung, Pyrolyse, Vergasung). Die Schadstoffe werden in einem zumeist kokshaltigen Rückstand konzentriert und wie in eine Matrix eingebunden. Als Reaktoren für die Pyrolyse von Kunststoffen und anderen polymeren Abfällen werden Schmelzkessel,

---

[1] Persönliche Mitteilung von Frau Laws, Abfallwirtschaftsgesellschaft Wuppertal v. 9.10.97. Teilweise werden auch Reduktionsraten von 95% erreicht. Quelle: [90]. Siehe hierzu auch [1, 2].

[2] Vgl. [235], S. 105.

[3] Dies dürfte v.a. wegen des schlechten elektrischen Wirkungsgrades von MVA's auf die geringe Ausbeute an elektrischem Strom zurückzuführen sein.

[4] Vgl. [141], S. 440.

Schachtöfen, Autoklaven, Rohrreaktoren, Drehrohröfen, Schweltrommeln und Wirbelschichten verwendet.

An der Universität Hamburg wurden im Rahmen einer Dissertation Pyrolyseversuche mit glasfaserverstärktem Polyurethanschaum in einer Laborwirbelschichtanlage durchgeführt [92]. Dabei konnte zunächst ein Verstopfen der ersten Kühler mit Teeren nur mit dem Einsatz von Xylol weitgehend verhindert werden. Xylol wirkt jedoch bereits in geringen Mengen toxisch. Dessen Einsatz ist daher vor allem wegen der eingesetzten großen Massen (39 Massen-% der Inputstoffe!) als problematisch einzustufen. Ein weiteres Problem entstand beim Abscheiden der Fasern im Zyklon. Dieser wurde von den Fasern verstopft, die sich wollknäuelartig im Zyklon angesammelt hatten. Durch den Einsatz von Hochtemperaturfiltern lässt sich dieses Problem jedoch mit hoher Wahrscheinlichkeit lösen.[1]

Auch nach Einschätzung von Prof. Kaminsky (Universität Hamburg) ist die Pyrolyse von faserverstärkten Duroplasten bei einer Faserlänge > 1 mm insbesondere bei Kohle- und Glasfasern in der Wirbelschichtpyrolyse nicht durchführbar, da die Wirbelschicht sofort verstopft. Er verweist hier auf die Verbrennung als seiner Ansicht nach geeignete Entsorgungsmethode.[2]

Die Pyrolyse von faserverstärkten Kunststoffen stellt ein Verfahren dar, das es ermöglicht, den Energiegehalt der Composites zu nutzen. Außerdem werden diverse niedermolekulare Grundstoffe wiedergewonnen.

Nach Ansicht von Prof. Sinn von der Universität Hamburg liegt die Wertschöpfung der Pyrolyse eher in der Rückgewinnung der Fasern als in den Edukten chemischer Grundwerkstoffe.[3] Allerdings müssen hierbei noch die mechanischen Probleme der Verstopfung von Anlagenteilen gelöst werden. Wenn die Fasern nicht in einer Weise zurückgewonnen werden, in denen sie von Verarbeitern weiterverarbeitet werden können[4], so verzichtet diese Art des Recyclings darauf, die wertvollen Fasern wiederzugewinnen. Gerade im Fall der bis heute teuren Aramid- und Kohlenstofffasern ist dies als problematisch einzustufen. Sinnvoll erscheint dieses Verfahren dann nur bei Composites, bei denen die Wiedergewinnung der Ausgangsmaterialien keine große Bedeutung spielt. Die Pyrolyse in Wirbelschichtanlagen ist derzeit jedenfalls nicht durchführbar. Der Vorteil der Pyrolyse im Vergleich zur Verbrennung besteht darin, dass das Volumen der Spaltgase um den Faktor 5-20 reduziert werden kann. Andererseits wird die Pyrolyse durch den Umstand erschwert, dass Kunststoffe schlechte Wärmeleiter sind, zum Zersetzen der Makromoleküle aber z.T. erhebliche Energien aufzuwenden sind.

Verwertung im Hochofen. Laut Aussage von Herrn Dr. Erdmann[5], zuständig für Hochofentechnologie der Fa. Krupp-Hoesch AG, wurde der Einsatz von DSD-Abfällen als Brennstoff und Kohleersatz im Hochofen innerhalb eines For-

---

1 Persönliche Auskunft von Prof. Sinn, Universität Hamburg, vom 12.9.1997.

2 Persönliche Auskunft von Prof. Kaminsky, Universität Hamburg, vom 2.10.1997.

3 Persönliche Auskunft von Prof. Sinn, Universität Hamburg vom 12.9.1997.

4 Hierzu müssen Rezyklat-Fasern entweder als Spule, Geflecht, Gewebe oder als Band angeliefert werden.

5 Persönliche Auskunft vom 15.9.1997.

schungsvorhabens geprüft.[1] Dort wurde das Eisenerz (Fe_2O_3) mit Hilfe von Synthesegas (CO, H_2) zu Roheisen reduziert:

- Eisenerzreduktion mit Kohlenmonoxid: $Fe_2O_3 + 3\ CO = 2\ Fe + 3\ CO_2$
- Eisenerzreduktion mit Wasserstoff: $Fe_2O_3 + 3\ H_2 = 2\ Fe + 3\ H_2O$

Der Einsatz von faserverstärkten Kunststoffen mit Epoxid oder Polyester als Matrixwerkstoff kommt hierfür jedoch nicht in Betracht, da – anders als beim DSD-Abfall durch die Duale System Deutschland GmbH – keine Garantie der Jahrestonnagen und der Eigenschaften der angelieferten Fraktionen gegeben werden kann. Um eine sichere Prozessführung auch beim Einsatz von faserverstärkten Kunststoffen als Brennstoff zu gewährleisten, müssten diese „einblasfähig" angeliefert bzw. die mechanischen Anlagenteile zur Beaufschlagung des Hochofens eigens dafür neu entwickelt werden. Dies ist nach Auffassung von Herrn Dr. Erdmann derzeit nicht durchführbar, da die Entwicklung solcher Anlagen zu teuer wäre.

Die Fa. Klöckner Stahl GmbH in Bremen hat bereits seit mehreren Jahren die Genehmigung, Abfälle aus dem Dualen System Deutschland (DSD) als Reduktionsmittel in ihrem Hochofenprozess einzusetzen. Hier wird v.a. Öl als Kohlenstoffeinsatz im Hochofen substituiert. Nach Aussage von Herrn Dr. Janz von Klöckner Stahl, ist der Einsatz von faserverstärkten Kunststoffen als Reduktionsmittel im Hochofen prinzipiell technisch durchführbar. Jedoch sollte kein PVC oder sonstige Verunreinigungen mit eingebracht werden. Dies wird jedoch nicht durchgeführt, da die Heizwerte des DSD erheblich höher liegen und qualitativ und quantitative Zusicherungen vom DSD abgegeben werden. Jeder faserverstärkter Kunststoff würde demnach mit den DSD-Abfällen konkurrieren.

Verwertung im Zementwerk. Der Einsatz von faserverstärkten Kunststoffen im Zementwerk würde andere Brennstoffe substituieren. In der Vergangenheit wurden Versuche v.a. mit Shreddermüll u.a. im Zementwerk Göllheim durchgeführt. Hier sollte aber – laut den Erfahrungen in Göllheim – ein Heizwert von höher als 15.000 kJ/kg vorliegen. Bei der Auswahl des Brennstoffs sind dessen möglicher Einfluss auf den Prozessablauf in der Anlage und auf die Zementqualität sorgfältig zu prüfen. Daneben bestehen die verbrennungstechnischen Anforderungen:

- möglichst hoher Heizwert,
- geringer Ascheanfall,
- gleichmäßig homogene Zusammensetzung,
- feuerungstechnische Aufbereitung sowie
- förder- und dosierbare Form.

Wegen der geringen zu verwertenden Mengen ist jedoch davon auszugehen, dass der Einsatz von faserverstärkten Kunststoffen im Zementwerk wirtschaftlich nicht praktiziert werden kann. In [143] wird von der Verwertung glasfaserverstärkter Kunststoffe in Zementwerken berichtet. Hier dient der organische Kunstharzanteil

[1] Siehe hierzu auch [39] sowie [154].

zur Bereitstellung der ohnehin aus fossilen Rohstoffen erzeugten Prozesswärme während, der anorganische Anteil in Form von Glasfasern in den Zement eingebunden wird. Voraussetzung ist jedoch die feine Zerkleinerung des zuzuführenden GFK-Materials auf ca. zwei mal zwei Millimeter große Schnitzel.

Deponierung

Eine im Jahr 1996 durchgeführte Umfrage der Environmental Technical Services, Inc. in der Composite-Industrie hat ergeben, dass die Deponierung von faserverstärkten Kunststoffen die bis dato am häufigsten zum Einsatz kommende Entsorgungsmethode ist.[1] Nach Auskunft einiger Verarbeiter sowie Hersteller von faserverstärkten Kunststoffen werden auch Produktionsabfälle bisher weitgehend deponiert. Bei der Deponierung gehen aber wertvolle Materialien unwiederbringlich verloren. Bei Eluatversuchen an pulverisierten GFK-Teilen ergaben sich keine Trinkwassergefährdungen bei der Deponierung.[2]

Ökonomische Aspekte beim Recycling faserverstärkter Kunststoffe

Recyclingverfahren können sich – selbst dann, wenn sie technisch ausgereift sind – nur durchsetzen, wenn für die Rezyklate Märkte und Abnehmer vorhanden sind. Dies gilt selbstverständlich auch für faserverstärkte Kunststoffe. Eine Recyclinganlage, wie beispielsweise die der Fa. ERCOM Composite Recycling in Rastatt, kann nur dann wirtschaftlich arbeiten, wenn für die anfallenden Rezyklate ausreichende Erlöse erzielt werden.[3]

Für die meisten Verfahren, die in den vorigen Kapiteln vorgestellt und bewertet werden, stellt sich zu den beschriebenen technologischen Schwierigkeiten das Problem, dass für viele Verfahren derzeit noch kein Markt für dessen Rezyklate existiert oder die daraus erzielbaren Erlöse zu gering sind, um Anlagen wirtschaftlich betreiben zu können. Dies gilt v.a. für aufwendige und teure Verfahren wie beispielsweise der Methanolyse.

Für geshredderte Kohlefasern, die beispielsweise aus der Niedertemperaturpyrolyse der Adherent Technologies gewonnen werden, besteht derzeit die Möglichkeit, diese in der Thermoplast-Compoundierung zu verwenden. Der Markt für geshredderte und gemahlene Kohlefasern betrug im Jahre 1997 ca. 625.000 kg pro Jahr und wächst seitdem jährlich um etwa 10% [37]. Die Fasern aus der Niedertemperaturpyrolyse könnten für diesen Markt weit unter dem heutigen Preis angeboten werden. Vorläufige Schätzungen von Adherent Technologies ergaben für Rezyklat-Kohlefasern einen Preis von ca. einem Fünftel des heutigen Preises für Originalware.[4]

---

[1] [260], S. 53.

[2] Arbeitsergebnisse der Arbeitsgruppe „Recycling/Entsorgung" der Arbeitsgemeinschaft Verstärkte Kunststoffe e.V., Informationsbroschüre.

[3] Zum Einsatz von Rezyklaten im Pkw s. [153].

[4] Persönliche Auskunft von Ronald E. Allred an Amory Lovins.

Weiterhin könnte sich ein klassischer Zielkonflikt ergeben, der die Etablierung neuer Recyclingtechnologien erschweren würde: Wenn – wie gewünscht – die Preise für Kohlefasern weiter sinken, wird sich deren Wiedergewinnung aus Recyclingverfahren wirtschaftlich immer weniger lohnen. Experten wie David Cornell weisen beispielsweise darauf hin, dass bei Preisen der Kohlefaser von ca. $6.60 pro kg die Methanolyse ein wirtschaftliches Verfahren für das Recycling von Composites sein kann. Er fügt jedoch hinzu, dass wegen der kapitalintensiven Methanolyse ein Composite-Aufkommen von mindestens 450 Tonnen pro Jahr erforderlich sei. Falls der Preis für Kohlefasern weiter sinkt, muss dementsprechend entweder das Verfahren günstiger werden oder einen deutlich gestiegenen Durchsatz aufweisen, was wiederum ein erhöhtes Abfallaufkommen an Composites bedingt.

Selbst für relativ kapitalextensive Anlagen, wie der ERCOM-Aufbereitungsanlage in Rastatt, ist es derzeit schwierig, Rezyklatware auf dem Markt unterzubringen. So wünscht sich auch der Geschäftsführer von ERCOM, Herr Dr. Schaefer, ein offensiveres Marketing für Sekundärwerkstoffe. Oftmals würden an Rezyklatware die selben Qualitätseigenschaften wie die der Primärwerkstoffe gestellt. Dies ist in der Regel nicht zu erbringen. Weicht beispielsweise die Rieselfähigkeit der Rezyklatware nur geringfügig von der Primärware ab, so müssten für die Konditionierung der Kunststoffverarbeitungsmaschinen andere Zuführungseinrichtungen konstruiert und eingesetzt werden. Hierzu seien Verarbeiter allerdings meist nicht bereit.[1]

Insgesamt kann festgestellt werden, dass die Frage des Einsatzes faserverstärkter Kunststoffe im Automobilbau wegen angeblich fehlender oder unwirtschaftlicher Recyclingmöglichkeiten nicht scheitern sollte. Vielmehr sind hierbei andere Hemmnisse zu nennen:

- Die Automobilindustrie in der derzeitigen Produktionsweise müsste sich einem nicht unerheblichen Strukturwandel unterziehen, von der heute zumeist recht kostenintensiven Herstellung von Stahlkarosserien hin zu völlig neuen Produktionsverfahren für faserverstärkte Kunststoffkarosserien, wie beispielsweise Verfahren des „Liquid Composite Moulding";
- Hierbei wäre v.a. die derzeitige Stahlindustrie der „Verlierer". Jedoch wird auch hier das Ausmaß teilweise überschätzt, wie neue Abschätzungen des Wuppertal-Instituts zeigen. Außerdem werden bei der Produktion extrem effizienter Pkw hochwertige Stähle benötigt, deren Produktion wiederum in der Stahlindustrie neue Betätigungsfelder eröffnen könnte;
- Die politischen Rahmenbedingungen sind derzeit – auch und gerade in Deutschland – in einer Weise vorgegeben, die weder einem heute agierenden Automobilkonzern noch den Käufern dieser Fahrzeuge ein Umdenken und Handeln in Richtung energieeffizienter Automobile ausreichend Vorschub leisten. Hier müsste die Politik vorausschaubare und deutliche Maßnahmen ergrei-

[1] Persönliche Auskunft von Herrn Dr. Schaefer am 12.09.1997.

fen, die für alle Akteure Rahmenbedingungen[1] für eine nachhaltige Wirtschafts- und Konsumpolitik zur Folge hat;
- Selbst technisch ausgereifte Recyclingverfahren setzen sich nur dann durch, wenn die hierfür notwendige Logistik vorhanden ist und sich Rezyklate auf dem Markt zu akzeptablen Preisen absetzen lassen. Dem Aufbau einer solchen Logistik kommt deshalb besondere Bedeutung zu.

[1] Dazu dürfte auch das Festhalten an der Ökologischen Steuerreform gehören, die abschätzbar einen langfristigen Anstieg der Kraftstoffpreise vorgibt.

6 Ökologische Bewertung des Recyclings faserverstärkter Karosserien

Auf die Thematik dieses Buches angewandt stellt sich die Frage, welche der beschriebenen Optionen für das Recycling faserverstärkter Karosserien ökologisch zu bevorzugen sind? Die Frage erlangt zudem besonderes Gewicht, weil in der Diskussion über den Einsatz faserverstärkter Karosserien im Pkw-Bau auch die Frage nach den ökologischen Auswirkungen der Recyclingverfahren gestellt wird. Nicht selten wird der Einwand erhoben, dass auch wegen ökologisch nicht zu vertretenden oder gar gänzlich fehlenden Recyclingmöglichkeiten der faserverstärkten Kunststoffe deren Einsatz nicht in Frage komme. Ist der Weg zum Ein-Liter-Auto also verstellt durch ökologisch kontraproduktive Recyclingverfahren? Analog zu der Frage, in wieweit der energetische Aufwand zur Herstellung einer faserverstärkten Karosserie die ökologische Gesamtbilanz beeinflusst (vgl. Kap. 3.1.1), muss auch deren Recycling energetisch bewertet werden. Dabei nimmt mit Blick die Entwicklung eines Ein-Liter-Autos bei demzufolge abnehmenden Anteil des energetischen Aufwands während der Nutzungsphase des Pkw die ökologische Bedeutung der Herstellung und des Recyclings zu.

Nachfolgend erfolgt deshalb die Ermittlung und Darstellung des Kumulierten Energieaufwands (KEA) für unterschiedliche Recycling- und Entsorgungsverfahren einer Karosserie aus faserverstärkten Kunststoffen. Wie im vorangegangenen Kapitel bereits deutlich wurde, befinden sich eine Vielzahl unterschiedlicher Verwertungs- und Recyclingverfahren in der Entwicklung oder werden lediglich im Versuchsmaßstab praktiziert. Hierzu konnte auf eine umfangreiche Recherche von Daten zurückgegriffen werden, die der Autor innerhalb seiner Diplomarbeit am Wuppertal Institut für Klima, Umwelt, Energie durchgeführt hat [53].[1] Daten, die entweder nicht zugänglich oder von unzureichender Qualität waren, sind teils auch von Prozessen verwendet, die den hier behandelten ähneln bzw. in vergleichbarer Weise bereits beim Recycling von Thermoplasten durchgeführt werden. Bevor die zur Vergleichbarkeit der Daten verwendete Nutzenkorbmethode eingegangen wird, soll deshalb zunächst eine Übersicht der Datengrundlage geschaffen werden.

[1] Die Arbeit wurde vom Institut für Industrielle Fertigung und Fabrikbetrieb der Universität Stuttgart betreut.

6.1 Methoden umweltorientierter Untersuchungen

Der Weg in eine zukunftsfähige Gesellschaft, deren Leben und Wirtschaften nicht weiter die Zerstörung der Umwelt – und somit die Vernichtung ihrer eigenen Lebensgrundlagen – nach sich zieht, ist lang. Er bedarf etlicher wichtiger Entscheidungen und Konsensbildungen in Wechselwirkung mit der Entwicklung von Werten und Leitbildern der Gesellschaft. Doch all diese Entscheidungen können nur auf der Grundlage von hinreichend gesichertem Wissen getroffen werden. Was zerstört die Umwelt? Und wie? Welche Prozesse laufen bei der Zerstörung der Ozonschicht ab? Wie wirkt eine Chemikalie auf Mensch und Umwelt? Hat die Bekämpfung des Treibhauseffekts eine höhere Priorität als beispielsweise Maßnahmen gegen den zunehmenden Artenverlust? Welche ökologischen Risiken birgt ein technisches Produkt im Laufe seines Lebens?

Die Liste der Fragen ließe sich nahezu beliebig fortsetzen. Und auf all diese Fragen gilt es Antworten zu finden, um die Wirkungen menschlichen Handelns auf die Ökosphäre einschätzen und beurteilen zu können. Auf Grund der vielschichtigen Fragen, die nahezu alle Wissenschaften fordern, verwundert es nicht, wenn bis heute kein allgemeingültiges Instrumentarium zur allumfassenden Lösung dieser oder ähnlicher Fragen gefunden wurde. Vielmehr existieren eine Fülle von Verfahren, Prüfungen und Bilanzierungsmethoden, um die Umweltverträglichkeit von Produkten und Dienstleistungen aber auch von gesellschaftlichen Fehlentwicklungen beurteilen zu können. Häufig werden sie leichtfertig unter dem Begriff „Ökobilanz" zusammengefasst, obwohl sie untereinander nicht vergleichbar sind und bis dato keine allgemeingültige Definition des Begriffes „Ökobilanz" existiert. Deshalb wird nachfolgend nicht generell von Ökobilanzierung gesprochen, sondern ein Überblick über einige derzeit vorhandene und angewandte Methoden umweltorientierter Untersuchungen gegeben (Tabelle 6.1).

Tabelle 6.1. Übersicht über ökologische Untersuchungsmethoden

Name der Untersuchungsmethode	Seite
Die produktbezogene Ökobilanz	114
Produktlinienanalyse	120
Der kumulierte Energieaufwand	122
Produktbezogene Kriteriensysteme	122
Material-Intensität Pro Serviceeinheit – MIPS	123
Produktbezogene Kennzahlensysteme	127

6.1.1 Die produktbezogene Ökobilanz

Wie bereits erwähnt, wird der Begriff „Ökobilanz" bei zahlreichen Verfahren zur Bilanzierung umweltrelevanter Auswirkungen von Produkten, Anlagen oder menschlichen Tätigkeiten verwendet. Er hat ohne Zweifel unter all den verwandten Begriffen die weiteste Verbreitung gefunden. Geboren wurde die Idee der Ökobilanz aus der Erkenntnis, dass erhebliche Fehler in der ökologischen Beurteilung von Prozessen, Gütern und Dienstleistungen auftreten können, wenn nicht sorgfältig alle Lebensbereiche von Wirtschaftsleistungen analysiert werden: Rohstoffbeschaffung, Herstellung, Gebrauch, Recycling und Entsorgung.[1]

Vergleichende Systemanalysen im konkreten Fall von Getränkeverpackungen bildeten bereits um 1970 in den USA und der Bundesrepublik Deutschland den Auftakt zur Entwicklung der Ökobilanztechnik. Wenn auch die Ressourcenverknappung und das Abfallproblem die wesentlichen Motive für die Untersuchungen bildeten, so waren diese frühen Ökobilanzen bereits weitgehende Sachbilanzen (s.u.). Mittlerweile hat sich auf internationaler Ebene der Begriff „Life Cycle Assessment (LCA)“ durchgesetzt, der auf deutscher Ebene mit dem Begriff der „Produkt-Ökobilanz“ bzw. „produktbezogener Ökobilanz“ gleichzusetzen ist.[2]

Ab 1990 begannen die bislang im wesentlichen getrennt arbeitenden Gruppen international zu kooperieren, vor allem im Rahmen zielgerichteter Workshops der SETAC (Society of Environmental Toxicology and Chemistry). Auch nationale Umweltbehörden, z.B. der Schweiz (BUWAL), der Bundesrepublik Deutschland (UBA), den Niederlanden und der skandinavischen Staaten (Nordic Council of Ministers of Environment) bemühten sich um systematische Bestandsaufnahme existierender Ansätze und die Ableitung vereinheitlichender Richtlinien. Normungsbestrebungen auf internationaler Ebene setzten ein. Nach langer, zum Teil sehr kontrovers geführter Diskussion hat man sich auf eine (auch im internationalen Rahmen) weitgehend akzeptierte grundlegende Methodik[3] bzgl. übergeordneter Prinzipien und allgemeiner Anforderungen an den Aufbau und die Durchführung von Produkt-Ökobilanzen geeinigt. Die Festschreibung fand im Rahmen der Normenreihe ISO 14040 und folgende statt. Seit August 1996 liegt mit dem Entwurf der DIN EN ISO 14040 der Fachöffentlichkeit der erste Normenentwurf zu Produkt-Ökobilanzen vor, an deren Erstellung Vertreter aus 22 Ländern mitgewirkt haben [62]. Die abzudeckenden Grundanforderungen einer Ökobilanz sind in der Norm abschließend definiert [65].

Nach dieser Norm ist die Produkt-Ökobilanz eine „Zusammenstellung und Beurteilung der Input- und Outputflüsse und der potenziellen Umweltbelastungen eines Produktsystems im Verlauf seines Lebenswegs“, wobei der Begriff „Produkt“ in der ISO-Terminologie Produkte, Verfahren und Dienstleistungen umfasst. Eine Produkt-Ökobilanz besteht aus vier Phasen [62]:

---

1 Vgl. hierzu auch [239], S. 271ff sowie [46].

2 Daneben existieren diverse andere Begriffe wie „Umwelt- oder Ökoprofil“, „Umweltanalyse“, „Ganzheitliche Bilanzierung“, „Produktfolgenabschätzung“, „vergleichende Umweltbilanz“ oder „Prozesskettenanalyse“, die teils synonym, teils mit unterschiedlichen Inhalten benutzt werden. Vgl. [145], S. 5 sowie [17], S. 71.

3 Zur Durchführung einer Ökobilanz gibt es keine allgemeingültige Methode; der einschlägige Norm-Entwurf, DIN EN ISO 14040, schreibt aber die Grundsätze fest. Vgl. hierzu auch [61].

- Festlegung des Ziels und des Untersuchungsrahmens (Life Cycle Assessment, Principles and Framework, behandelt in ISO 14040),
- Sachbilanz (Life Cycle Inventory Analysis, beschrieben in ISO 14040, Einzelheiten sind in ISO 14041 festgelegt – erstmals veröffentlicht als Entwurf Anfang 1997[1]),
- Wirkungsabschätzung (Life Cycle Impact Assessment, beschrieben in ISO 14040, Einzelheiten sind in ISO 14042 festgelegt – erstmals veröffentlicht als Entwurf Ende 1997),
- Auswertung (Life Cycle Interpretation, beschrieben in ISO 14040, Einzelheiten sind in ISO 14043 festgelegt).

Festlegung des Ziels und des Untersuchungsrahmens

Das Ziel einer Produkt-Ökobilanz muss eindeutig die beabsichtigte Anwendung festlegen und die Gründe für die Durchführung sowie die angesprochenen Zielgruppen aufführen. Bei der Festlegung des Untersuchungsrahmens müssen u.a. die funktionelle Einheit, die Systemgrenzen und die für die Produkt-Ökobilanz getroffenen Einschränkungen und Annahmen beschrieben werden.[2]

Insbesondere die Festlegung der sogenannten funktionellen Einheit ist hierbei von Bedeutung, da Produkte nur auf der Basis ihres Nutzens sinnvoll verglichen werden können. Eine funktionale Einheit könnte beispielsweise sein: Verpackungssystem für 1 Liter Milch.

Jedoch bereitet insbesondere die Festlegung der Bilanzgrenzen Probleme hinsichtlich der Objektivität der Ökobilanz. Wenn diese beliebig gezogen werden können, so ist das Ergebnis der Ökobilanz etwa dahingehend manipulierbar, dass Ergebnisse oder gar ganze Lebensphasen, die in der Bilanz „stören", einfach ausgeklammert und nicht berücksichtigt werden. Dies führt zwar zur Bestätigung vorgefasster Meinungen, zugleich aber dazu, dass Ökobilanzen beispielsweise für Marketingzwecke missbraucht werden[3]. Es muss daher an den Anwender appelliert werden, die Bilanzgrenzen der Sache wegen sinnvoll, objektiv und nachvollziehbar zu ziehen [51].

---

[1] Die Vorlage des Normen-Entwurf DIN ISO 14041 erfolgte dann im September 1997. Vgl. [184], S. 2. Inhaltlich befaßt sich der Entwurf mit der Zieldefinition, innerhalb derer u.a. der Untersuchungsrahmen festgelegt wird, und um die Sachbilanz, die Sammlung, Berechnung und Bewertung von Input- und Output-Daten, die zum Erreichen der festgelegten Ziele der jeweiligen Studie erforderlich sind.

[2] Weitere Punkte s. [60], Seite 11.

[3] So hat beispielsweise die Ökobilanz einer amerikanischen Fast-Food-Kette für Aufsehen gesorgt. Diese hatte alle vorgelagerten Prozessketten vor der Anlieferung der zu einem hohen Grade bereits verarbeiteten Produkte in der Ökobilanz unberücksichtigt gelassen.

Die Sachbilanz (Life Cycle Inventory Analysis)

Sachbilanzen – derzeit aufwendigster Teil einer Ökobilanz – umfassen Datensammlung und Berechnungsverfahren zur Quantifizierung relevanter Input- und Outputflüsse eines Produktsystems. Dabei handelt es sich in der Regel um einen iterativen Prozess. Ergebnis der Sachbilanz kann eine Matrix unterschiedlicher Daten sein, die sachgerecht systematisiert ist unter Berücksichtigung der lediglich qualitativ zu beschreibenden Umweltkategorien. Das Umweltbundesamt schlägt Unterteilung der Sachbilanzierung in vier Bausteine vor:

1. Die Vertikalanalyse. Aufbereitung der Produktions- (einschl. Transport-), Gebrauchs- und Entsorgungsphasen, die sich in Module gliedern lassen. Die vertikale Unterteilung des Lebenswegs in einzelne Lebensabschnitte ist die Vertikalanalyse. Der Lebensweg wird dabei in einzelne „Module" unterteilt. Jedes Modul kann getrennt von anderen untersucht werden. Es hat seine eigenen „Eingänge" und „Ausgänge". Da ein alle Produktions-, Gebrauchs- und Entsorgungsvorgänge umfassender modularer Lebensweg nicht entwickelt werden kann, besteht in jeder Ökobilanz die Notwendigkeit aufgrund der festgelegten Systemgrenzen die vorhandene Komplexität auf eine operative Basis zu reduzieren. Es werden hierzu sogenannte „Abschneidekriterien" festgelegt, die den Bilanzraum auf einen sachgerechten und von der Zieldefinition abhängigen Untersuchungsumfang eingrenzen.[1] Abschneidekriterien könnten z.B. sein der Ausschluss

- von Lebenslaufphasen, die bei einem Vergleich mit anderen Produktgruppen grundsätzlich keine signifikanten Unterschiede erwarten lassen,
- von Phasen, zu denen keine Informationen bzw. Daten vorliegen oder nicht beschaffbar sind,
- von Stoffströmen von nachrangiger Bedeutung,
- von Modulen, denen lediglich eine nachrangige Bedeutung zukommen kann.

2. Die Horizontalanalyse. Aufbereitung der einzubeziehenden Kategorien und Indikatoren, z.B. Luft- und Wasserbelastungen, Rohstoff- und Energieträgereinsatz und Abfallbelastungen. Hier werden die „Seiteneingänge" der Module betrachtet. Abbildung 6.1 zeigt schematisch die Vertikal- und Horizontalanalyse. Die Umweltkategorien und Indikatoren der Sachbilanz können sein:

- Stoffe/Materialien
- Energie(-träger)
- Wasser
- Flächenbelegung
- Strahlung
- Lärm
- Abwärme

[1] Vgl. [255], S. 31f.

Es sind jedoch eine Fülle von Vorschlägen aus verschiedensten Forschungseinrichtungen zur Festlegung der zu berücksichtigenden Umweltindikatoren vorgelegt worden. An dieser Stelle wird auf die Fraunhofer-Gesellschaft [96], REPA [133] und BUWAL [4, 114] hingewiesen.

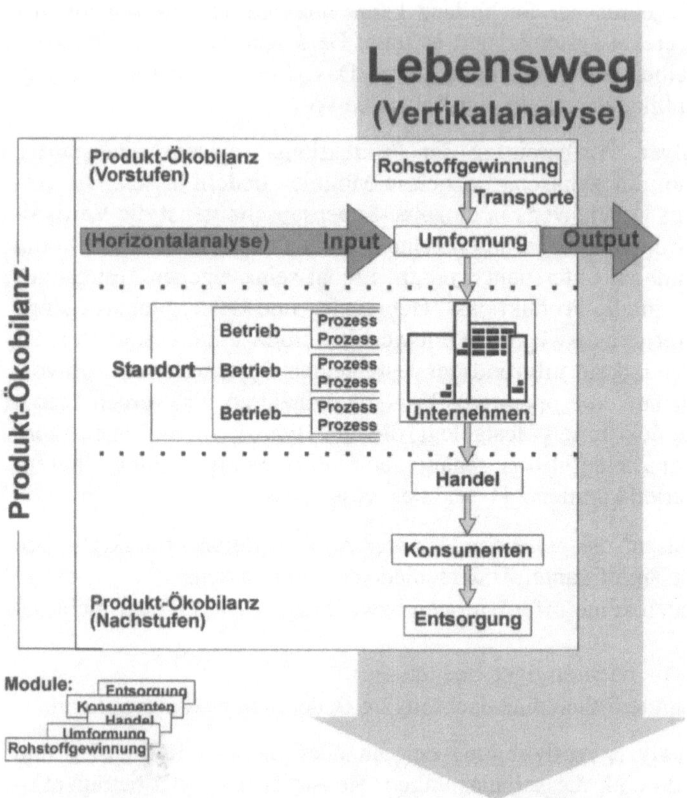

Abb. 6.1. Horizontal- und Vertikalanalyse von Ökobilanzen

3. Berücksichtigung der Lebensweg-Kriterien. Hier werden die Verknüpfungen zwischen den Modulen berücksichtigt, z.B. die Nutzungsdauer und Umlaufzahl des Recyclings oder der Verwendung von Sekundärrohstoffen.

4. Auswahl der Daten. Für alle Module und Lebenswegphasen müssen – generalisierte oder spezifische – Daten beschafft werden. Das vielleicht schwerwiegendste Problem beim Aufstellen aber auch beim Interpretieren von Ökobilanzen ist, dass oft nicht nachvollzogen werden kann, woher die Daten kommen, oder dass sie nicht miteinander vergleichbar sind. Damit die Ergebnisse von Ökobilanzen durchschaubarer werden, schlägt das Umweltbundesamt vor, Datenbanken anzulegen, die einen gewissen offiziellen Charakter haben sollten und Informationen enthalten, die in Ökobilanzen immer wieder gebraucht werden, sogenannte allgemeine Daten[1]. Wichtig erscheint in diesem Zusammenhang, dass die Auswahl und Herkunft der Daten transparent und nachvollziehbar offen gelegt wird.

Die Wirkungsbilanz (Life Cycle Impact Assessment)

Unter der Wirkungsbilanz wird die Beschreibung der in der Sachbilanz erhobenen Wirkungen hinsichtlich möglicher Umweltwirkungen wie z.B. Klimaveränderung, Abbau der Ozonschicht, Eutrophierung, Human- und Ökotoxizität, Ressourcenbeanspruchung, Abwärme sowie Geräusche und Gerüche verstanden. Die Daten der Sachbilanz werden hierzu mit wirkungsspezifischen Indizes, die jeweils nur für einzelne Umweltbereiche Geltung haben, gewichtet und zusammengefasst. Hierbei treten aber eine Reihe von Problemen auf. Von den allermeisten der hunderttausend oder mehr Chemikalien, die im Wirtschaftskreislauf bewegt werden, ist gar nicht bekannt, wie sie auf die Umwelt wirken. Die Sachbilanz bilanziert Emissionen und nicht die für die Wirkung auf Pflanzen, Gewässer oder Gebäude entscheidenden Immissionen. Diese können sich jedoch qualitativ und quantitativ durch Verdünnung, Abbau oder chemischer Umwandlung von den Emissionen unterscheiden. Einigkeit besteht auch nicht über die Auswahl der wichtigsten Umweltwirkungen. Bereits auf einem Workshop der Gesellschaft für Umwelttoxikologie und Umweltchemie (SETAC, Society of Environmental Toxicology and Chemistry) wurde 1991 folgende Liste[2] der zu berücksichtigenden Wirkungen vorgeschlagen:

- Globale Erwärmung,
- Ozonzerstörung in der Stratosphäre,
- Giftigkeit für den Menschen (Humantoxizität),
- Umweltgiftigkeit (Umwelttoxizität),
- Säurebildung (Gewässerversauerung),
- Abgabe von Chemikalien, die Sauerstoff binden, in Gewässer (Chemischer Sauerstoffbedarf (CSB) mit der Folge des „Umkippens“ von Gewässern,
- Bildung von Photooxydantien (Sommersmog),
- Flächenbedarf,
- Belästigungen (Geruch, Lärm),
- Arbeitssicherheit,
- Feste Abfälle (gefährliche, nicht gefährliche),
- Wirkung der Abwärme auf Gewässer.

Die allgemeinen methodischen und wissenschaftlichen Anforderungen an die Wirkungsabschätzung befinden sich noch in der Entwicklung.

---

[1] Seit August 2001 gibt es im Internet frei zugängliche Datenbanken zur Bereitstellung von Sachbilanzdaten, die sogenannten „Basisdaten Umweltmanagement“, die das Öko-Institut e.V. im Auftrag des Umweltbundesamtes zusammengestellt hat. Siehe hierzu auch (www.umweltbundesamt.de).

[2] Zitiert nach Umweltbundesamt [255], Anhang 23.

Die Bilanzbewertung (Life Cycle Interpretation)

Die Bilanzbewertung umfasst die Ergebnisse der Sachbilanz und der Wirkungsbilanz im Sinne einer Gesamtbewertung. Diese wird in der Regel verbal-argumentativ unter Einbeziehung subjektiver Annahmen und Wertevorstellungen durchgeführt.

Wenngleich Untersuchungen gezeigt haben, dass Produkt-Ökobilanzen in der Praxis selten dem theoretischen „Idealmodell" im Sinne der Normenentwürfe von DIN und ISO entsprechen [241], so stellt die DIN EN ISO 14040 einen wichtigen Beitrag zur Klarstellung und Vereinheitlichung einer Methodik zum Aufbau und zur Durchführung von Produkt-Ökobilanzen dar. Obwohl die sich an Produkt-Ökobilanzen anschließenden Entscheidungen und Maßnahmen Aspekte enthalten können, die aus den Ergebnissen der Auswertung stammen, liegen diese außerhalb des Untersuchungsrahmens der Produkt-Ökobilanz, weil hier auch weitere Faktoren, wie technische Machbarkeit, ökonomische und soziale Aspekte, berücksichtigt werden. Ein Instrumentarium zur Produktbilanzierung, das diese Aspekte bereits in der Analyse einbezieht, ist die Produktlinienanalyse.

6.1.2 Produktlinienanalyse

Die Produktlinienanalyse[1] wurde in Deutschland erstmals 1987 als neue Methode der Produktbilanzierung vom Öko-Institut Freiburg vorgeschlagen und seither vor allem im Rahmen der Studie „Produktlinienanalyse Waschmittel" methodisch weiterentwickelt. Sie soll sowohl antizipativ als auch korrektiv für die Erfassung und Abwägung ökologischer, gesellschaftlicher und wirtschaftlicher Voraussetzungen, Auswirkungen und Konsequenzen von Produkten verwendet werden und damit eine Möglichkeit bieten, auch aus der Produktperspektive die ökologische Krise anzugehen und ein konzeptionelles Hilfsmittel für eine strukturelle Ökologisierung des Wirtschaftens zu sein.[2] Die Produktlinienanalyse beruht auf vier Leitideen:

1. Bedürfnisorientierung: Zu Beginn der Untersuchung wird ein Produkt auf das zugrundeliegende Bedürfnis hinterfragt.

---

[1] Produktlinienanalysen analysieren den gesamten Lebensweg („Produktlinie") eines Produktes (Entnahme und Aufbereitung von Rohstoffen, Herstellung, Distribution und Transport, Gebrauch, Verbrauch und Entsorgung), analysieren die ökologischen, ökonomischen und sozialen Wirkungen und bewerten die längs des Lebenswegs auftretenden Stoff- und Energieumsätze sowie die daraus resultierenden Umweltbelastungen und die sozioökonomischen Wirkungen. Produktlinienanalysen erfassen, analysieren und bewerten auch den Nutzen eines Produktes in einer Kosten-Nutzen-Abwägung und werden von einem Forum, bestehend aus Vertretern der gesellschaftlichen Gruppen, begleitet. Vgl. hierzu auch [112].

[2] Vgl. [227], S. 40.

2. Vertikalbetrachtung: Ein Produkt wird über seinen ganzen Lebenszyklus hin untersucht, also von der Rohstofferschließung und Verarbeitung, über den Transport, die Produktion, den Handel, den Konsum bis hin zur Beseitigung.
3. Horizontalbetrachtung: Entlang der Vertikalen einer Produktlinie werden für jede Lebenszyklusphase die jeweiligen Auswirkungen auf drei Dimensionen, nämlich Natur, Gesellschaft und Wirtschaft untersucht.
4. Variantenvergleich: Es werden mehrere unterschiedliche Alternativen verglichen. Dabei kann eine der Alternativen auch aus einer „Null-Variante“ bestehen.

Gemäß der oben genannten Weiterentwicklung der Produktlinienanalyse ergibt sich ein Verfahrensablauf in zehn Schritten, wie er in Abb. 6.2 in Anlehnung an [71] zusammengefasst ist. Dabei weisen die dunkel gerasterten Bereiche die typischen Stufen einer (reinen) Produkt-Ökobilanz auf. Wie bei der Ökobilanz wird die Produktlinienanalyse prozessorientiert bearbeitet, einzelne Bearbeitungsschritte werden ggf. iterativ geführt. Zwar findet auch bei Produkt-Ökobilanzen eine Gesamtbewertung unter Einbezug ökonomischer und sozialer Aspekte und Nutzenabwägungen statt. Allerdings werden diese weiteren Aspekte nicht formal erhoben und die Gesamtwertung nicht strukturiert. Im Prozessschritt V werden bei der Produktlinienanalyse auch relevante Risiken (z.B. Störfallrisiken, gentechnische Risiken), qualitative ökologische Aspekte[1] und Arbeitsschutzaspekte betrachtet (z.B. Artenvielfalt). Dies kann bei der Produkt-Ökobilanz theoretisch auch erfolgen, wird aber kaum praktiziert.

<table>
<tr><td>I</td><td colspan="3">Akteursanalyse und Einbezug der Akteure in Projektwerkstätten</td></tr>
<tr><td>II</td><td colspan="3">Darstellung übergeordneter Umwelt- und Entwicklungsziele und des Stoffstrommanagements</td></tr>
<tr><td>III</td><td colspan="3">Analyse der produktrelevanten Bedürfnisse und Nutzen</td></tr>
<tr><td>IV</td><td>Festlegung der Rahmenbedingungen (Scoping)</td><td>IV</td><td>Festlegung der Rahmenbedingungen (Scoping)</td></tr>
<tr><td>V</td><td>Sachbilanz der Stoff- und Energieströme (Darstellung ökologisch relevanter Aspekte)</td><td>V</td><td>Getrennte Darstellung der sozioökonomisch relevanten Aspekte</td></tr>
<tr><td>VI</td><td>Ökologische Bewertung</td><td>VI</td><td>Sozioökonomische Bewertung</td></tr>
<tr><td>VII</td><td colspan="3">Gesamtbewertung (Risiko-Nutzen-Bewertung) unter Einbezug ökologischer und sozioökonomischer Aspekte und des Nutzens</td></tr>
<tr><td>VIII</td><td colspan="3">Produktlinienoptimierung</td></tr>
<tr><td>IX</td><td colspan="3">Kommunikation und Erfolgskontrolle</td></tr>
</table>

Abb. 6.2. Methodik und Verfahrensablauf der Produktlinienanalyse

[1] Hierbei werden auch relevante Entwicklungsaspekte (Nord-Süd-Aspekte) erfasst.

6.1.3 Der kumulierte Energieaufwand

Der Kumulierte Energieaufwand[1] umfasst den gesamten energetischen Aufwand für die Herstellung der Güter (KEA_H), von der Stoffgewinnung über die Rohstoff- und Halbzeugherstellung bis zur eigentlichen Produktfertigung, den während der Nutzung (KEA_N) und den für die Entsorgung (KEA_E), also die Wiederverwendung des gebrauchten Produkts bzw. seiner Teile, der Rückführung seiner Stoffkomponenten in neue Materialkreisläufe und der Deponierung der nicht wiederverwertbaren Reststoffe, d.h.

$$KEA = KEA_H + KEA_N + KEA_E. \tag{6.1}$$

Die VDI-Richtlinie 4600 hat erstmals Begriffe, Definitionen und Berechnungsmethoden festgelegt [270]. Sie beschränkt sich auf den Teilaspekt der Bilanzierung des Kumulierten Energieaufwands, der bei der Ökobilanz oder Lebenszyklusanalyse ein wichtiger Kennwert für eine ökologische Wertung des jeweiligen betrachteten Systems ist. Bei der Ermittlung des Kumulierten Energieaufwands erhält man Hinweise auf

- den Energieaufwand für Produkte und Dienstleistungen und die damit verbundenen energetisch bewertbaren Materialaufwendungen,
- die energieoptimierte Wahl der Werkstoffe und der Prozesstechnik,
- die energetische Bedeutung der Behandlung benutzter Güter durch Teil-, Komponenten oder Stoffrückführung, energetische Nutzung und Entsorgung,
- die energieoptimierte Nutzungsdauer energieverbrauchender oder umwandelnder ökonomischer Güter (Produkte oder Dienstleistungen),
- die mit Energieumwandlungen bei Herstellung, Betrieb und Beseitigung verbundenen Emissionen.

Zu genauen Definitionen des Kumulierten Energieaufwands wird auf die VDI-Richtlinie 4600[2] sowie auf Kap. 6.2 verwiesen.

6.1.4 Produktbezogene Kriteriensysteme

Produktbezogene Kriteriensysteme[3] sind im eigentlichen Sinne keine Methoden zur Ermittlung von ökologischen Auswirkungen eines Produktes oder einer Dienstleistung. Vielmehr versucht beispielsweise ein Umweltkennzeichen, wie der „Blaue Engel" des Umweltbundesamtes, das Ergebnis einer Ökobilanz auf ein

---

[1] Vgl. auch [269], S. 14ff sowie [116].

[2] Vgl. zur Methodik des Kumulierten Energieaufwands [270], Seite 3ff sowie [169].

[3] Neben produktbezogenen Kriteriensystemen existieren Kriteriensysteme beispielsweise in Form von Checklisten oder Guidelines. Diese ermöglichen v.a. Entwickler von Produkten Kriterien – wie die umwelt- und recyclinggerechte Werkstoffauswahl, die Wahl demontagegerechter Verbindungselemente oder die einer demontagegerechten Baustruktur – bei der Entwicklung und Konstruktion eines Produktes zu berücksichtigen.

radikal vereinfachtes System der Ökopunkte zusammenzufassen. Es dient dem Käufer eines Produktes als Entscheidungshilfe und kennzeichnet umweltfreundlichere Produkte, die sich im Vergleich zu anderen demselben Gebrauchs- und Anwendungszweck dienenden Produkten durch besondere Umweltfreundlichkeit auszeichnen.

An die Vergabe von Umweltkennzeichen sind daher eine Reihe von Anforderungen hinsichtlich Material, Recyclingfreundlichkeit, Energieverbrauch o.ä. gestellt. Produkte, die diese Anforderungen erfüllen, erhalten das Umweltkennzeichen, andere nicht. Es macht also einen Vergleich zwischen verschiedenen Produkten hinsichtlich ihrer ökologischen Auswirkungen möglich. Produkte, die das Umweltkennzeichen erhalten, weisen demnach ganz bestimmte und in sich begrenzte Eigenschaften auf, die im Vergleich zu anderen funktionell äquivalenten Produkten „ökologisch besser" sind.

Über die Auswahl der Produkte und die Anforderungen an diese Produkte entscheidet eine unabhängige Jury Umweltzeichen. Das Zeichen wird vom Deutschen Institut für Gütesicherung und Kennzeichnung (RAL) e.V., unter Beteiligung des Umweltbundesamtes, auf Antrag der Hersteller an die Produkte vergeben, welche die betreffenden Kriterien erfüllen. Das Umweltzeichen, der sog. „blaue Engel" zeigt Abb. 6.3. Ende 1994 trugen mehr als 4.000 Produkte das Umweltzeichen. Unter der Webseite www.blauer-engel.de können Informationen über Produkte und Vergaberichtlinien abgerufen werden. Unter anderem ist inzwischen auch für Reifen der Blaue Engel vergeben worden.

Abb. 6.3. Umweltkennzeichen „Blauer Engel"

6.1.5 Material-Intensität Pro Serviceeinheit – MIPS

Definition und Verfahren

Professor Friedrich Schmidt-Bleek – bis September 1997 Direktor der Abteilung „Stoffströme und Strukturwandel" am Wuppertal Institut für Klima, Umwelt und Energie – hat 1992 erstmals vorgeschlagen als Annäherungsmaß für die spezifische Umweltbelastung den gesamten Materialaufwand zu verwenden, der getrieben wurde, um ein Produkt verfügbar zu machen, es ein Produktleben lang zu benutzen und anschließend zu entsorgen, also die Materialströme, die das Produkt von der „Wiege bis zur Wiege" veranlasst, einschließlich aller ökologischen Rucksäcke[1]. Dazu gehören auch alle Materialien, die für alle Energieinputs in Bewegung gesetzt werden müssen[2] sowie auch alle Materialmengen, die für Transport, den Gebrauch von Infrastrukturen wie Straßen, Eisenbahnlinien oder Telefonnetzen, Anlagen sowie Verpackungen während des ganzen Lebensweges des Produktes hinzukommen.

Bewusst betonen die Wissenschaftler, dass MIPS lediglich für eine erste Abschätzung der Umweltbelastungsintensität von Gütern, das „Screening", ausreicht. Sie sind letztlich daran interessiert, die Umweltbelastung durch einen bestimmten materiellen Lebensstandard abschätzen zu können. Offensichtlich ist dies für die Wuppertaler Wissenschaftler die Summe der „Dienstleistungen", die Güter leisten können: Güter versehen Menschen mit Funktionsmöglichkeiten. Um Produkte hinsichtlich ihrer Umweltbelastung vergleichen zu können, schlagen sie deshalb vor, die Materialintensität von Dienstleistungen oder Funktionen zu messen. Sie unterscheiden hier zwischen intermediären Gütern (oder Infrastrukturen), und solchen, die für den Endverbrauch bestimmt sind. Die Umweltbelastung durch Güter zur „indirekten Dienstleistungserfüllung", wie etwa Stahl, Lösungsmittel oder Zement, wird in kumulierten Materialinputs pro Einheit Gut (oder pro Gewichtseinheit Gut) gemessen. Es wird also zusammengezählt, wie viel Material in die Produktion des Gutes floss, und die Menge wird pro Stück oder pro Tonne produzierten Guts angegeben. Zu den Gütern mit der Fähigkeit zur „direkten Dienstleistungserfüllung" zählen demzufolge etwa Wohnungen, Waschmaschinen oder eben Pkw. Für sie wird die Umweltbelastungsintensität ebenfalls in kumulierten Materialinputs (Materialeinsatz) angegeben, hier aber bezogen auf die geleisteten Dienstleistungseinheiten. Zusammengefasst kann also definiert werden:

„Das Maß für Umweltbelastungsintensität ist die das ganze Produktleben umspannende Material-Intensität Pro Serviceeinheit, also der Materialverbrauch von der Wiege bis zur Wiege pro Einheit Dienstleistung oder Funktion – die MIPS."

Im MIPS-Konzept werden die Inputs von Masse und Energie (MI = Material Input) in kg verrechnet. Bei Anwendung elektrischer oder solar erzeugter Energien werden die systemweiten Materialinputs, die für die Bereitstellung von Strom aufgewendet werden, in kg pro kWh berücksichtigt. MIPS ist der auf eine Service- (Leistungs-, Nutzungs-, Dienstleistungs-) Einheit bezogene Material- und E-

[1] Für das richtungweisende Konzept MIPS erhielten Friedrich Schmidt-Bleek und der Gründungspräsident des Wuppertal Instituts und SPD-Bundestagsabgeordnete Prof. Dr. Ernst Ulrich von Weizsäcker gemeinsam einen der drei neu gestifteten, mit 100 Mio Yen (ca. 900.000 EURO) dotierten Takeda-Preise, den für herausragende technologische und unternehmerische Leistungen zum Wohle der Umwelt. Der Takeda-Preis wird beiden für „Vorschlag, Verbreitung und Anwendung des MIPS- und Ökologischen Rucksack Konzeptes" verliehen.

[2] Vgl. [239], S. 105ff sowie [240].

nergieinput (MI) und demnach für dienstleistungsfähige Güter definiert. Dienstleistungsfähig bedeutet, dass Menschen aus der Funktion der Güter Nutzen ziehen können [172]. Der Kehrwert von MIPS – also die Serviceeinheit pro Tonne Material-Input – ist die Ressourcenproduktivität. Die Berechnung von MIPS und 1/MIPS wird von den Wuppertaler Wissenschaftlern als Materialintensitätsanalyse (MAIA) bezeichnet [158].

Abbildung 6.4 zeigt andeutungsweise den rechnerischen Vorgang für die Abschätzung der ökologischen Rucksäcke von Eingangsmaterialien für die Produktion eines dienstleistungsfähigen Produktes, z.B. eines Pkw. Hierbei werden in einem ersten Schritt alle Materialien (M_i) aufgelistet, aus denen das Fahrzeug besteht, sowie deren Gewichtsanteile am fertigen Fahrzeug. Außerdem wird ermittelt, wie viel Stoffe und Energie (umgerechnet in Stoffströme) insgesamt für jedes dieser Materialien benötigt wurde, um es für die Produktion des Autos bereitzustellen. Damit ist die Materialintensität der gebrauchten Stoffe (ökologische Rucksäcke) MIM_i ermittelt. Die Gesamtsumme aller Rucksäcke des Autos, jeder multipliziert mit dem entsprechenden M_i , ergibt den gesamten Materialverbrauch für den Pkw.

Die verbrauchten Stoffmengen werden also in Rechnung gestellt gegen den Nutzen (Dienstleistung), den der Mensch mit Hilfe des Produktes beziehen kann. Beim MIPS-Konzept werden ähnlich wie bei anderen Verfahren zur Ermittlung von Umweltbelastungen die Prozessschritte Herstellen, Gebrauchen (Betreiben, Warten, Reinigen), Reparieren, Wieder- und Weiterverwenden, Sammeln und Sortieren sowie Entsorgen unterschieden. Die zwischen den einzelnen Prozessschritten erforderlichen Transporte werden ebenfalls als Materialaufwand berücksichtigt. Die Dienstleistungseinheiten werden entweder nachträglich ermittelt oder im voraus berechnet oder geschätzt.

Vorteile und Schwächen von MIPS. Friedrich Schmidt-Bleek führt aus technischer Sicht u.a. folgende Vorteile des MIPS-Konzepts an:

1. Der Material- und Energieaufwand wird in den gleichen Einheiten verrechnet. Hierdurch werden Widersprüche bei der ökologischen Beurteilung von Sachen minimiert, die Beurteilung wird „richtungssicher".
2. Das Konzept kann zum Aufstellen von Ökobilanzen auf dem Niveau von Screeningverfahren angewendet werden. Hierdurch sinkt der Analyseaufwand drastisch.
3. Das Konzept kann als Instrument dienen, Planungen technischer Art von Schritten in Richtung auf eine zukunftssichere Wirtschaft auf ihre ökologische Zweckmäßigkeit hin zu überprüfen sowie Fortschritte in diese Richtung messend zu verfolgen.
4. Der MIPS-Ansatz hilft beim Design von Industrieprodukten, der Planung umweltfreundlicher Prozesse, Anlagen und Infrastrukturen sowie der ökologischen Beurteilung von Dienstleistungen.
5. Der MIPS-Ansatz ist geeignet, ökologisch richtige Recyclingschleifen und andere Kreisläufe von solchen zu unterscheiden, die ökologisch unsinnig sind.

6. Der Ansatz kann verwendet werden zum Festlegen von ökologischen Zöllen, für Lizenzvergaben, Versicherungsprämien, das Bemessen von Steuern sowie Subventionsentscheidungen.
7. Das Konzept sollte aufgrund seiner Einfachheit gute Chancen haben, international harmonisiert zu werden. Dies wäre von Bedeutung bei der Vereinbarung von Schritten auf einen ökologischen Strukturwandel innerhalb der EU oder weltweit.

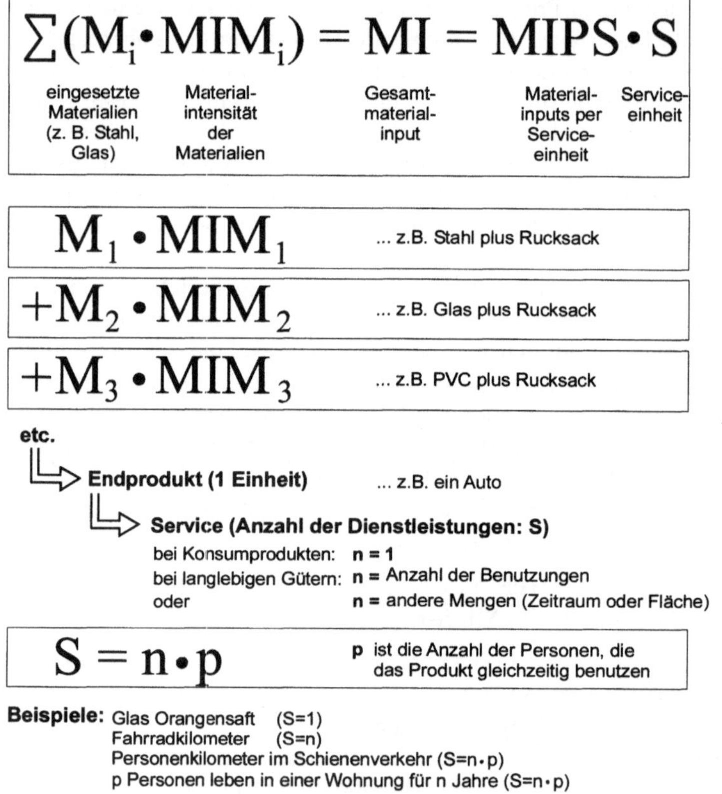

Abb. 6.4. Berechnung von MIPS (schematisch). Quelle: Wuppertal Institut

MIPS hat aber auch einige Schwächen, die an dieser Stelle nicht unerwähnt bleiben sollen.

1. Das Konzept berücksichtigt nicht die Ökotoxizität der eingesetzten Materialien. Demzufolge ist bei gleicher Menge und erfüllter Dienstleistung ein extrem toxisches Material nach dem MIPS-Konzept als ökologisch gleichwertig mit einem völlig ungiftigen Stoff zu bewerten.
2. Anders als bei der Produktlinienanalyse werden soziale Aspekte nicht berücksichtigt.

3. Es bleibt umstritten, ob allein die Materialintensität bezogen auf Dienstleistungseinheiten das Maß für die Beurteilung von Umweltwirkungen ist, oder ob vielmehr auch andere Indikatoren, wie Ökotoxizität oder biologische Vielfalt ebenso Eingang in die Beurteilung finden müssen.
4. Die Relevanz bekannter Schadstoffe und anderer Umweltfaktoren muss im Anschluss einer MIPS-Analyse beurteilt werden.
5. Auch das MIPS-Konzept lässt methodische Fragen offen und muss daher noch weiterentwickelt werden. So ist beispielsweise nicht geklärt, ob zwischen unterschiedlichen Materialströmen differenziert werden muss. Es erscheint beispielsweise sinnvoll, Wasser-, Luft-, Boden- sowie technische Materialinputs getrennt zu berücksichtigen. Des weiteren muss noch geklärt werden, welche Art von Wasser wie verrechnet wird.

6.1.6 Produktbezogene Kennzahlensysteme

In der Bilanztheorie werden zum Zwecke der externen Analyse (Analyse eines Unternehmens von außen) Kennzahlensysteme eingesetzt. Kennzahlensysteme sollen die Interpretation von Kennzahlen vereinfachen. Sie gehen meist von einer Spitzenkennzahl, der Rentabilitätskennzahl, aus. Aus dieser Größe werden weitere Kennzahlen abgeleitet.[1] Gängige Kennzahlen sind beispielsweise Eigenkapitalrentabilität, ROI[2], Umsatzrentabilität, Cash-Flow sowie Working Capital.

Relativ neu sind Kennzahlen für die ökologische Bewertung von Produkten innerhalb eines Unternehmens. Sie sind meist Bestandteil eines Umweltmanagementsystems. So hat das Fraunhofer Institut für Produktionstechnik und Automatisierung Kennzahlen für Produkte ermittelt, unterschiedliche Ausführungen ökologisch bewertet sowie miteinander verglichen.

Zur methodischen Vorgehensweise schlagen sie vor, zunächst – ähnlich einer Umweltbetriebsprüfung nach der EG-Öko-Audit-Verordnung – die Ermittlung einer Input-Output-Bilanz auf Prozessebene durchzuführen. Anschließend werden folgende Priorisierungen vorgenommen:

1. In einer Wirkungsanalyse die unterschiedlichen Umweltkategorien wie Energieverbrauch, Abfallmenge oder Ressourcenverbrauch,
2. Basisgrößen innerhalb der Umweltkategorien (z.B. Anteil Gasverbrauch an Energie gesamt),
3. Prozesse nach ihren Beiträgen innerhalb der Umweltkategorien (z.B. Energie: Heizung vor Transporten vor Bearbeitungsmaschinen vor ...).

Abbildung 6.5 zeigt schematisch die Vorgehensweise als Vorschlag des Fraunhofer IPA in Stuttgart.

---

1 Du Pont analysiert beispielsweise vorwiegend die Komponenten Erfolg und Liquidität. Besonders die Überschuldung und Illiquidität sind häufiger Konkursgrund nach deutschem Recht und begründet die Betrachtung der Liquidität des Unternehmens.

2 Engl.: Return on Investment.

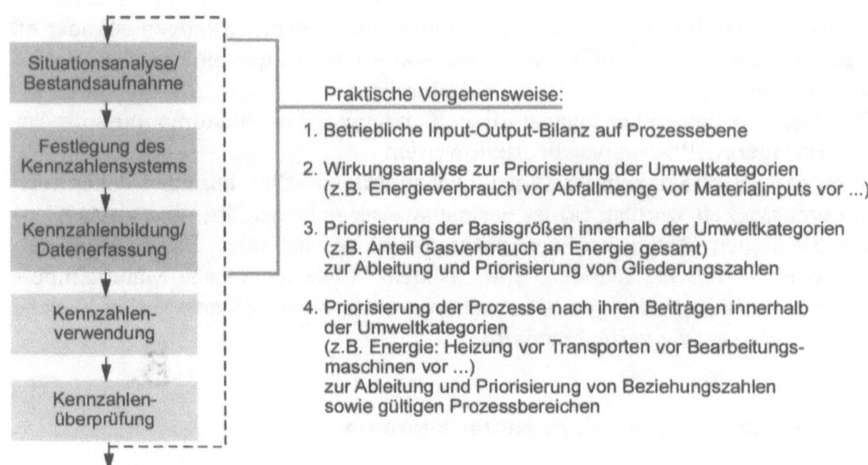

Abb. 6.5. Ableitung von Umweltleistungskennzahlen. Quelle: Fraunhofer IPA, Stuttgart

Eine gute Übersicht über Methoden der Ökobilanzierung für Unternehmen bietet auch Michael Beck in seinem Buch „Ökobilanzierung im betrieblichen Management“ [15].

6.1.7 Vor- und Nachteile umweltorientierter Untersuchungen

In Tabelle 6.2 auf der folgenden Seite werden abschließend die vorgestellten Methoden umweltorientierter Untersuchungen hinsichtlich ihrer Vor- und Nachteile gegenübergestellt.[1] Hierbei handelt es sich unbestritten um eine subjektive Bewertung der Vor- und Nachteile und stellt zudem eine unvollständige Auflistung dar. Bei der weiteren Diskussion und Entwicklung umweltorientierter Untersuchungsmethoden – sowohl auf nationaler als auch auf internationaler Ebene – wird es notwendig sein, sich auf einheitliche Standards zu einigen. Insbesondere der Offenlegung der Bilanzierungsmethodik, der System- und Bilanzgrenzen, Datenherkunft und -qualität kommt hierbei besondere Bedeutung zu.

Für die Qualität einer umweltorientierten Untersuchung ist es zudem entscheidend, ob und welche Maßnahmen den erarbeiteten Erkenntnissen nachgeschaltet werden. Hierbei bedarf es wegen der teils begrenzten Aussagekraft derartiger Methoden auch gesellschaftlicher Konsensbildungen im Rahmen normativer Wertebildung und somit nicht messbarer Entscheidungen. Da insbesondere gesellschaftliche Entwicklungen nur bedingt vorhersehbar sind, ist bei Technikentwicklungen auch die Umkehrbarkeit von Prozessen wichtiges Kriterium für eine dauerhaft umweltgerechte Entwicklung.

[1] Zu den Bewertungen von Ökobilanzen s. auch [228].

Tabelle 6.2. Übersicht über Vor- und Nachteile umweltorientierter Untersuchungen

Methode	Vorteile	Nachteile
Produktbezogene Ökobilanz [a] DIN EN ISO 14040	Umfassende Auskunft umweltrelevanter Eigenschaften eines Produkts Zunehmend verbreitet angewandte Methodik, da internationale Standards vorhanden bzw. in Entwicklung	aufwendige Datenerhebung notwendig hohe Kosten
Produktlinienanalyse	grundsätzliche Herangehensweise bis hin zur Hinterfragung der Bedürfnisse mehrdimensionale Betrachtung (Natur, Gesellschaft, Wirtschaft) einheitliche mathematische Größe	teils subjektive Verfahrensweise
Kumulierter Energieaufwand	standardisierte Methode nach DIN mathematisch gut handhabbare Größen einer Einheit Konzentration auf eine umweltrelevante Größe (Energieverbrauch)	keine ökotoxikologische Auskunft keine Auskunft über den Ressourcenverbrauch
Produktbezogene Kriteriensysteme	Einfaches und für Verbraucherinnen und Verbraucher wichtiges Kriteriensystem	Oftmals keine eindeutige Kriterienbindung an Ökolabels „Missbrauch“ von Ökolabels verbreitet
MIPS	Screeningmethode für die Abschätzung des Ressourcenverbrauchs einschließlich der ökologischen Rucksäcke vielseitig anwendbar	keine ökotoxikologische Auskunft soziale Aspekte bleiben unberücksichtigt umstrittene Maßeinheit Methodenentwicklung noch nicht abgeschlossen
Produktbezogene Kennzahlensysteme	Im Falle unterschiedlicher lokaler, regionaler oder globaler Gegebenheiten können verschiedene Priorisierungen vorgenommen werden Daten für Input-Output-Bilanz liegen evtl. bereits aus Umweltbetriebsprüfungen vor und können so auch auf Produktebene genutzt werden	Priorisierung der Umweltwirkungen teils subjektiv Bis heute keine einheitliche Methodik auf internationaler Ebene ähnlich der DIN EN ISO 14040 vereinbart

[a] Zu Problemen und Erfahrungen von Produkt-Ökobilanzen bietet das Heft Ökologisches Wirtschaften 6/97 mit dem Schwerpunktthema „Produkt-Ökobilanzen in der Praxis“ einen sehr guten Überblick. Vgl. [197] sowie zu den Grenzen von Ökobilanzen [214].

6.2 Untersuchungsmodell und Systemgrenzen

Wie bereits im vorangegangenen Kapitel ersichtlich, sind – trotz gradueller Unterschiede – die verschiedenen Verfahren zur ökologischen Bewertung von Prozessen und Produkten teils sehr aufwendig. Eine Ökobilanzierung im Sinne der DIN EN ISO 14040 würde deswegen den Rahmen dieses Buches sprengen. Die zwar vom Aufwand her geringer einzuschätzende MIPS-Methode füllt für die Bilanzierung faserverstärkter Kunststoffe ganze Forschungsprojekte[1]. Nachfolgend wird eine vereinfachte Bilanzierung durch die Aggregation der Energieaufwände einiger abfallwirtschaftlicher Optionen dargestellt, die Aufschluss über die ökologischen Auswirkungen für das Recycling einer faserverstärkten Pkw-Karosserie gibt. Die Berechnung lehnt an die Methode des kumulierten Energieaufwands an, zu dem die wichtigsten Definitionen nachfolgend erläutert werden.[2] Die Definitionen nach VDI-Richtlinie 4600[3] des Kumulierten Energieaufwands für die Herstellung, Nutzung und Entsorgung zeigt Abb. 6.6.

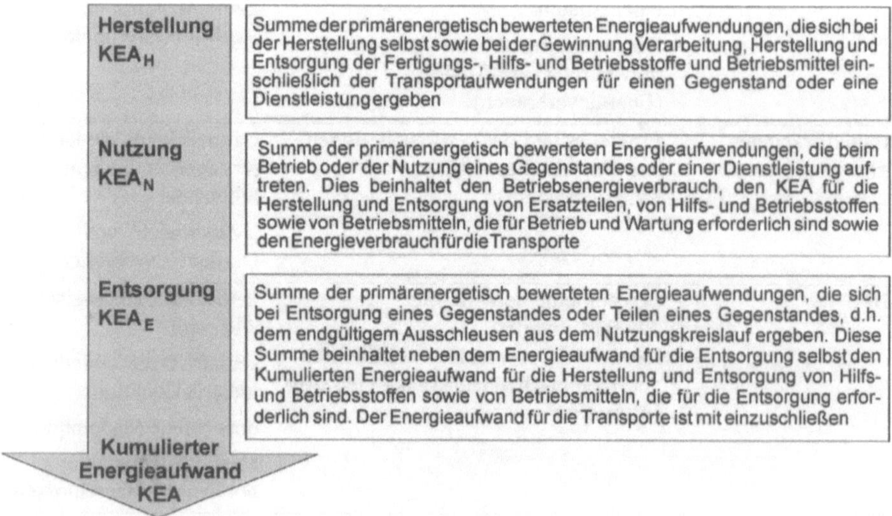

Abb. 6.6. Kumulierter Energieaufwand in verschiedenen Lebenslaufphasen

Betrachtet man die verschiedenen abfallwirtschaftlichen Optionen für die Karosserie aus faserverstärkten Kunststoffen, so werden mehrere Phasen des Le-

[1] So beispielsweise ein vom Wuppertal Institut Ende 1997 abgeschlossenes Projekt zur Bilanzierung eines Katamarans aus faserverstärkten Kunststoffen für das Verbundwerkstofflabor Bremen. Teile der Forschungsergebnisse sind veröffentlicht worden. Weitere Informationen hierzu erteilt das Wuppertal Institut für Klima, Umwelt, Energie GmbH; Döppersberg 19; 42103 Wuppertal.

[2] Vergleiche hierzu auch Kap. 6.1.3 auf Seite 122.

[3] Vgl. [270], Abschn. 1.2.1, Seite 3.

benszyklus tangiert. Beispielsweise gehen die aus diversen Recyclingverfahren gewonnenen Fasern und die Rohstoffe der Matrix evtl. in die Herstellung anderer oder gar derselben Werkstoffe oder Bauteile ein. Deshalb ist es unerlässlich, eine ganzheitliche Bilanzierung durchzuführen, die sämtliche Phasen des Lebenszyklus der Karosserie aus faserverstärkten Kunststoffen berücksichtigt.

Folgende Abbildung zeigt schematisch – und zunächst grob – einzelne Phasen im Lebensweg einer zu bilanzierenden Karosserie.

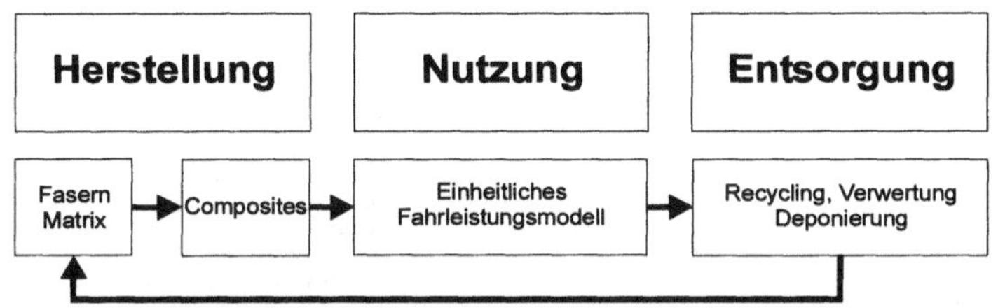

Abb. 6.7. Stark schematisierte Prozesskette für die Karosserie aus faserverstärkten Kunststoffen

Der Kumulierte Energieaufwand (KEA) beschreibt die Summe aus dem Kumulierten Prozessenergieverbrauch (KPEV) und dem Kumulierten Nichtenergetischen Aufwand (KNA):

$$\text{KEA} = \text{KPEV} + \text{KNA} \tag{6.2}$$

Abbildung 6.8 zeigt schematisch diesen Zusammenhang. Hierbei umfasst der Kumulierte Prozessenergieverbrauch (KPEV) allen gehandelten, primärenergetisch über Bereitstellungsnutzungsgrade[1] bewerteten Endenergieverbrauch (EEV) für Wärme, Kraft, Licht und sonstige Nutzungselektrizitätserzeugung. Der Kumulierte Nichtenergetische Aufwand (KNA) ist die Summe des primärenergetisch bewerteten Energieinhalts aller nichtenergetisch eingesetzten Energieträger (NEV) und des stoffgebundenen Energieinhalts (SEI). Er setzt sich also wie folgt zusammen:

$$\text{KNA} = \text{NEV} + \text{SEI} \tag{6.3}$$

Der nichtenergetische Verbrauch (NEV) umfasst dabei den primärenergetisch bewerteten stofflichen Verbrauch an Energieträgern, die in der nationalen Energiestatistik als Energieträger ausgewiesen sind, d.h. im wesentlichen fossile Rohstoffe.

Im Stoffgebundenen Energieinhalt (SEI) werden die primärenergetisch bewerteten Energieinhalte aller anderen brennbaren Stoffe erfasst, d.h. die Energieinhalte aller über den Heizwert bewertbaren Stoffe, die nicht in den nationalen Energiestatistiken als Energieträger ausgewiesen sind, z.B. als Werkstoff verarbeitete Biomasse.

[1] Der Begriff Bereitstellungsnutzungsgrade wird auf Seite 132 näher erläutert.

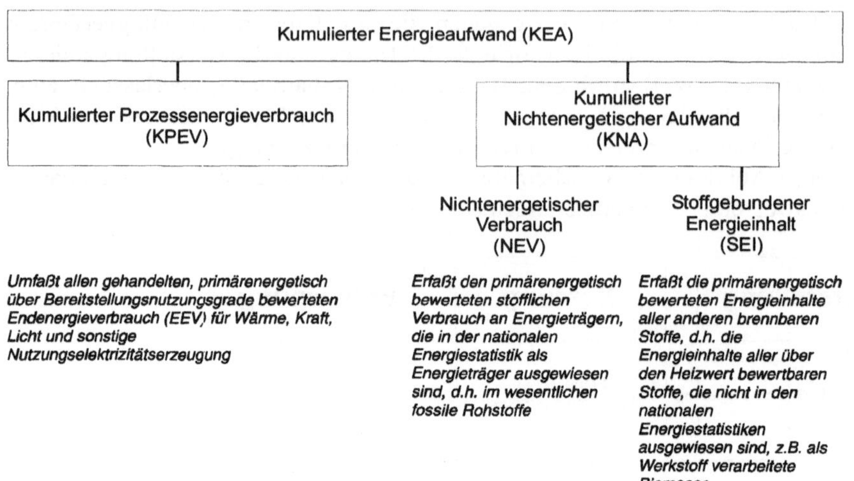

Abb. 6.8. KEA als Summe von Kumulierten Prozessenergieverbrauch (KPEV) und Kumulierten Nichtenergetischen Aufwand (KNA)

Somit errechnet sich der KEA aus den Endenergieverbräuchen EEV_j, den Nichtenergetischen Verbräuchen NEV_j und den Stoffgebundenen Energieinhalten SEI_j mit den jeweiligen Bereitstellungsnutzungsgraden $g_{i,j,k}$ zu:

$$KEA = \sum_{i=1}^{1}\left(\frac{EEV_i}{g_i}\right) + \sum_{j=1}^{m}\left(\frac{NEV_j}{g_j}\right) + \sum_{k=1}^{n}\left(\frac{SEI_k}{g_k}\right) \tag{6.4}$$

Um eine Vergleichbarkeit zu gewährleisten sowie die möglichen Grundlagen für Emissionsbilanzen bereitzustellen, ist dieser auch differenziert nach einzelnen Primärenergieträgern anzugeben.

6.2.1 Bereitstellungsnutzungsgrade

Um eine Aussage über den Ressourcenbedarf eines ökonomischen Gutes treffen zu können, muss dieses primärenergetisch beurteilt werden. Dazu sind die Aufwendungen aus allen Stufen der Prozesskette von der Exploration, der Förderung und Gewinnung der Primärenergieträger, ihrem Transport, ihrer Aufbereitung bzw. Umwandlung und ihrer Verteilung bis zur Bereitstellung als Endenergie beim Verbraucher zu bilanzieren. Für die Berechnung dieses Primärenergieaufwands, der den Energiegehalt der Rohstoffe in ihrer Lagerstätte angibt, ist der Bereitstellungsnutzungsgrad g definiert:

$$g = \frac{\textit{Heizwert des Energieträgers am Einsatzort}}{\textit{kumulierter Primärenergieaufwand für die Bereitstellung}} = \frac{H_u}{KEA_{Ber}} \tag{6.5}$$

Die Ermittlung des KEA wird in Anlehnung an die Definition und die Nomenklatur der Energiebilanzen Deutschlands durchgeführt. Aus deren Daten kann ein durchschnittlicher Kraftwerksnutzungsgrad für die Strombereitstellung durchgeführt werden. Der Strom aus Wasser- und Kernkraft wird dabei nach dem Substitutionsprinzip, d.h. mit dem durchschnittlichen thermischen Nutzungsgrad der fossil befeuerten Kraftwerke bewertet.

Aufgrund der unterschiedlichen Strukturen der Stromerzeugung in verschiedenen Ländern kann demnach nicht einheitlich nach dem Substitutionsprinzip bewertet werden. Vor allem, wenn Rohstoffe oder Halbzeuge aus dem Ausland importiert werden und damit der Stromverbrauch für deren Aufbereitung mit den Nutzungsgraden aus den Herkunftsländern, im weiteren Produktionsverlauf aber mit den Nutzungsgraden Deutschlands bewertet werden muss, entsteht ein Bruch in der Kontinuität der Bewertungsmethoden[1]. Die in [53] zu Grunde gelegten Wirkungsgrade zur Energiebereitstellung zeigt folgende Tabelle 6.3.

Tabelle 6.3. Bereitstellungswirkungsgrade für die Energieumwandlungen

Beschreibung	Wert	Quelle
Elektrischer Wirkungsgrad von Müllverbrennungs-anlagen	$\eta_{el} = 0{,}25$	Abfallwirtschaftsgesellschaft Wuppertal. Die Wirkungsgrade entsprechen MVA's mit modernen Rauchgasreinigungsanlagen, die einen wesentlichen Energiebedarf in der Anlage beanspruchen.
Elektrischer Wirkungsgrad für Gas-GuD-Kraftwerke	$\eta_{el} = 0{,}58$	Wuppertal Institut [a]
Bereitstellung von Erdgas	$\eta_{el} = 0{,}93$ [b]	[101]
Strombereitstellung Importmix Deutschland	$\eta_{Strommix,D} = 0{,}382$	Quelle: Internationale Energieagentur IEA [135].
Dampfbereitstellung	$\eta_{Dampf} = 0{,}75$	Auf Basis internationaler Energiebilanzen [a].

[a] Persönliche Auskunft von Dipl.-Ing. Dirk Wolters, Energieexperte am Wuppertal-Institut für Klima, Umwelt, Energie vom 3.12.1997.

[b] Vereinfachend unter Vernachlässigung der Transportvorgänge $\eta_{el} = 1$ angenommen.

6.2.2 Bilanzgrenze

Die Bilanzgrenze für die Ermittlung des KEA eines ökonomischen Gutes erstreckt sich vom Rohstoff in der Lagerstätte bis zur Endlagerung bzw. Deponierung aller

[1] Vgl. hierzu auch [269]. Die primärenergetische Bewertung der Strombereitstellung erfolgte in [53] in Anlehnung an Daten aus dem Gesamt-Emissions-Modell Integrierter Systeme (GEMIS), vgl. [101]. Seit der Version 4.0 wird es Globales Emissions-Modell Integrierter Systeme genannt.

Materie oder Stoffe, wobei auch die diffuse Abgabe in Luft, Wasser und Boden zu berücksichtigen ist.

Eine wichtige Grundlage für die Berechnung des KEA ist die eindeutige Festlegung der Bilanzgrenzen. Hierbei sind die grenzüberschreitenden Stoff- und Energieströme genau zu definieren und zu quantifizieren. Die Abgrenzung wird nach örtlichen, zeitlichen und technologischen Kriterien vorgenommen. Die systematische Abgrenzung stellt, wegen der zum Teil hohen Komplexität und Vielfalt der Verflechtungen von Einzelprozessen, häufig ein zentrales Problem der energetischen Analyse dar.

Die Erstellung von Bilanzgrenzen wird nach den zu Beginn einer Analyse bekannten Sachverhalten vorgenommen. Im Zuge der Untersuchungen zum Kumulierten Energieaufwand werden oft zusätzliche neue Erkenntnisse erarbeitet, die unter Umständen eine Neudefinition der Abgrenzungskriterien nötig machen. Fehler durch Vernachlässigungen, Ausgrenzungen und Abschätzungen sollten klein bleiben. Die Darstellung der Abgrenzungsprobleme und die Gestaltung einer einfachen und handhabbaren Analysemethode ist deshalb ein wesentlicher Teil aller weiteren Betrachtungen und Untersuchungen. Abbildung 6.9 zeigt schematisch die Stoff- und Energieflüsse für einen Herstellungsprozess von Gütern. Es wird hierbei verdeutlicht, welche Stoff- und Energieströme als Input und Output eines Prozesses berücksichtigt werden und formuliert Definitionen in Anlehnung an die VDI-Richtlinie 4600 [262]. Dabei gilt:

- Die Bilanzgrenze für die Ermittlung des KEA eines ökonomischen Gutes erstreckt sich vom Rohstoff in der Lagerstätte bis zur Endlagerung bzw. Deponierung aller Materie oder Stoffe, wobei auch die diffuse Abgabe in Luft, Wasser und Boden zu berücksichtigen ist.
- Die Stoffbilanz stellt eine Erfassung von Stoffmengen dar, welche während der Betrachtungszeit die festgelegten Bilanzraumgrenzen überschreiten. Stoff- und die darauf aufbauenden Energiebilanzen dienen zusammen als Grundlage für die Erstellung von Emissionsbilanzen.
- Eine Energiebilanz erfasst Energiemengen bzw. Energiearten in kJ oder in Wh, welche während des Betrachtungszeitraumes die festgelegten Bilanzraumgrenzen überschreiten. Die Energiebilanzgrenzen sind mit den Stoffbilanzgrenzen identisch.

6.2.3 Systemgrenze

Für die in Kap. 6.5 durchgeführte Berechnung des Kumulierten Energieaufwands werden bei den betrachteten abfallwirtschaftlichen Optionen die Prozessenergien betrachtet, die für das jeweilige Verfahren anfallen. Diese beinhalten die Energieaufwendungen einzelner Prozessschritte, wie beispielsweise die Aufbereitung des Schüttgutes beim werkstofflichen Recycling durch Hammermühlen oder Shredder, Wärmeenergien bei thermischen Verfahren wie bei der Erzeugung von Wärme oder Dampf.

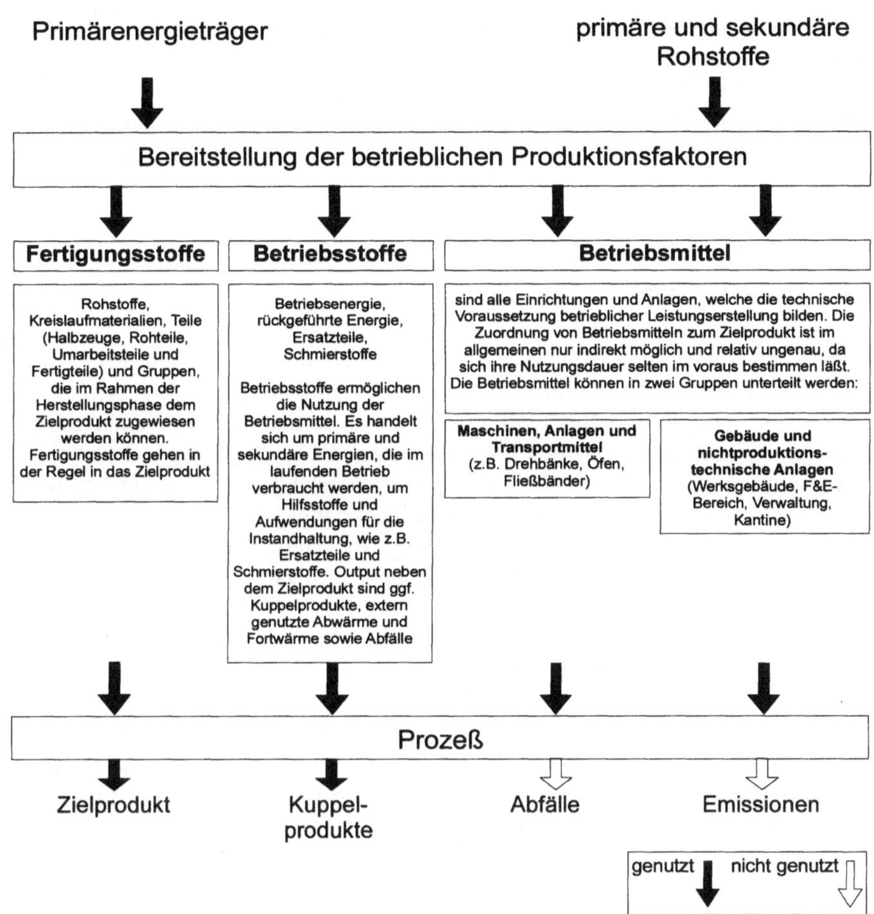

Abb. 6.9. Schematische Darstellung von Stoff- und Energiebilanzen

Die in den diversen Berechnungen zu Grunde gelegten Daten und Bilanzräume werden auf Grund der großen Bedeutung der Offenlegung von Bilanzgrenzen innerhalb von „Ökobilanzen" in der Berechnung einzeln ausgewiesen. Nicht betrachtet wurden Aufwendungen zur Herstellung und Entsorgung der benötigten Betriebsmittel wie Fertigungsmaschinen, Gebäude, Anlagen zur Entsorgung von Betriebsmitteln oder Fahrzeuge und sonstigen Transporteinrichtungen. Ebenfalls nicht betrachtet wurden die Fertigungsprozesse zur Herstellung der Karosserie, sondern nur die den vorgelagerten Prozessstufen, wie beispielsweise die Herstellung von Fasern oder Harzen in den Recycling- und Verwertungsprozessen, die diese nicht als „Output" liefern und somit (zur Vergleichbarkeit der Daten) neu hergestellt werden müssten. Die Verarbeitung zur endgültigen Karosserie ist in jedem Falle aufwandsgleich und muss somit nicht jeweils gesondert bilanziert werden. Hier wird vornehmlich auf bereits vorliegende Daten aus Berechnungen von [165] zurückgegriffen.

Da zur Vergleichbarkeit der Daten die so genannte „Nutzenkorbmethode“ angewandt wird, unterscheiden sich die für einzelne Recycling- und Entsorgungsoptionen zu bilanzierenden Prozesse und die darin eingehenden Stoffe, ergeben aber stets alle im Nutzenkorb definierten „Nutzen“[1].

6.3 Datengrundlage

Die für die im folgenden Kapitel dargestellte Berechnung verwendete Primärliteratur ist die am Rocky Mountain Institute erstellte Studie „Hypercars: Materials, Manufacturing, and Policy Implications“ [165]. Aus der umfangreichen Studie sind auch verschiedene Prozessbeschreibungen von Recycling- und Verwertungsverfahren entnommen. Wie erwähnt, hat das Team am Hypercar-Center des RMI keine energetische Abschätzung zu diversen Recycling- und Entsorgungsverfahren erarbeitet. Lovins liefert aber zur Nutzung und Herstellung eines Ein-Liter-Autos im Vergleich zu einem durchschnittlichen U.S.-Pkw von 1994 in Stahlbauweise eine erste energetische Abschätzung[2].

Für die Bewertung der unterschiedlichen Recyclingverfahren wurden aus diversen Literaturquellen Daten zu Grunde gelegt, wie z.B. der Studie von Ebert et al. zur energetischen Bewertung von Verfahren zur rohstofflichen Verwertung von Altkunststoffen [72]. Diese werden an entsprechender Stelle stets einzeln ausgewiesen. In Fällen, in denen der Endenergieaufwand beispielsweise in Form von elektrischer Energie angegeben ist, erfolgte die Umrechnung in Primärenergieaufwand mit sogenannten Prozesskettenfaktoren. Diese wurden für alle wichtigen Energieträger aus der bekannten Studie Gesamt-Emissions-Modell Integrierter Systeme (GEMIS) des Öko-Instituts entnommen [101].

Die Daten für die werkstoffliche Verwertung wurden von ERCOM Composite Recycling freundlicherweise zur Verfügung gestellt. Sie wurden aus Energiekosten der vergangenen Jahre errechnet und stellen daher tatsächliche Verbrauchswerte dar.

Für den Primärenergieaufwand zur Herstellung von Kohlefaser stehen derzeit nur wenige Daten zur Verfügung, die teilweise bis heute unveröffentlicht und daher nicht zitierfähig sind. In dieser Arbeit wurde auf Angaben von Toray Deutschland zurückgegriffen, Weltmarktführer bei der Herstellung von Kohlefasern. Für die Einschätzung dieser Angabe wurden die dem Autor bekannten, seither nicht veröffentlichten, Daten herangezogen.

---

[1] Dieser Nutzen, der im Nutzenkorb definiert wird, ist der im MIPS-Konzept zu Grunde gelegten „Dienstleistungseinheit“ oder der „funktionalen Einheit“ bei der Produkt-Ökobilanz vergleichbar. Siehe hierzu auch die Ausführungen zur Definition des Nutzenkorbs in Kap. 6.4 sowie die Bestimmung des Nutzenkorbs auf Seite 137.

[2] Vgl. [165] sowie die Berechnungen für die Herstellungs- und Nutzungsphase am Ende dieses Kapitels.

6.4 Die Nutzenkorbmethode

Die Bewertung unterschiedlicher Verwertungskonzepte für bestimmte Abfallarten ist deshalb schwierig, weil sich die Endprodukte der Verwertung nicht unmittelbar miteinander vergleichen lassen. So können Altkunststoffe z.B. werkstofflich, thermisch oder rohstofflich verwertet werden. Endprodukte der werkstofflichen Verwertung sind aus Altkunststoff hergestellte Kunststoffflaschen, -folien, -rohre und dergleichen, das Endprodukt der thermischen Verwertung ist Energie. Im Fall der rohstofflichen Verwertung werden petrochemische Rohstoffe zurückgewonnen. Um die unterschiedlichen Verwertungsmöglichkeiten dennoch vergleichen zu können, wird jedes Endprodukt/Gut der zu vergleichenden Verfahren in einen Nutzenkorb eingebracht [105].

So liefern die abfallwirtschaftlichen Optionen für eine faserverstärkte Karosserie auch voneinander abweichende Produkte, Rohstoffe oder Energien. Um die unterschiedlichen Verwertungswege miteinander vergleichen zu können, wurde im Rahmen von [53] die Nutzenkorbmethode[1] angewandt. Um von den verschiedenen abfallwirtschaftlichen Optionen jeweils denselben „Nutzen" zu erhalten und damit eine Vergleichbarkeit der Daten zu schaffen, werden die Nutzenkörbe der abfallwirtschaftlichen Optionen mit dem „Nutzen" der jeweils anderen aufgefüllt. Liefert eine abfallwirtschaftliche Option lediglich Energie in Form von Wärme, ein chemisches Verfahren dagegen Rohstoffe und Wärmeenergie, so wird der Nutzenkorb der ersten Option mit denselben Rohstoffen, wie sie aus dem chemischen Recycling hervorgingen, aufgefüllt. Den dafür notwendigen Erzeugungs- oder Herstellungsprozess nennt man Äquivalenzprozess. Äquivalenzprozesse sind die üblichen Verfahren nach westeuropäischem Standard, mit denen die gleichen Produkte, aber aus Primärressourcen, erzeugt werden. Die aufgefüllten Nutzenkörbe der unterschiedlichen abfallwirtschaftlichen Optionen sind somit alle identisch und deren Verfahren können daher untereinander verglichen werden.

6.4.1 Bestimmung des Nutzenkorbs

Aus den verschiedenen abfallwirtschaftlichen Optionen für eine faserverstärkte Karosserie ergeben sich eine Reihe von Nutzen am Ende des Verwertungsprozesses. Im folgenden wird der Nutzenkorb dargelegt, der sich aus den verschiedenen Recycling- und Verwertungsprozessen sowie der Deponierung ergibt. Abbildung 6.10 zeigt nochmals zusammenfassend und schematisch die wesentlichen Outputs und Rezyklate der möglichen Prozesse, wobei als „Input" jeweils optional glasfaserverstärktes Polyesterharz (UP-GF) und kohlefaserverstärktes Epoxidharz (EP-CF) angenommen wird.

[1] Die Nutzenkorbmethode wurde von Professor Dr.-Ing. Günter Fleischer, Professor für das Fachgebiet Abfallwirtschaft an der TU Berlin, entwickelt und in der Studie „Ökobilanzen zur Verwertung von Altkunststoffen aus Verkaufsverpackungen" erstmals angewandt. Zur Methodik der Nutzenkorbmethode s. [82].

Für die Zusammensetzung des Nutzenkorbs ist die Auswahl der zu untersuchenden Verfahren maßgebend. Da in dieser Arbeit nicht alle Verfahren, die in den vorangegangenen Kapiteln vorgestellt wurden, untersucht werden können, wird an dieser Stelle eine Auswahl der zu untersuchenden Verfahren getroffen, die das Spektrum der Optionen gut abdeckt. Energetisch bilanziert wird:

- die von der Fa. ERCOM Composite Recycling durchgeführte werkstoffliche Verwertung von glasfaserverstärkten Polyesterharzen, die nach Angaben von Herrn Schaefer[1] auch für kohlefaserverstärkte Kunststoffe mit Epoxidmatrix durchführbar ist;
- die thermische Verwertung in Form der Verbrennung von faserverstärkten Kunststoffen, die in kleineren Mengen zusammen mit Hausmüll oder hausmüllähnlichen Gewerbeabfall durchgeführt wird sowie

die thermisch-stoffliche Verwertung in Form der Vergasung. Diese wird derzeit, wie in Kap. 6.5.3 dargestellt, vom US-amerikanischen Unternehmen Environmental Technical Services (ETS) entwickelt und lehnt sich an das Verfahren der Kohlevergasung an. Da die Anlage der ETS zum Zeitpunkt der Erstellung von [53] lediglich im Versuchsmaßstab existierte, wurde an dieser Stelle das von der LAUBAG (ehemals Energiewerke Schwarze Pumpe AG, ESPAG) durchgeführte Verfahren zur Braunkohlevergasung als Vergleichsprozess herangezogen.[2]

Als eine Art Referenzprozess wird die Deponierung von faserverstärkten Kunststoffen dargestellt, die heute noch die häufigste Entsorgungsmethode für faserverstärkte Kunststoffe darstellt. Wie aus der folgenden Abb. 6.11 auf Seite 140 ersichtlich, ergibt sich somit aus den vier abfallwirtschaftlichen Optionen ein Nutzenkorb, der sich qualitativ zusammensetzt aus:

- elektrischem Strom,
- einer Faser-Feinfraktion,
- einer Faserfraktion,
- Synthesegas (vornehmlich H_2 und CO) und
- kurzkettigen Kohlenwasserstoff-Fraktionen.

Die notwendige Vergleichbarkeit der abfallwirtschaftlichen Optionen wird dadurch sichergestellt, dass rein rechnerisch bei allen Verfahren dieselben – oben genannten – Nutzen erhalten werden. Die Outputs der Verfahren und Entsorgungsoptionen, die diese Nutzen nicht liefern, werden mit den entsprechend jeweils hierfür erforderlichen Äquivalenzprozessen ergänzt. Die jeweiligen zu bereitstellenden Nutzen und somit notwendigen Äquivalenzprozesse werden im folgenden ermittelt und quantifiziert.

[1] Geschäftsführer der Fa. ERCOM Composite Recycling GmbH.

[2] Vgl. [141], S. 475.

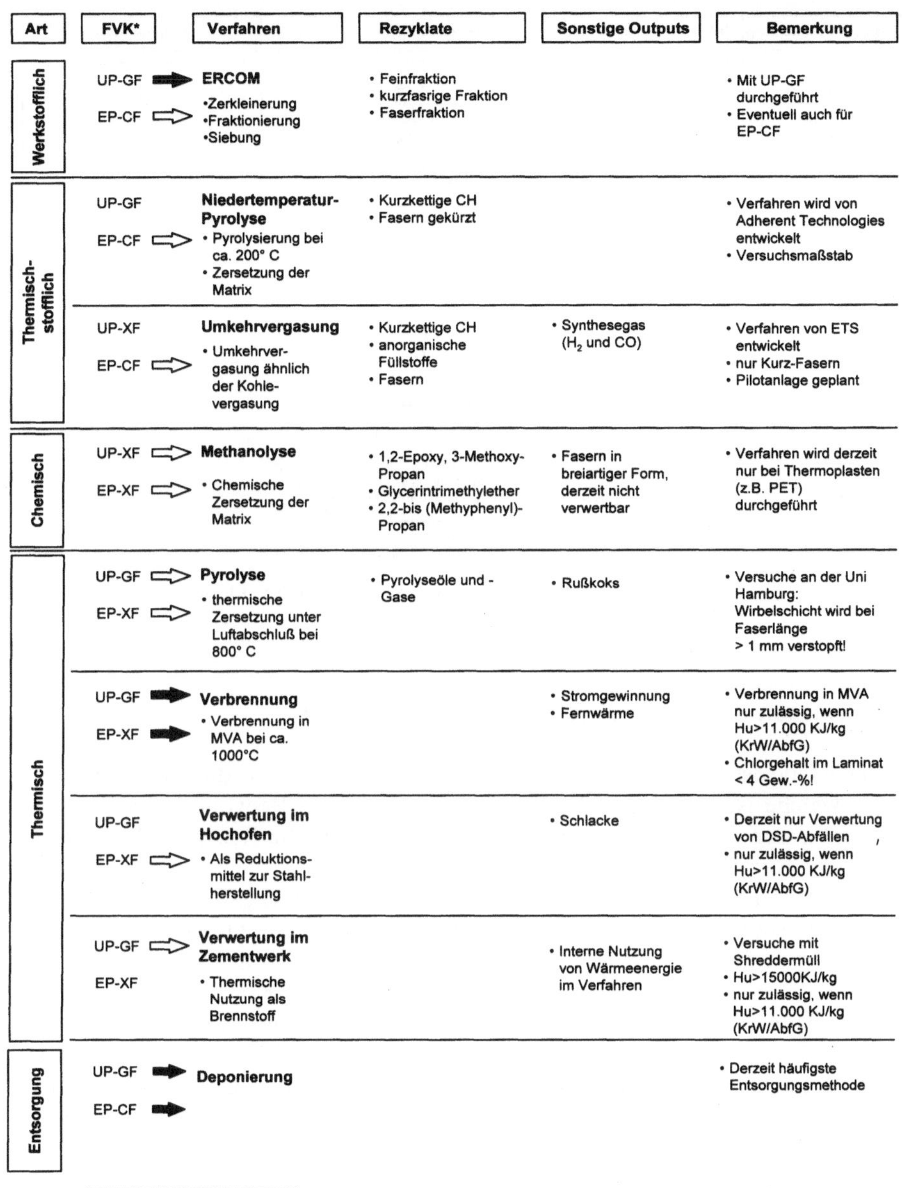

Art	FVK*	Verfahren	Rezyklate	Sonstige Outputs	Bemerkung
Werkstofflich	UP-GF EP-CF	**ERCOM** •Zerkleinerung •Fraktionierung •Siebung	• Feinfraktion • kurzfasrige Fraktion • Faserfraktion		• Mit UP-GF durchgeführt • Eventuell auch für EP-CF
Thermisch-stofflich	UP-GF EP-CF	**Niedertemperatur-Pyrolyse** • Pyrolysierung bei ca. 200° C • Zersetzung der Matrix	• Kurzkettige CH • Fasern gekürzt		• Verfahren wird von Adherent Technologies entwickelt • Versuchsmaßstab
	UP-XF EP-CF	**Umkehrvergasung** • Umkehrvergasung ähnlich der Kohlevergasung	• Kurzkettige CH • anorganische Füllstoffe • Fasern	• Synthesegas (H_2 und CO)	• Verfahren von ETS entwickelt • nur Kurz-Fasern • Pilotanlage geplant
Chemisch	UP-XF EP-XF	**Methanolyse** • Chemische Zersetzung der Matrix	• 1,2-Epoxy, 3-Methoxy-Propan • Glycerintrimethylether • 2,2-bis (Methyphenyl)-Propan	• Fasern in breiartiger Form, derzeit nicht verwertbar	• Verfahren wird derzeit nur bei Thermoplasten (z.B. PET) durchgeführt
Thermisch	UP-GF EP-XF	**Pyrolyse** • thermische Zersetzung unter Luftabschluß bei 800° C	• Pyrolyseöle und -Gase	• Rußkoks	• Versuche an der Uni Hamburg: Wirbelschicht wird bei Faserlänge > 1 mm verstopft!
	UP-GF EP-XF	**Verbrennung** • Verbrennung in MVA bei ca. 1000°C		• Stromgewinnung • Fernwärme	• Verbrennung in MVA nur zulässig, wenn Hu>11.000 KJ/kg (KrW/AbfG) • Chlorgehalt im Laminat < 4 Gew.-%!
	UP-GF EP-XF	**Verwertung im Hochofen** • Als Reduktionsmittel zur Stahlherstellung		• Schlacke	• Derzeit nur Verwertung von DSD-Abfällen • nur zulässig, wenn Hu>11.000 KJ/kg (KrW/AbfG)
	UP-GF EP-XF	**Verwertung im Zementwerk** • Thermische Nutzung als Brennstoff		• Interne Nutzung von Wärmeenergie im Verfahren	• Versuche mit Shreddermüll • Hu>15000KJ/kg • nur zulässig, wenn Hu>11.000 KJ/kg (KrW/AbfG)
Entsorgung	UP-GF EP-CF	**Deponierung**			• Derzeit häufigste Entsorgungsmethode

*XF=CF, GF oder AF   wird praktiziert ➡   Option ⇨

Abb. 6.10. Rezyklate der Recyclingverfahren

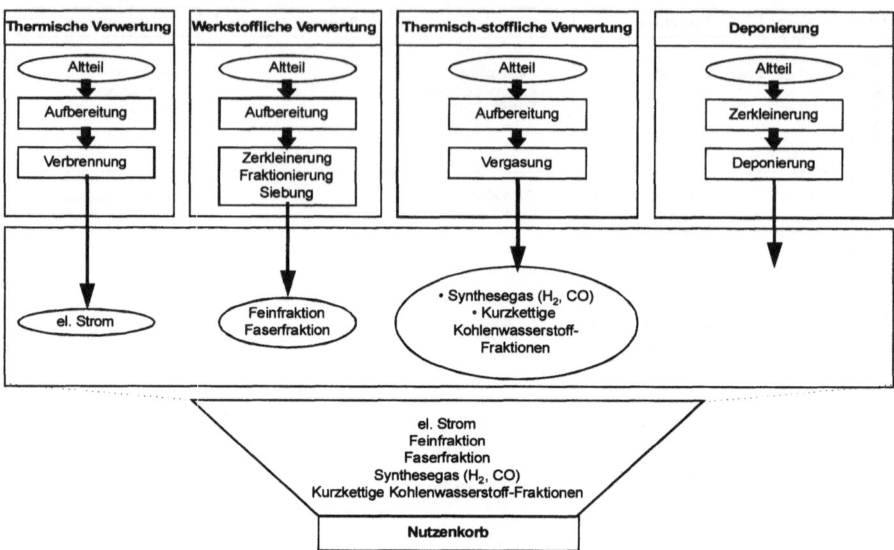

Abb. 6.11. Nutzenkorb für die verschiedenen abfallwirtschaftlichen Optionen

6.4.2 Nutzen der abfallwirtschaftlichen Optionen

Entscheidend ist bei der Berechnung der Aufwendungen für die Äquivalenzprozesse, welche Nutzen durch die bei den verschiedenen Recycling- und Verwertungsprozessen anfallenden Outputs entstehen. So sind die Rezyklate beim werkstofflichen Recycling Feinfraktionen und Faserfraktionen, die aufgrund ihrer Materialeigenschaften in der Regel nicht wieder als Verstärkungsfasern in neuen Faserverbundwerkstoffen verwendet werden können, sondern zumeist als Füllstoffersatz Verwendung finden. Sie substituieren folglich heute neu hergestellte Füllstoffe bei faserverstärkten Kunststoffen, wie z.B. Talkum (Kreide).

Diese substituierten Prozesse sind deshalb bei allen anderen Prozessen – zumeist in Form von Neuproduktion bzw. Bereitstellung der Materialien oder Energien – erforderlich, um denselben Nutzenkorb zu erhalten. Umgekehrt bedeutet dies beispielsweise beim werkstofflichen Recycling u.a. die Bereitstellung derselben Menge Strom, die bei der Verbrennung in Müllverbrennungsanlagen gewonnen werden kann.

In welchen Mengen die bei den abfallwirtschaftlichen Optionen erhaltenen Nutzen tatsächlich anfallen, wird im folgenden für alle untersuchten Verfahren ermittelt und dargestellt.

Nutzen der Verbrennung

Für die Stromerzeugung kann nach dem heutigen Stand der Technik bei Müllverbrennungsanlagen ein elektrischer Wirkungsgrad[1] von ca. $\eta_{el} = 0{,}25$ zu Grunde gelegt werden, der als konstant angenommen wird. Hieraus ergibt sich pro eingesetztem Kilogramm faserverstärkten Kunststoff für jedes kJ des Heizwertes[2] ein Energiegewinn in Form von elektrischem Strom von

$$\begin{aligned} W_{el} &= H_u * \eta_{el} = 12.000\, kJ/kg * 0{,}25 = \\ W_{el} &= 3.000\, kJ/kg \end{aligned} \tag{6.6}$$

Diese Menge muss pro eingesetztem kJ Heizwert des faserverstärkten Kunststoffs in einem konventionellen Dampfkraftwerk bei allen anderen Verfahren erzeugt werden, um eine Vergleichbarkeit der Daten zu gewährleisten.

Nutzen der werkstofflichen Verwertung

Bei der werkstofflichen Verwertung durch den ERCOM-Aufbereitungsprozess entstehen pro Kilogramm FVK nach Angaben der Fa. ERCOM GmbH[3] folgende Fraktionen:

- 40 Gew.-% Feinfraktion,
- 25 Gew.-% Faserfraktion (Compound),
- 20 Gew.-% grobe Faserfraktion sowie
- ca. 15 Gew.-% Restfraktion (Metalle, Inserts).

Die Feinfraktion ersetzt zu 100% Füllstoffe. Dies bedeutet für den Äquivalenzprozess Füllstoffbereitstellung eine Menge von 0,4 kg.

Daneben substituieren das Compound und die grobe Faserfraktion in der aktuell betriebenen Anlage Primär-Glas. Hierbei ist zu beachten, dass je nach Anwendung 100% Rezyklatware nur 30% Primärglas substituieren kann. Da in dieser Bilanz kohlefaserverstärkte Kunststoffe betrachtet werden, wird davon ausgegangen, dass im Falle von CFK das Compound und grobe Faserfraktion Primärkohlefaser in selbem Verhältnis substituieren. Bei einem Anteil von zusammen 45 Gew.-% (Compound und grobe Faserfraktion) und einem Substituierungsgrad von 30%[4] ergibt sich somit eine Menge an Kohlefaser von:

$$m_{Kohlefaser} = 1kg * 0{,}3 * 0{,}45 = 0{,}135\, kg \tag{6.7}$$

[1] Die für die Wirkungsgrade bei der Verbrennung angenommenen Daten sind der Verbrennungsanlage der Abfallwirtschaftsgesellschaft Wuppertal entnommen, die eine moderne Müllverbrennungsanlage für die Kreise Wuppertal und Remscheid betreibt. Die Wirkungsgrade entsprechen MVA's mit modernen Rauchgasreinigungsanlagen, die einen wesentlichen Energiebedarf in der Anlage beanspruchen.

[2] Bei der Berechnung wird ein Heizwert von 12 MJ/kg angenommen.

[3] Angabe durch Herrn Dipl.-Ing. Steffen Fischer, ERCOM GmbH vom 15.12.1997.

[4] Angabe durch Herrn Dipl.-Ing. Steffen Fischer, ERCOM GmbH vom 15.12.1997.

Neben den o.g. Substitutionen ist zu beachten, dass für die Substitution des selben Volumens an Primärfüllstoffen durch die Feinfraktion wegen deren geringeren Dichte Gewicht eingespart werden kann. Dies führt v.a. bei Bauteilen im Automobilbereich zu Einsparungen von Kraftstoff während der Nutzungsphase. Der daraus resultierende positive Effekt wird hier bei der Berechnung vernachlässigt, da es sich hier zum einen voraussichtlich nicht um signifikante Gewichtseinsparungen handelt und aufgrund der bei allen Verfahren gleichermaßen gezogenen Systemgrenze innerhalb der Entsorgungsphase nicht betrachtet werden kann.

Nutzen der thermisch-stofflichen Verwertung

Bei der thermisch-stofflichen Verwertung entsteht Synthesegas und Entspannungsgas. Für das Synthesegas gilt:

$$\frac{\dot{m}_{Synthesegas}}{\dot{m}_{Bruchbrikett}} = \frac{15{,}76\, t_{Synthesegas}\, h}{24{,}00\, t_{Bruchbrikett}\, h} \Leftrightarrow$$
$$\frac{m_{Synthesegas}}{m_{Bruchbrikett}} = \frac{0{,}66\, t_{Synthesegas}}{t_{Bruchbrikett}} \Leftrightarrow 0{,}66 \frac{kg_{Synthesegas}}{kg_{Bruchbrikett}} \tag{6.8}$$

Bei einer Dichte von

$$\rho_{Synthesegas} = 0{,}606 \frac{kg}{m^3} \Leftrightarrow \frac{1}{\rho_{Synthesegas}} = 1{,}65 \frac{m^3}{kg} \tag{6.9}$$

ergibt sich somit

$$\frac{V_{Synthesegas}}{m_{Bruchbrikett}} = \frac{0{,}66\, kg_{Synthesegas}}{kg_{Bruchbrikett}} * \frac{1{,}65\, m^3{}_{Synthesegas}}{kg_{Synthesegas}} =$$
$$\frac{V_{Synthesegas}}{m_{Bruchbrikett}} = 2{,}73 \frac{m^3{}_{Synthesegas}}{kg_{Bruchbrikett}} \tag{6.10}$$

Ebenso ergibt sich für das Entspannungsgas

$$\frac{\dot{m}_{Entspannungsgas}}{\dot{m}_{Bruchbrikett}} = \frac{20{,}75\, t_{Entspannungsgas}\, h}{24{,}00\, t_{Bruchbrikett}\, h} =$$
$$\frac{m_{Entspannungsgas}}{m_{Bruchbrikett}} = 0{,}86 \frac{t_{Entspannungsgas}}{t_{Bruchbrikett}} \Leftrightarrow 0{,}86 \frac{kg_{Entspannungsgas}}{kg_{Bruchbrikett}} \tag{6.11}$$

bei einer Dichte von

$$\rho_{Entspannungsgas} = 1{,}84 \frac{kg}{m^3} \Leftrightarrow \frac{1}{\rho_{Entspannungsgas}} = 0{,}54 \frac{m^3}{kg} \tag{6.12}$$

eine Menge

$$\frac{V_{Entspannungsgas}}{m_{Bruchbrikett}} = \frac{0{,}86\,kg_{Entspannungsgas}}{kg_{Bruchbrikett}} * \frac{0{,}54\,m^3{}_{Entspannungsgas}}{kg_{Entspannungsgas}} = \qquad (6.13)$$

$$\frac{V_{Entspannungsgas}}{m_{Bruchbrikett}} = 0{,}4\,\frac{m^3{}_{Entspannungsgas}}{kg_{Bruchbrikett}}$$

Nutzen der Deponierung

Die Deponierung der faserverstärkten Kunststoffe liefert keinen Nutzen. Somit sind bei der Ermittlung des kumulierten Energieaufwands sämtliche Äquivalenzprozesse zu berücksichtigen.

6.4.3 Äquivalenzprozesse der abfallwirtschaftlichen Optionen

Um eine Vergleichbarkeit der energetischen Aufwendungen aller abfallwirtschaftlichen Optionen zu gewährleisten, werden bei allen Prozessen die Aufwendungen für sogenannte Äquivalenzprozesse addiert, die für denselben Nutzen bei den jeweiligen Prozessen erforderlich sind. Nachfolgend sind die energetischen Aufwendungen der Äquivalenzprozesse zur Bereitstellung der im vorangegangenen Kapitel ermittelten Nutzen dargestellt.

Äquivalenzprozess der Verbrennung

Bei der Verbrennung der faserverstärkten Kunststoffe wird in der Müllverbrennungsanlage elektrischer Strom gewonnen. Dieser muss bei allen anderen abfallwirtschaftlichen Optionen konventionell erzeugt werden. Als den zur Verbrennung äquivalenten Prozess wird hier die Stromerzeugung in einem modernen Gas- und Dampfkraftwerk (GuD) angenommen.

Da die Verwertung von faserverstärkten Kunststoffen einer Pkw-Karosserie in größeren Mengen eher eine zukünftige Entwicklung darstellen dürfte, soll an dieser Stelle der Äquivalenzprozess mit den sich nach Meinung von Energieexperten vermehrt durchsetzenden Gas-GuD-Kraftwerken erfolgen. Bei modernen Anlagen dieses Kraftwerkstyps in der Größenordnung ab 100 MW_{el} liegen die elektrischen Wirkungsgrade heute bereits zwischen 55% und 58%. Legt man – wegen der sicherlich fortschreitenden Innovation – den oberen Wert dieser Spannbreite als Wirkungsgrad von $\eta_{el} = 0{,}58$ zu Grunde, so benötigt man für die Gewinnung von 3000 kJ elektrischer Energie einen Primärenergieeinsatz W_{Input} von:

$$W_{el} = \eta_{el} * W_{input} \Rightarrow W_{input} = \frac{W_{el}}{\eta_{el}} = \frac{3000\,kJ}{0{,}58}$$
$$W_{input} = 5160\,kJ \qquad (6.14)$$

Für den Äquivalenzprozess Dampferzeugung in modernen Gas- und Dampfkraftwerken ergibt sich demnach ein Energieaufwand von ca. 5160 kJ an Primärenergie.

Äquivalenzprozess der werkstofflichen Verwertung

Feinfraktion als Füllstoff. Die beim werkstofflichen Recycling gewonnenen Feinfraktionen substituieren im wesentlichen Füllstoffe, da sie aufgrund ihrer mechanischen Eigenschaften nicht wieder als Verstärkungsfasern in neuen Verbundwerkstoffen in Form von Lang- bzw. Endlosfasern eingesetzt werden können. Als Füllstoff wird in heutigen Kunststoffen vorwiegend Talkum (Kreide) verwendet. Ein möglicher Äquivalenzprozess ist daher die Herstellung von Kalkmehl/Dolomitmehl. Die Daten hierzu stammen aus einer Materialintensitätsanalyse, die das Wuppertal Institut für Klima, Umwelt, Energie durchgeführt hat.[1] Die vorgelagerten Prozessketten, wie z.B. die Kalkstein/Dolomit-Bereitstellung wurden – wie bei den anderen Prozessketten – auch hier nicht berücksichtigt.

Zur Aufbereitung von einer Tonne Kalkmehl/Dolomitmehl zu Füllstoff werden insgesamt 103,1 kWh elektrischer Strom sowie 39,00 MJ thermischer Energie[2] benötigt. Rechnet man den elektrischen Strom in Primärenergie um, so ergibt sich pro Tonne:

$$W_{el,primär} = W_{el,End} / \eta_{Strommix,D} \Leftrightarrow$$
$$W_{el,primär} = 103{,}1\,kWh/t * 3{,}6\frac{MJ}{kWh} * \frac{1}{0{,}382} \Leftrightarrow \qquad (6.15)$$
$$W_{el,primär} = 976{,}34\,MJ/t$$

Dies entspricht einem Energieaufwand von 976,34 kJ/kg. Insgesamt beläuft sich demnach der Energieaufwand für die Herstellung von einem kg Kalkmehl bzw. Dolomitmehl auf:

$$W_{ges,Füllstoff} = W_{el,primär} + W_{th} \Leftrightarrow$$
$$W_{ges,Füllstoff} = 976{,}34\,kJ + 39\,kJ \Leftrightarrow \qquad (6.16)$$
$$W_{ges,Füllstoff} = 1015{,}34\,kJ$$

---

[1] Vgl. Daten zur Prozesskette: Kalkmehl/Dolomitmehl, Auskunft von Dipl.-Ing. Hartmut Stiller, Projektleiter am Wuppertal Institut für Klima, Umwelt, Energie. Daten vom 20.03.1997.

[2] Hierbei bleiben die Transportvorgänge unberücksichtigt.

Somit ergibt sich ein energetischer Aufwand für die Bereitstellung von 0,4 kg Füllstoff:

$$\begin{aligned} W_{Füllstoff,Äquivalenz} &= 0{,}4\,kg * 1015{,}34 \frac{kJ}{kg} \Leftrightarrow \\ W_{Füllstoff,Äquivalenz} &= 406{,}14\,kJ \end{aligned} \tag{6.17}$$

Substitution von Kohlefaser. Außerdem fallen bei der werkstofflichen Verwertung noch die grobe Faserfraktion sowie das Compound (Faserfraktion) an, die im Falle von GFK Primär-Glasfaser substituieren. Da in dieser Rechnung kohlefaserverstärkte Kunststoffe bilanziert werden, ersetzen die gewonnene Faserfraktion und das Compound Primär-Kohlefasern. Für die Substitution von Kohlefaser wird hier auf Angaben zum Primärenergieaufwand von Toray Deutschland[1] zurückgegriffen. Demnach ist für die Herstellung von einem kg Kohlefaser ein primärenergetischer Aufwand von

$$W_{primär,Kohlefaser} = 280 - 340 MJ / kg \tag{6.18}$$

erforderlich[2]. Nach Berechnungen des Wuppertal Instituts ist selbst der obere Wert (340 MJ/kg) noch als zu niedrig einzustufen.[3] Da aber andere Berechnungen wesentlich niedrigere Angaben zum Primärenergieaufwand für die Herstellung von Kohlefaser zum Ergebnis haben[4], kann 340 MJ/kg als Mittelwert angenommen und in dieser Berechnung zu Grunde gelegt werden.[5]

Der in Kap. 6.4.2 ermittelte Nutzen in Höhe von 0,135 kg Kohlefaser je kg rezykliertem faserverstärkten Kunststoff[6] hat demzufolge einen energetischen Aufwand zur Folge:

$$\begin{aligned} W_{Kohlefaser,Äquivalenz} &= 0{,}135\,kg * 340.000 \frac{kJ}{kg} \Leftrightarrow \\ W_{Kohlefaser,Äquivalenz} &= 45.900\,kJ \end{aligned} \tag{6.19}$$

1 Toray Deutschland ist Weltmarktführer bei der Herstellung von Kohlefasern. Bis heute gibt es nur wenige veröffentlichte Angaben zum Primärenergieaufwand von Kohlefaser.

2 Angabe von Dr. Karl (Toray Deutschland).

3 Mitteilung von Dipl.-Ing. Hartmut Stiller, Projektleiter am Wuppertal Institut für Klima, Umwelt, Energie, vom 09.01.1998.

4 Beispielsweise hat das Institut für Kunststoffkunde und Kunststoffprüfung, IKP Stuttgart in einer zum Zeitpunkt des Erscheinens von [53] noch nicht veröffentlichten Promotionsarbeit einen Wert von unter 200 MJ/kg errechnet.

5 Vgl. hierzu auch Kap. 3.1.1, in dem der gewichtsinduzierte Kraftstoffminderverbrauch dem Aufwand für die Herstellung der Kohlefaser für einen Pkw berechnet wurde, welcher der in [165] beschriebenen Auslegung entspricht.

6 Vgl. Gl. 6.7.

Durch Addition der beiden Aufwände für den Füllstoff und die Kohlefaser ergibt sich insgesamt für den Äquivalenzprozess der Substitution von Füllstoff/Kohlefaser

$$W_{Füllstoff\,/\,Kohlefaser} = 46.306{,}14\,kJ \tag{6.20}$$

Äquivalenzprozess der thermisch-stofflichen Verwertung

Bei dem als Vergleichsprozess herangezogenen Verfahren der LAUBAG entstehen u.a. kurzkettige Kohlenwasserstoffe und Synthesegase. Diese Gase substituieren jeweils Erdgas. Der Äquivalenzprozess der thermisch-stofflichen Verwertung ist somit die Bereitstellung derselben Menge Energie durch Erdgas. Es wird an dieser Stelle auf die Prozessdaten der Studie „Gesamt-Emissions-Modell Integrierter Systeme" (GEMIS) des Öko-Instituts zurückgegriffen [101].

Fritsche et al. geben für die Bereitstellung von Erdgas für den Import-Mix einen Faktor von

$$\frac{T_{primär}}{T_{end}} = 1{,}07 \tag{6.21}$$

an. Dieser beinhaltet jedoch auch den überregionalen Transport in der Hochdruck-Pipeline des kontinentalen Transportsystems über eine mittlere Transportdistanz von 250 km.[1] Da bei anderen Prozessen diese vorgelagerten Transporte nicht berücksichtigt werden, wird für die Bereitstellung von Erdgas an dieser Stelle vereinfachend ein Faktor

$$\frac{T_{primär}}{T_{end}} = 1{,}0 \tag{6.22}$$

angenommen. Daher ist für jedes kJ Energie, das durch Synthesegas und den kurzkettigen Kohlenwasserstoffen bereitgestellt wird, jeweils dieselbe Menge an Energie für die Bereitstellung durch Erdgas notwendig. Im vorangegangenen Kapitel ist als Nutzen der thermisch-stofflichen Verwertung ein Volumen von 2,73 m³ Synthesegas ermittelt worden. Der Heizwert des Synthesegases beträgt

$$H_{u,Synthesegas} = 14.256\,kJ\,/\,m^3. \tag{6.23}$$

Daraus ergibt sich eine Energiemenge von

$$\begin{aligned} W_{Synthesegas} &= 14.256\,kJ\,/\,m^3 * 2{,}73\,m^3\,/\,kg_{Bruchbrikett} = \\ W_{Synthesegas} &= 38.816\,kJ\,/\,kg_{Bruchbrikett} \end{aligned} \tag{6.24}$$

---

[1] Vgl. [101].

Ebenso werden durch die thermisch-stoffliche Verwertung 0,4 m³ Entspannungsgas gewonnen. Der Heizwert des Entspannungsgases wiederum beträgt

$$H_{u,Entspannungsgas} = 3.719\,kJ / m^3. \tag{6.25}$$

Somit erhält man abschließend eine Energiemenge von

$$\begin{aligned} W_{Entspannungsgas} &= 3.719\,kJ / m^3 * 0{,}4\,m^3 / kg_{Bruchbrikett} = \\ W_{Entspannungsgas} &= 1.495\,kJ / kg_{Bruchbrikett} \end{aligned} \tag{6.26}$$

Umgerechnet auf den niedrigeren Heizwert von faserverstärktem Kunststoff ergibt sich für die beiden Energien beim Verfahren von ETS:

$$\begin{aligned} W_{Synthesegas,ETS} &= \frac{H_{u,FVK}}{H_{u,Bruchbrikett}} * W_{Synthesegas} \Leftrightarrow \\ W_{Synthesegas,ETS} &= \frac{12.000\,kJ/kg_{FVK}}{19.000\,kJ / kg_{Bruchbrikett}} * 38.816\,kJ / kg_{Bruchbrikett} \Leftrightarrow \\ W_{Synthesegas,ETS} &= 24.515\,kJ / kg_{FVK} \end{aligned} \tag{6.27}$$

Für das Entspannungsgas (kurzkettige Kohlenwasserstoffe) gilt entsprechend:

$$\begin{aligned} W_{Entspannungsgas,ETS} &= \frac{H_{u,FVK}}{H_{u,Bruchbrikett}} * W_{Entspannungsgas} \Leftrightarrow \\ W_{Entspannungsgas,ETS} &= \frac{12.000\,kJ/kg_{FVK}}{19.000\,kJ / kg_{Bruchbrikett}} * 1.495\,kJ / kg_{Bruchbrikett} \Leftrightarrow \\ W_{Entspannungsgas,ETS} &= 944{,}2\,kJ / kg_{FVK} \end{aligned} \tag{6.28}$$

Da sowohl das Synthesegas als auch die Kohlenwasserstoffe Erdgas substituieren, können beide Energien addiert werden. Die thermisch-stoffliche Verwertung ergibt somit einen energetischen Nutzen pro Kilogramm faserverstärktem Kunststoff in Höhe von

$$\begin{aligned} W_{ges,ETS} &= W_{Synthesegas,ETS} + W_{Entspannungsgas,ETS} \Leftrightarrow \\ W_{ges,ETS} &= 24.515\,kJ + 944\,kJ = \\ W_{ges,ETS} &= 25.459\,kJ. \end{aligned} \tag{6.29}$$

Diese Energie muss bei allen anderen abfallwirtschaftlichen Optionen durch Erdgas bereitgestellt und der hierfür erforderliche Äquivalenzprozess berücksichtigt werden.

6.5 Energetische Bilanzierung

6.5.1 Verbrennung

Bei der Verbrennung wird der Prozess von der Einbringung des Brennstoffs in die Verbrennungsanlage bis zur Stromerzeugung betrachtet. Vorgeschaltete und interne Transportvorgänge werden hierbei vernachlässigt. Die notwendigen Äquivalenzprozesse ergeben sich – wie in Abb. 6.12 ersichtlich – aus der Herstellung der Füllstoffe und Kohlefasern sowie der Bereitstellung von Erdgas.

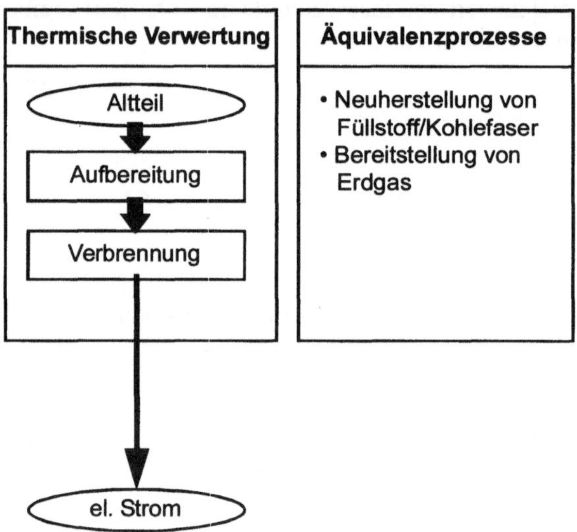

Abb. 6.12. Thermische Verwertung und Äquivalenzprozesse

Die Verbrennung von faserverstärkten Kunststoffen erfolgt heute zumeist gemeinsam mit Hausmüll oder hausmüllähnlichen Gewerbeabfällen. Der für die Verbrennung maßgebliche Energiegehalt der faserverstärkten Kunststoffe wird mit 12.000 kJ/kg festgelegt. Dies ist sicherlich eine konservative Annahme, stellt jedoch sicher, dass auch faserverstärkte Kunststoffe mit hohem anorganischen Anteil an Fasern und Füllstoffen berücksichtigt werden und ergibt sich aus:

$$H_u = 30.000 \frac{kJ}{kg} \tag{6.30}$$

für Epoxidharz. Bei einem angenommenen maximalen anorganischen Fasergehalt von 60% sinkt der Heizwert dementsprechend auf

$$H_u = 12.000 \frac{kJ}{kg} \tag{6.31}$$

Der gesamte Energieeintrag in die MVA kann somit vereinfachend ohne Berücksichtigung der Transportenergie mit dem Energieeintrag des Mülls – hier in Form von faserverstärkten Kunststoffen – angenommen werden.[1]

Unter Berücksichtigung des für eine thermische Verwertung erforderlichen Energieaufwands für die Äquivalenzprozesse ergibt sich demnach ein kumulierter Energieaufwand, der in der folgenden Tabelle zusammengefasst wird.

Tabelle 6.4. Kumulierter Energieaufwand der thermischen Verwertung

Verwertung	Äquivalenzprozess	KEA [kJ]
Stromerzeugung		12.000
	Herstellung von Füllstoff/Kohlefaser	46.306
	Bereitstellung von Erdgas	25.459
KEA der thermischen Verwertung		83.765

Nachfolgende Abb. 6.13 zeigt nochmals die Verteilung des Kumulierten Energieaufwands auf die einzelnen Prozessschritte und Äquivalenzprozesse.

6.5.2 Werkstoffliche Verwertung

Die bei der werkstofflichen Verwertung bilanzierten Prozessstufen sind:

- die mobile Vor-Zerkleinerung des FVK durch einen Shredder,
- die Trennung der metallischen und nichtmetallischen Inserts mittels Magnetabscheidern sowie Ventilatoren, Antriebe und sonstige elektrische Verbraucher,
- die stationäre Zerkleinerung in der Hammermühle,
- die Trocknung des Materials,
- die Windsichtung und
- Siebung in verschiedene Rezyklatfraktionen.

Hinzu kommen die für die werkstoffliche Verwertung zu bilanzierenden Äquivalenzprozesse, die aus Abb. 6.14 hervorgehen.

[1] Vgl. hierzu auch [72], S. 34. Dort wird der Energieaufwand für die Transporte als Anteil am Gesamtenergieeintrag von lediglich 2% ausgewiesen.

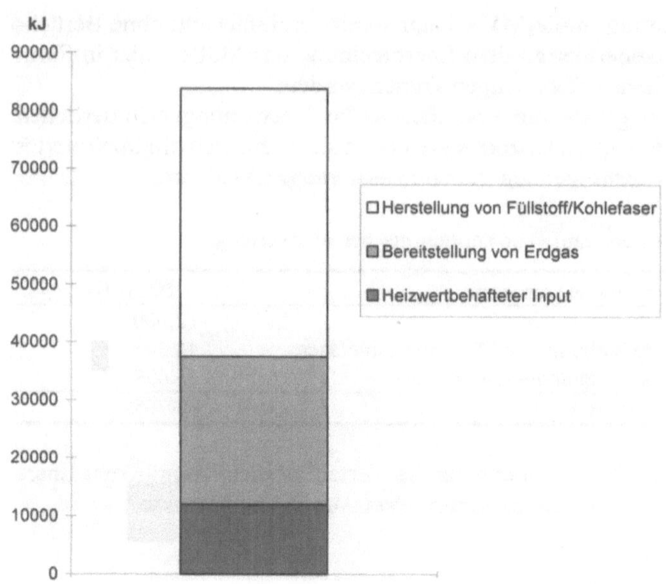

Abb. 6.13. Kumulierter Energieaufwand der thermischen Verwertung

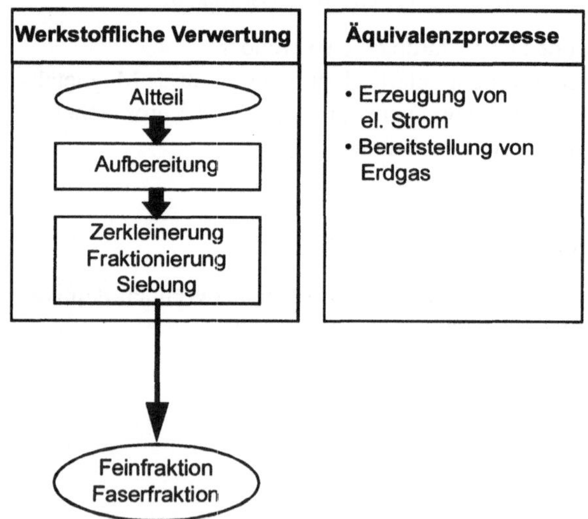

Abb. 6.14. Werkstoffliche Verwertung und Äquivalenzprozesse

Die für die Bilanzierung notwendigen energetischen Daten stammen von der Fa. ERCOM. Sie wurden aus den Strom- und Gaskosten auf die einzelnen Aufbereitungsstufen umgelegt und freundlicherweise zur Verfügung gestellt.[1] Für den Input wird, wie bei allen bilanzierten Verfahren, der Heizwert

$$H_u = 12.000 \frac{kJ}{kg} \tag{6.32}$$

als Eingangsgröße berücksichtigt.

Für die mobile Vorzerkleinerung ergibt sich nach Angaben vor ERCOM[2] ein energetischer Aufwand von

$$W_{Shredder,End} = 0{,}0625 \frac{kWh}{kg} \tag{6.33}$$

Umgerechnet in kJ und primärenergetisch mit einem Wirkungsgrad für die Strombereitstellung von $\eta_{\text{Strommix, D}} = 38{,}2\%$[3] bewertet, ergibt sich

$$\begin{aligned} W_{Shredder,primär} &= 0{,}0625 \frac{kWh}{kg} * 3600 \frac{kJ}{kWh} / 0{,}382 \Leftrightarrow \\ W_{Shredder,primär} &= 589 \frac{kJ}{kg} \end{aligned} \tag{6.34}$$

Bei der anschließenden Abtrennung aller magnetischen Teile wird bei der Berechnung auch der energetische Aufwand der Motoren, Ventilatoren und sonstiger elektrischer Kleinverbraucher berücksichtigt. Hierbei ergibt sich ein Endenergieaufwand von

$$W_{el,Magnetabscheider} = 0{,}106 \frac{kWh}{kg} \tag{6.35}$$

Ebenfalls in kJ umgerechnet und primärenergetisch bewertet ergibt sich für die Metallabscheidung

$$\begin{aligned} W_{Magnetabscheider,primär} &= 0{,}106 \frac{kWh}{kg} * 3600 \frac{\text{kJ}}{\text{kWh}} / 0{,}382 \Leftrightarrow \\ W_{Magnetabscheider,primär} &= 999 \frac{kJ}{kg} \end{aligned} \tag{6.36}$$

Für die nachfolgend mit einer Hammermühle durchgeführte Zerkleinerung der faserverstärkten Kunststoffe beläuft sich der Aufwand an elektrischer Energie pro kg FVK auf

---

[1] Hierfür wurde ein Strompreis von 16 Pf/kWh und ein Gaspreis von 4 Pf/kWh zu Grunde gelegt.

[2] Persönliche Auskunft von Herrn Dipl.-Ing. Steffen Fischer (ERCOM GmbH) vom 15.12.1997.

[3] Quelle: [135].

$$W_{el,Hammermühle} = 0{,}085 \frac{kWh}{kg} \tag{6.37}$$

und somit

$$\begin{aligned} W_{Hammermühle,primär} &= 0{,}085 \frac{kWh}{kg} * 3600 \frac{kJ}{kWh} / 0{,}382 \Leftrightarrow \\ W_{Hammermühle,primär} &= 801 \frac{kJ}{kg} \end{aligned} \tag{6.38}$$

Das Material wird im weiteren Verlauf getrocknet. Dies erfordert einen Aufwand an thermischer Energie in Höhe von ca.

$$W_{th,Trocknung} = 0{,}2 \frac{\text{kWh}}{\text{kg}} \tag{6.39}$$

Für den Bereitstellungswirkungsgrad wird wieder auf die Prozessdaten der Studie „Gesamt-Emissions-Modell Integrierter Systeme" (GEMIS) des Öko-Instituts zurückgegriffen [101]. Fritsche et al. geben für die Bereitstellung von Erdgas hierin einen Faktor von

$$\frac{T_{primär}}{T_{end}} = 1{,}07 \tag{6.40}$$

an. Es wird – wie bereits dargestellt – vereinfachend ein Faktor 1,0 angenommen. Somit erhält man primärenergetisch bewertet für die Trocknung

$$\begin{aligned} W_{th,Trocknung,primär} &= 0{,}2 \frac{\text{kWh}}{\text{kg}} * 3600 \frac{kJ}{kWh} / 1 \Leftrightarrow \\ W_{th,Trocknung,primär} &= 720 \frac{kJ}{kg} \end{aligned} \tag{6.41}$$

Die Windsichtung und Siebung in die verschiedenen Rezyklatfraktionen schließt den ERCOM-Wiederaufbreitungsprozess ab. Diese Prozessstufen erfordern nochmals den Einsatz von

$$W_{el,Windsichtung} = 0{,}0125 \frac{kWh}{kg} \tag{6.42}$$

und

$$W_{el,Siebung} = 0{,}0085 \frac{kWh}{kg} \tag{6.43}$$

an elektrischer Energie. Jeweils primärenergetisch bewertet ergibt sich abschließend

$$
\begin{aligned}
W_{Windsichtung,primär} &= 0{,}0125\,\frac{kWh}{kg} * 3600\,\frac{kJ}{kWh} / 0{,}382 \Leftrightarrow \\
W_{Windsichtung,primär} &= 117{,}8\,\frac{kJ}{kg}
\end{aligned}
\tag{6.44}
$$

sowie

$$
\begin{aligned}
W_{Siebung,primär} &= 0{,}0085\,\frac{kWh}{kg} * 3600\,\frac{kJ}{kWh} / 0{,}382 \Leftrightarrow \\
W_{Siebung,primär} &= 80{,}1\,\frac{kJ}{kg}
\end{aligned}
\tag{6.45}
$$

Der für den ERCOM-Wiederaufbereitungsprozess erforderliche Primärenergieaufwand beläuft sich somit summierend auf

$$
\begin{aligned}
W_{ERCOM,primär} &= H_u + W_{Shredder,primär} + W_{Magnetabscheider,primär} \\
&\quad + W_{Hammermühle,primär} + W_{th,Trocknung,primär} \\
&\quad + W_{Windsichtung,primär} + W_{Siebung,primär} \Leftrightarrow \\
W_{ERCOM,primär} &= 12.000\,\frac{kJ}{kg} + 589\,\frac{kJ}{kg} + 999\,\frac{kJ}{kg} \\
&\quad + 801\,\frac{kJ}{kg} + 720\,\frac{kJ}{kg} + 117{,}8\,\frac{kJ}{kg} + 80{,}1\,\frac{kJ}{kg} \Leftrightarrow \\
W_{ERCOM,primär} &= 15.306{,}9\,\frac{kJ}{kg}
\end{aligned}
\tag{6.46}
$$

Für die werkstoffliche Verwertung sind nun noch die Äquivalenzprozesse für die Stromerzeugung sowie für die Bereitstellung von Erdgas zu berücksichtigen, wie sie in den vorangegangenen Kapiteln berechnet wurden (Gln. 6.14 und 6.29).

Für die werkstoffliche Verwertung der faserverstärkten Kunststoffe ergibt sich mit Berücksichtigung der Energieaufwendungen für die Äquivalenzprozesse zusammenfassend folgender kumulierter Energieaufwand:

Tabelle 6.5. Kumulierter Energieaufwand der werkstofflichen Verwertung

Verwertung	Äquivalenzprozess	KEA [kJ]
	Stromerzeugung	5.160
Werkstoffliches Recycling		15.306
	Bereitstellung von Erdgas	25.459
KEA der werkstofflichen Verwertung		45.925

6.5.3 Thermisch-stoffliche Verwertung

Wie bereits erwähnt, wird für die thermisch-stoffliche Verwertung der Umkehrvergasung der Vergleichsprozess Vergasung von Kohle durch die LAUBAG AG[1] herangezogen. Der Prozess ähnelt stark dem Vergasungsverfahren, wie es die Environmental Technical Services, ETS für die Verwertung von faserverstärkten Kunststoffen plant.[2] Das Verfahren arbeitet nach den Prinzipien Festbettdruckvergasung und Öldruckvergasung. Die Daten für die energetische Bilanzierung dieses Verfahrens stammen aus [72], einem Gutachten zur energetischen Bewertung von Verfahren zur rohstofflichen Verwertung von Altkunststoffen.

Bei der Anlage der ETS für faserverstärkte Kunststoffe kommt die mechanische Sortierung der Fasern in einzelne Fraktionen hinzu, ebenso Shredder und Hammermühle zur Kompaktierung und Aufbereitung der faserverstärkten Kunststoffe. Hier wird auf Daten aus dem ERCOM-Aufbereitungsverfahren zurückgegriffen.

Für die thermisch-stoffliche Verwertung ergibt sich ein zu berücksichtigender Äquivalenzprozess in Form der Erzeugung elektrischen Stroms sowie der Neuherstellung von Füllstoff/Epoxidharz, wie nachfolgende Abb. 6.16 zeigt. Zuvor nochmals die Darstellung des Kumulierten Energieaufwands der werkstofflichen Verwertung (Abb. 6.15).

Die für die Kohlevergasung gesamte benötigte Energie beziffern Ebert et al. auf ca. 23.000 kJ/kg Braunkohle.[3] Diese beinhaltet sowohl den Energieeintrag durch den Heizwert der Braunkohle als auch in Form von Dampf, elektrischer Energie für die Sauerstofferzeugung und den Bedarf für die Anlagen und setzt sich wie folgt zusammen:

$$\begin{aligned} H_{u,Braunkohle} &= 19.000\ kJ/kg \\ W_{th,Dampf} &= 3.400\ kJ/kg \\ W_{el,Sauerstoff} &= 388\ kJ/kg \\ W_{el,Anlagen} &= 492\ kJ/kg \end{aligned} \tag{6.47}$$

Als Heizwert wird hier ebenfalls

$$H_u = 12.000 \frac{kJ}{kg} \tag{6.48}$$

des faserverstärkten Kunststoffs angenommen.

[1] Vormals ESPAG, Energiewerke Schwarze Pumpe AG.

[2] Vgl. [260], S. 54. Hier verweisen die Autoren darauf, dass sich das Verfahren nicht wesentlich von dem der Kohlevergasung unterscheidet.

[3] Vgl. [72], S. 26.

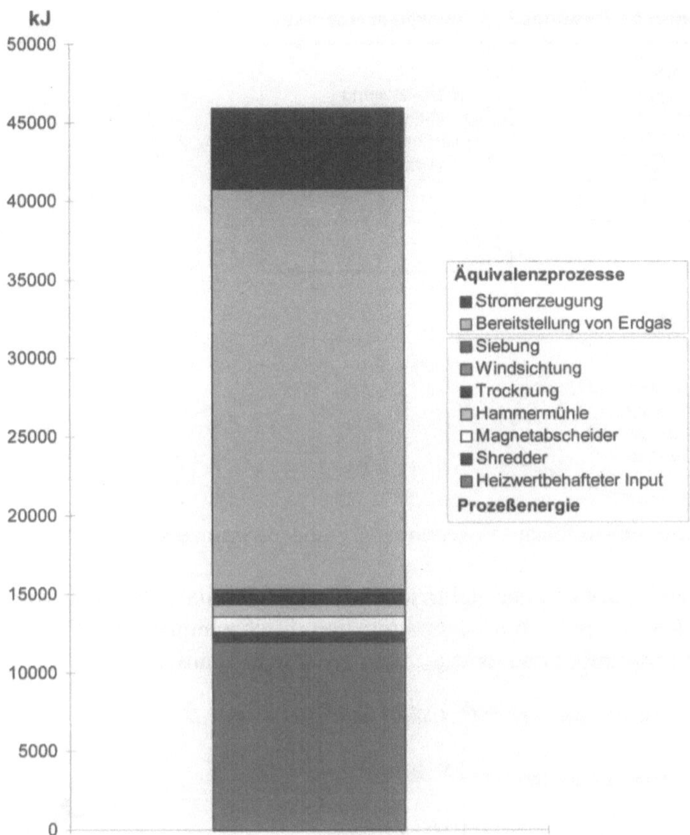

Abb. 6.15. Kumulierter Energieaufwand der werkstofflichen Verwertung

Die elektrische Endenergie muss in Primärenergie umgerechnet werden. Ebenso die bereitgestellte Energie in Form von Dampf. Für den Dampfumwandlungsprozess wird hier ein Wirkungsgrad von $\eta_{Dampf} = 0{,}75$ angenommen. Dies entspricht dem heutigen Stand der Technik und kann als Mittelwert bei heute üblichen Umwandlungsverfahren angesetzt werden.[1] Der Primärenergieaufwand für die Dampfbereitstellung beläuft sich somit auf

$$W_{primär,Dampf} = 3.400\,kJ/kg * \frac{1}{0{,}75} = \qquad (6.49)$$
$$W_{primär,Dampf} = 4533\,kJ/kg$$

[1] Persönliche Auskunft von Dipl.-Ing. Dirk Wolters, Energieexperte am Wuppertal-Institut für Klima, Umwelt, Energie vom 03.12.1997.

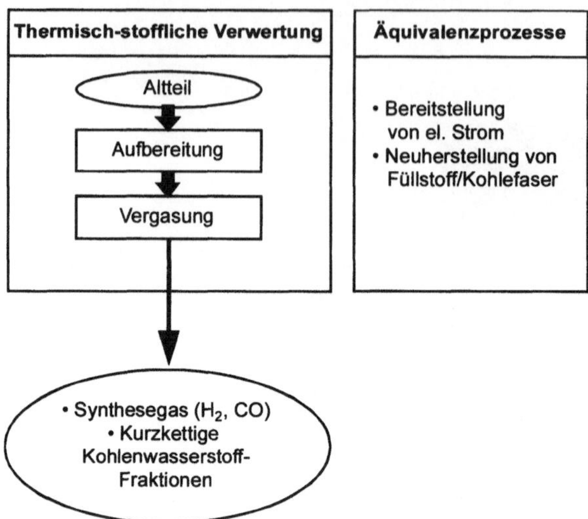

Abb. 6.16. Thermisch-stoffliche Verwertung und Äquivalenzprozess

Der Primärenergieaufwand der elektrischen Energie für die Erzeugung von Sauerstoff berechnet sich mit einem angenommenen durchschnittlichen Wirkungsgrad des deutschen Strommix von aus $\eta_{Strommix} = 38{,}2\%$ [135] aus:

$$
\begin{aligned}
W_{primär,Sauerstoff} &= W_{el,Sauerstoff} / \eta_{Strommix,D} = \\
W_{primär,Sauerstoff} &= 388\,\text{kJ/kg} * \frac{1}{0{,}382} = \\
W_{primär,Sauerstoff} &= 1016\, kJ/kg
\end{aligned}
\tag{6.50}
$$

Ebenso für die elektrischen Anlagen:

$$
\begin{aligned}
W_{primär,Anlagen} &= W_{el,Anlagen} / \eta_{Strommix,D} = \\
W_{primär,Anlagen} &= 492\,\text{kJ/kg} * \frac{1}{0{,}382} = \\
W_{primär,Anlagen} &= 1288\, kJ/kg
\end{aligned}
\tag{6.51}
$$

Der gesamte für die thermisch-stoffliche Verwertung nach dem Prinzip der LAUBAG erforderliche Energieaufwand beträgt somit:

$$W_{primär,LAUBAG} = H_{u,Braunkohle} + W_{primär,Dampf} + W_{primär,Sauerstoff} + W_{primär,Anlagen} =$$
$$W_{primär,LAUBAG} = 12.000\,\text{kJ/kg} + 4.533\,\text{kJ/kg} + 1.016\,\text{kJ/kg} + 1.288\,\text{kJ/kg} = \tag{6.52}$$
$$W_{primär,LAUBAG} = 18.837\,\text{kJ/kg}.$$

Die bei dieser eingesetzten Energie erhaltenen Stoffausträge sind das Synthesegas (CO und H_2) und das Entspannungsgas (Kurzkettige Kohlenwasserstoffe). Außerdem fallen bei kohlefaserverstärkten Kunststoffen noch die Faserfraktion und Feinfraktion an. Diese können jedoch zum derzeitigen Zeitpunkt noch keine Füllstoffe oder Verstärkungsstoffe substituieren. Sie sind deshalb im Äquivalenzprozess neu herzustellen.

Zu dem oben genannten Energieaufwand $W_{primär,\ LAUBAG} = 18.837\ kJ/kg$ muss nun noch der Aufwand der für die Aufbereitung der Kunststoffe notwendigen Shredder- und Hammermühle addiert werden. Bei einem angenommenen primärenergetischen Aufwand

$$W_{Hammermühle,primär} = 801\,\frac{kJ}{kg} \tag{6.53}$$

und

$$W_{Shredder,primär} = 589\,\frac{kJ}{kg} \tag{6.54}$$

entsprechend den Annahmen für das werkstoffliche Recycling von ERCOM (Gln. 6.38 und 6.34), ergibt sich ein Energieaufwand für die thermisch-stoffliche Verwertung von:

$$W_{ges,ETS} = W_{primär,LAUBAG} + W_{Hammermühle,primär} + W_{Shredder,primär} =$$
$$W_{ges,ETS} = 18.837\,\frac{kJ}{kg} + 801\,\frac{kJ}{kg} + 589\,\frac{kJ}{kg} \Leftrightarrow \tag{6.55}$$
$$W_{ges,ETS} = 20.227\,\frac{kJ}{kg}$$

Berücksichtigt man nun abschließend den Äquivalenzprozess für die Stromgewinnung, ergibt sich der Kumulierte Energieaufwand wie in folgender Tabelle dargestellt.

Tabelle 6.6. Kumulierter Energieaufwand der thermisch-stofflichen Verwertung

Verwertung	Äquivalenzprozess	KEA [kJ]
	Stromerzeugung	5.160
	Neuherstellung Füllstoff/Kohlefaser	46.306
Vergasung [a]		20.227
KEA der thermisch-stofflichen Verwertung		71.693

[a] mit Rezyklaten in Form von Synthesegas und kurzkettigen Kohlenwasserstoffen.

Abbildung 6.17 zeigt nochmals zusammenfassend die Verteilung des KEA auf Äquivalenzprozesse und Prozessenergien.

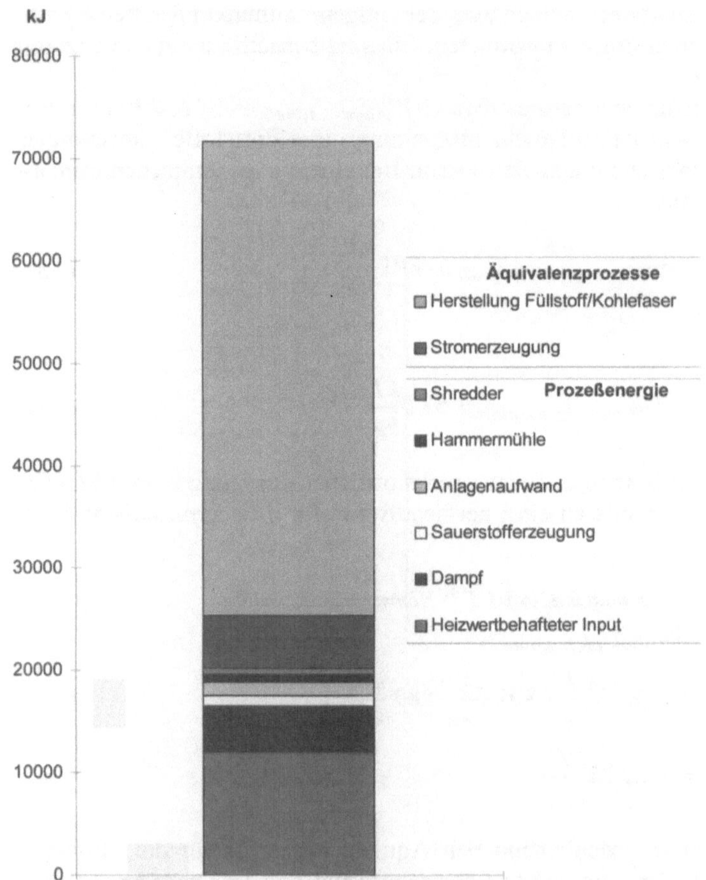

Abb. 6.17. Kumulierter Energieaufwand der thermisch-stofflichen Verwertung

6.5.4 Deponierung

Bei der Deponierung ergeben sich keine energetischen Aufwände, wenn die Transportvorgänge, entsprechend der Verbrennung, ebenso wie der Energiebedarf für Baufahrzeuge auf der Deponie vernachlässigt werden. Da die Deponierung als Referenzprozess gegenübergestellt werden soll, wird ihr dementsprechend kein „Nutzen" zu Grunde gelegt. Abbildung 6.18 zeigt die Äquivalenzprozesse der Deponierung.

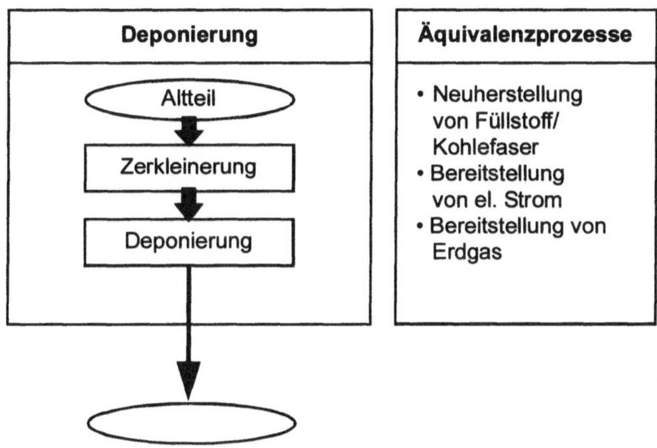

Abb. 6.18. Deponierung und Äquivalenzprozesse

Für die Deponierung ergibt sich unter Berücksichtigung aller Äquivalenzprozesse sowie des Heizwertes folgender Kumulierter Energieaufwand:

Tabelle 6.7. Kumulierter Energieaufwand der Deponierung

Verwertung	Äquivalenzprozess	KEA [kJ]
Deponierung		12.000
	Stromerzeugung	5.170
	Neuherstellung von Füllstoff/Kohlefaser	46.306
	Bereitstellung des Synthesegases und der kurzkettigen Kohlenwasserstoffe durch Erdgas	25.459
Kumulierter Energieaufwand der Deponierung		88.935

Die nachfolgende Abb. 6.19 zeigt zusammenfassend den kumulierten Energieaufwand für die Deponierung der faserverstärkten Kunststoffe.

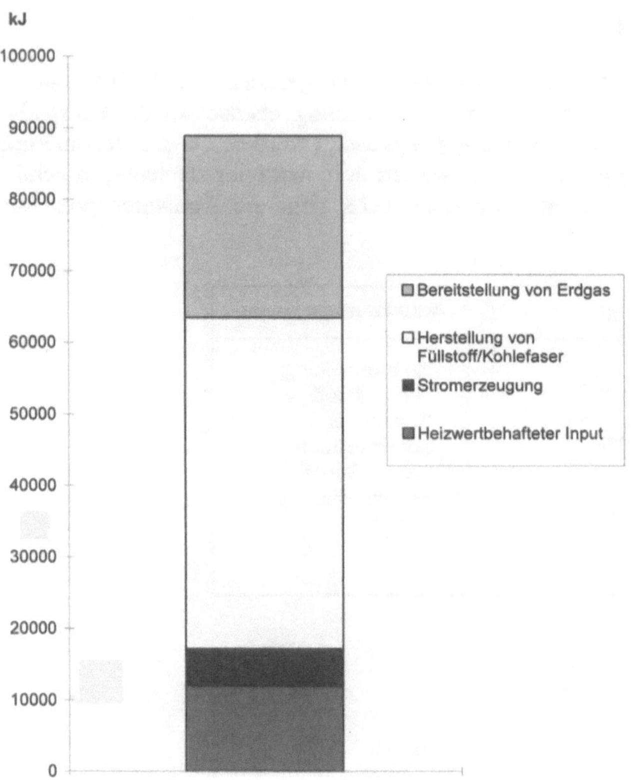

Abb. 6.19. Kumulierter Energieaufwand der Deponierung

6.6 Ergebnisse

Die folgende Abb. 6.20 zeigt nochmals zusammenfassend die Ergebnisse des vorigen Kapitels und stellt den kumulierten Energieaufwand aller bilanzierten abfallwirtschaftlichen Optionen nach der Nutzenkorbmethode gegenüber.

Die berechneten kumulierten Energieaufwände verschiedener abfallwirtschaftlicher Optionen einer Karosserie aus kohlefaserverstärkten Kunststoffen geben einen Anhaltspunkt für die Wahl des energetisch günstigsten Recycling- bzw. Verwertungsverfahrens. Hierbei müssen bei der Bewertung der Ergebnisse jedoch verschiedene Aspekte berücksichtigt werden:

1. Die der Berechnung zu Grunde liegenden Daten berücksichtigen nur den derzeitigen Stand der Technik. Es ist davon auszugehen, dass bei einigen der genannten Verfahren bereits in naher Zukunft Fortschritte sowohl hinsichtlich der Wirkungsgrade als auch der Rezyklatqualitäten erzielt werden können.

2. Da beim thermisch-stofflichen Verfahren der Vergleichsprozess aus der Kohlevergasung herangezogen wurde, müssen kleinere Fehler als wahrscheinlich angenommen werden.
3. Bei allen bilanzierten Verfahren wurden nur die Hauptströme von Energie und Material berücksichtigt. Zwar sind hinsichtlich der vergleichsweise geringen sonstigen Material- und Energieaufwendungen keine signifikanten Veränderungen der Ergebnisse zu erwarten. Einen Anspruch auf vollständige Bilanzierung aller Energie- und Materialströme kann die Berechnung allerdings nicht für sich beanspruchen.

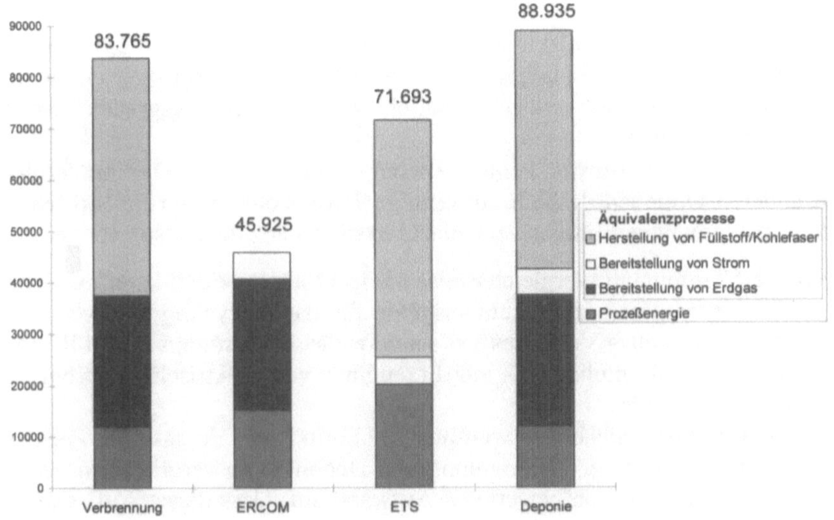

Abb. 6.20. Gegenüberstellung der kumulierten Energieaufwände aller bilanzierten abfallwirtschaftlichen Optionen nach der Nutzenkorbmethode. Angaben in kJ

Hinsichtlich der Ergebnisse der Berechnung lässt sich zunächst feststellen, dass die Deponierung und somit die Neuherstellung bzw. Bereitstellung der bei den bilanzierten Verfahren gewonnenen Energien und Recyclingoutputs – wie erwartet – am schlechtesten abschneidet. Mit einem Aufwand von 88.925 kJ/kg[1] ist sie die energetisch ungünstigste Option. Vor allem vor dem Hintergrund, dass nach deutschem Recht künftig nur noch Abfälle mit einem Restkohlenstoffgehalt von max. 5% deponiert werden dürfen, wird diese Art der Entsorgung in Zukunft zunehmend an Bedeutung verlieren. Da eine verbreitete Produktion von Pkw mit faserverstärkten Karosserien voraussichtlich nicht vor dem Jahr 2005 in Serie erfolgen

[1] Zu beachten ist, dass dies neben dem Prozessenergieaufwand auch die Aufwendungen für die Äquivalenzprozesse beinhaltet. Dies gilt für alle in dieser Arbeit untersuchten Verfahren. Die Aufwendungen für den Prozess sind den vorangehenden Kapiteln zu entnehmen.

wird, ist bei einer geschätzten Lebensdauer von mindestens 15 Jahren davon auszugehen, dass neben den energetisch ungünstigen Ergebnissen auch deshalb die Deponierung – nicht nur in Deutschland – keine Entsorgungsvariante für derartige Karosserien sein wird – ganz abgesehen von der Tatsache, dass dies die wirtschaftlich ungünstigste Methode darstellt, da auf wertvolle Ressourcen verzichtet wird.

Interessant erscheint die Tatsache, dass die – nach Ansicht einiger Experten vermeintlich ökologisch sinnvollere – Verbrennung mit 83.765 kJ/kg nur einen geringfügig günstigeren energetischen Aufwand als beispielsweise die Deponierung aufweist. Dies ist v.a. darauf zurückzuführen, dass

- die Verbrennung einen elektrischen Wirkungsgrad von nur ca. 25% aufweist und die mit der Verbrennung gewonnene elektrische Energie mit einem konventionellen GuD-Kraftwerk mit deutlich besseren Wirkungsgraden bereitgestellt werden könnte,
- die Verbrennung ansonsten keine weiteren Rezyklate liefert. Die im Vergleich mit anderen Optionen deshalb notwendige Bereitstellung von Füllstoffen und Kohlefaser sowie von Erdgas verschlechtert die Bilanz dementsprechend.

Dass die Verbrennung vergleichsweise schlecht abschneidet, kann im Grunde auch nicht verwundern, da es kein originär für das Recycling faserverstärkter Kunststoffe entwickeltes Verfahren ist, sondern für die *Beseitigung* von Restmüll und nicht – wie oft impliziert – zur Erzeugung von elektrischem Strom oder Dampf ausgelegt wurde.

Die thermisch-stoffliche Verwertung in Form der Vergasung weist mit 71.693 kJ/kg einen mit der Verbrennung und Deponierung verglichenen deutlich niedrigen primärenergetisch bewerteten Aufwand auf. Dass dieser Aufwand dennoch wesentlich über dem werkstofflichem Verfahren von ERCOM liegt, ist v.a. damit zu erklären, dass in der Berechnung angenommen wurde, dass die Faserfraktion der thermisch-stofflichen Verwertung nach dem Prinzip der ETS nach dem heutigen Stand der Technik noch nicht als Füllstoff oder Kohlefaserersatz verwendet werden kann. Deshalb muss beim thermisch-stofflichen Verfahren der Primärenergieaufwand für die Herstellung von Kohlefaser als Äquivalenzprozess berücksichtigt werden. Dieser schlägt mit einem nicht unerheblichem Aufwand von 46.306 kJ/kg zu Buche.

Gelingt es in der weiteren Entwicklung der thermisch-stofflichen Verfahren auch die Fasern in Form von Füllstoff oder Kohlefaserersatz wiederzuverwerten, so würde dies bedeuten, dass die thermisch-stoffliche Verwertung das energetisch günstigste Verfahren der in [53] untersuchten abfallwirtschaftlichen Optionen darstellt.

Das mit 45.925 kJ/kg energetisch günstigste Verfahren stellt jedoch derzeit die werkstoffliche Verwertung dar. Dies liegt ursächlich vor allem daran, dass dieses Verfahren in Form der zurückgewonnenen Faserfraktionen einen – wenn auch geringen – Teil an Kohlefaser-Neuware substituiert. Wegen des erheblichen energetischen Aufwands zur Herstellung von Kohlefaser ist dies ein gewichtiger Nutzen der werkstofflichen Verwertung. Dass dies ohne verfahrenstechnisch bedeutsame

Aufwendungen möglich ist, liegt vor allem an der hier vorteilhaften mechanisch-trockenen Prozessführung.

Insgesamt kann festgestellt werden, dass ein energetisch sinnvolles Recycling faserverstärkter Kunststoffe entweder durch eine werkstoffliche oder thermisch-stoffliche Verwertung erfolgen sollte. Die Verbrennung ist aufgrund der geringen oder gar gänzlich fehlenden Rezyklate nicht zu empfehlen. Gleiches gilt für die Deponierung. Mit der weiteren Entwicklung von thermisch-stofflichen Verfahren – wie dem bilanzierten Verfahren der ETS oder dem in den vorangegangenen Kapiteln beschriebenen Verfahren von Adherent Technologies – ist zu erwarten, dass hiermit dann energetisch günstige Verfahren mit einem hohen Grad an Wertschöpfung durch qualitativ gute Rezyklate zur Verfügung stehen werden.

6.7 Energieaufwand für das Recycling von FVK-Karosserien

Für das Recycling einer faserverstärkten Karosserie kann mit den Ergebnissen des vorangegangenen Kapitels eine energetische Abschätzung für einen konkreten Pkw durchgeführt werden. Hierfür werden beispielhaft die beiden günstigsten Verfahren, die werkstoffliche Verwertung von ERCOM und die thermisch-stoffliche Verwertung, am Beispiel des am RMI entwickelten Hypercars[1] betrachtet.

Mit einem vorgesehenen Gewicht von ca. 123 kg für die Karosserie des Hypercars sieht Lovins et al. folgende Materialverteilung vor (Tabelle 6.8).

Tabelle 6.8. Materialverteilung für die Karosserie des Hypercars

System oder Komponente und zugehörige Materialien	Masse [kg]
Composite monocoque mit Türen (Gesamt)	123,0
Kohlefaser	59,6
Glasfaser	6,0
Aramid, Polyethylen oder andere Fasern	7,0
Epoxid, Polyester zyklische Thermoplaste, Polyurethane, Polyethylen oder andere Harze	46,4
Polypropylen-Schaum	4,0

Lässt man nun den Polypropylenschaum unberücksichtigt, ergibt sich eine zu rezyklierende Masse von 119 kg für die Karosserie. und für die untersuchten Verfahren folgende Primärenergieaufwendungen:

[1] Eine detailliertere Beschreibung des Konzepts erfolgt in Kap. 7.1.

$$\begin{aligned} W_{ERCOM,Hypercar} &= W_{primär,ERCOM} * m_{Hypercar} \\ W_{ERCOM,Hypercar} &= 3.306 kJ / kg * 119 kg \Leftrightarrow \\ W_{ERCOM,Hypercar} &= 393.414 kJ \Leftrightarrow \\ W_{ERCOM,Hypercar} &= 393 MJ \end{aligned} \tag{6.56}$$

und

$$\begin{aligned} W_{ETS,Hypercar} &= W_{primär,ETS} * m_{Hypercar} \\ W_{ETS,Hypercar} &= 8.227 kJ / kg * 119 kg \Leftrightarrow \\ W_{ETS,Hypercar} &= 979.013 kJ \Leftrightarrow \\ W_{ETS,Hypercar} &= 979 MJ \end{aligned} \tag{6.57}$$

Für die beiden Recyclingoptionen ergeben sich demnach primärenergetisch bewertete Aufwendungen von 393 bzw. 979 MJ[1].

6.8 Energieaufwand eines Ein-Liter-Autos und eines konventionellen Pkw

Mit den oben ermittelten Ergebnissen für die Energieaufwendungen des Recyclings einer kohlefaserverstärkten Karosserie stehen nun einige der seither fehlenden Daten für den gesamten Energieaufwand eines Pkw für alle Phasen (Herstellung, Nutzung und Recycling) zur Verfügung. Dies soll an dieser Stelle exemplarisch für das in [165] entwickelte Konzept des Hypercars erfolgen. Hierbei ist zu beachten, dass sich die jeweiligen Angaben zum Energieaufwand für die Herstellung auf die Berechnungen der in Lovins et al. angegebenen Literatur beziehen [165]. Zwar lassen sich die darin angegebenen Aufwendungen in ihrer Größenordnung mit aktuellen Berechnungen beispielsweise durch das Bayerische Zentrum für angewandte Energieforschung e.V. [14] bestätigen, eigene detaillierte Berechnungen für die Herstellung wurden jedoch nicht durchgeführt, weil sie den Rahmen dieses Buches sprengen würden. In Kap. 3.1.1 sind hierzu jedoch bereits Ausführungen hinsichtlich des energetischen Aufwands für die Herstellung von Kohlefasern gemacht worden.

Lovins et al. liefern Daten für die Energieaufwendungen eines Hypercars in den Phasen Herstellung und Nutzung.[1] Zwar stehen mit den ermittelten Aufwen-

---

[1] Hierbei werden nun nur die Aufwendungen für die Betreibung des Verfahrens, die Prozessenergieaufwendungen, betrachtet. Die Äquivalenzprozesse werden hier nicht berücksichtigt, da sie nur als Vergleichsgröße relevant sind. Da im später folgenden Vergleich mit einem konventionellem Pkw in Stahlbauweise der heizwertbehaftete Input (12.000 kJ/kg) nicht betrachtet, sondern nur die Prozessenergieaufwendungen bilanziert werden, wurde dieser vom Energieaufwand für diese Rechnung bereits abgezogen.

dungen für das Recycling nur Zahlen für die Karosserie zur Verfügung, da der Anteil für das Recycling am Gesamtenergieaufwand eines Pkw vergleichsweise gering ausfällt, kann durch die Vernachlässigung der Aufwände für das Recycling der übrigen Komponenten des Pkw der daraus resultierende Fehler klein gehalten werden.

Um die Umweltauswirkungen verschiedener abfallwirtschaftlicher Optionen für eine faserverstärkte Karosserie für den gesamten Produktlebenslauf vergleichen zu können, wird für alle untersuchten Entsorgungs- und Recyclingverfahren dasselbe Fahrleistungsmodell während der Nutzungsphase zu Grunde gelegt. Die Fahrleistung eines Fahrzeuges ist die in einem bestimmten Zeitraum zurückgelegte Fahrstrecke. Diese Kenngröße ist maßgeblich für die Höhe des Kraftstoffverbrauchs in diesem Zeitraum verantwortlich. Da der streckenspezifische Kraftstoffverbrauch eines Fahrzeugs unter anderem auch davon abhängt, wo (z.B. Innenstadt oder Autobahn) und zu welchem Zeitpunkt (z.B. Sommer oder Winter) die Fahrleistung erbracht wurde, ist für eine differenzierte Berechnung des KEA_N ein detailliertes Fahrleistungsmodell erforderlich[2]. Hierzu werden in der Praxis häufig Fahrleistungserhebungen beispielsweise durch die Bundesanstalt für Straßenwesen (BASt) oder bekannte Fahrleistungsmodelle von Heusch-Boesefeldt im Auftrag des Bundesverkehrsministers oder des Umweltbundesamtes herangezogen. Darüber hinaus ist ein praxisnahes Fahrleistungsmodell für Pkw auch wegen der unterschiedlichen Fahrweisen ihrer Fahrerinnen und Fahrer nur schwer zu ermitteln. So lässt sich bei einer vorausschauenden und niedertourigen Fahrweise im Vergleich zu einer sportlichen und auf hohe Beschleunigungen ausgerichteten Fahrweise bei ein und demselben Fahrleistungsmodell ca. 20-30% des Kraftstoffverbrauchs einsparen. Anders ausgedrückt benötigt ein Niedrigverbrauchsauto auch eine/n Niedrigverbrauchsfahrer/in, wie in Kap. 2.4 ausführlich dargestellt.

Für den Vergleich unterschiedlicher abfallwirtschaftlicher Optionen für die Karosserie eines Pkw aus faserverstärkten Kunststoffen sind – bei oben definierter Zugrundelegung eines identischen Fahrleistungsmodells – lediglich die Lebensphasen Herstellung und Entsorgung von Relevanz. Damit für die Entsorgung der Karosserie dieselbe „Abnutzung" vorausgesetzt werden kann, wird für alle Recycling- und Entsorgungsverfahren dasselbe Fahrleistungsmodell zu Grunde gelegt, welches im Prinzip beliebig gewählt werden kann. Will man eine Bilanz über den gesamten Produktlebenszyklus erarbeiten, so müssen zusätzlich neben den Aufwendungen in den Phasen Herstellung und Entsorgung die Aufwendungen in der Nutzungsphase (z.B. für Reparatur, Pflege, Wartung der Karosserie) ermittelt und aufsummiert werden.

Für die Vergleichsdaten der Herstellung, Nutzung und das Recycling des Pkw in konventioneller Stahlbauweise wird auf die Ergebnisse des Bayerischen Zentrums für angewandte Energieforschung e.V. zurückgegriffen, die – wie bereits in Kap. 2.1 beschrieben – eine ausführliche Berechnung des Kumulierten Energie-

[1] Vgl. [165], S. 198.
[2] Vgl. [14], S. 38.

aufwands durchgeführt haben. Um eine Vergleichbarkeit der Daten zu gewährleisten, wird hierbei für die Entsorgungsphase ebenso wie bei obiger Berechnung lediglich der Aufwand für das Recycling bzw. die Verwertung der Karosserie berücksichtigt. Für die Herstellung der Pkw ergeben sich laut Lovins et al. sowie dem Bayerischen Zentrum für angewandte Energieforschung e.V. folgende Aufwendungen[1]:

- Pkw in Stahlbauweise (1990; 7,4 l/100 km): $W_{Herstellung}$=82,5 GJ
- 1,6-Liter-Auto (Composite): $W_{Herstellung,1,6\text{-}Liter\text{-}Auto}$=67 GJ[2]

Die etwas geringeren Aufwände für die Herstellung eines Pkw mit faserverstärkter Karosserie nach [165] dürften v.a. aus den Einsparungen bei der Herstellung der Karosserie resultieren, da der Formgebungsprozess bei der Stahlkarosserie in den Pressstraßen deutlich energieaufwendiger ist, als beispielsweise beim Niederdruckverfahren zur Formgebung von Composites. Daneben ist zu beachten, dass extrem effiziente Pkw voraussichtlich wesentlich weniger Teile und Baugruppen in sich vereinigen als heutige Pkw. Für die Nutzungsphase ergeben sich bei angenommenem identischen Fahrleistungsmodell (18.500 km/a; 12 Jahre Nutzungsdauer) folgende Energieaufwendungen:

- Pkw in Stahlbauweise (1990; 7,4 l/100km): $W_{Nutzung}$=543 GJ[3]
- 1,6-Liter-Auto (Composite): $W_{Nutzung,1,6\text{-}Liter\text{-}Auto}$=107 GJ

Für das Recycling von Pkw wird in der Literatur oftmals ein „Energiegewinn" ausgewiesen. Dieser Vorgehensweise liegt die Methodik zu Grunde, dass die Rückgewinnung von Materialien und Energien durch den Recycling-Prozess dem selben Produkt „gutgeschrieben" werden. Ebenso ist es aber möglich, zunächst das Recycling als Aufwand zu bilanzieren und möglichen Folgeprodukten dann wegen der geringeren Herstellungsaufwände zu verbuchen.

Dass diese Vorgehensweise – man könnte es in der Tat auch als Philosophie bezeichnen – ehrlicher ist, zeigt die Tatsache, dass es etwa in der Diskussion um Leichtbaumaterialien Argumentationen von Experten gibt, die zunächst die „Primärenergiegewinne" aus dem Recycling beispielsweise von Aluminium selbstverständlich demselben Produkt gutschreiben, fast im selben Atemzug aber den Einwänden bezüglich den deutlich höheren Primärenergieaufwand zur Herstellung von Aluminium begegnen, in diesem Falle könne man irgendwann Sekundäraluminium verwenden. Gutschriften aber, können nur einmal verbucht werden.

---

1 Vgl. hierzu auch Kap. 2.1.

2 Einschließlich dem energetischen Aufwand für die Herstellung aller Materialien in Höhe von 56 GJ. Quelle [165]. Vgl. hierzu auch die in Kap. 3.1.1 durchgeführten Berechnungen zum energetischen Aufwand bei der Herstellung von Kohlefaser.

3 Hier wurde der Kraftstoffverbrauch vom Fahrleistungsmodell des Bayerischen Zentrums für angewandte Energieforschung e.V. (159.000 km) in das Modell aus [165], S. 198 ff (222.000 km) umgerechnet. Die direkten Energieaufwendungen für die Instandhaltung sowie die indirekten Aufwendungen sind hier nicht enthalten, da sie auch in den Annahmen aus Lovins et al. nicht berücksichtigt werden.

Konsequenterweise wird an dieser Stelle denn auch – wie in der vorangegangenen Berechnung – von Aufwänden für das Recycling gesprochen.

Diese liegen nun annähernd für die faserverstärkte Karosserie vor. Dementsprechend wird ebenso der Aufwand für das Recycling einer Stahlkarosserie gegenübergestellt. Für die FVK-Karosserie gilt $W_{Recycling,Hypercar}=W_{ERCOM,Hypercar}$ bzw. $W_{Recycling,Hypercar}=W_{ETS,Hypercar}$. Hier wird das beispielhaft das Recycling von ERCOM zugrundegelegt. Dies bedeutet einen energetischen Aufwand für das Recycling der faserverstärkten Karosserie von 393 MJ.

Für den energetischen Aufwand des Recyclings einer Stahlkarosserie wird hier auf Daten von Würstle zurückgegriffen [284]. Dieser liefert für einen Mittelklasse-Pkw folgende Energieaufwendungen (Tabelle 6.9).

Tabelle 6.9. Energieaufwand beim Shreddern und Sortieren für einen Mittelklasse-Pkw. Quelle: [284]

Anlagenteil	Strom [kWh/t]	Brennstoff [MJ/t]	PEV [MJ/t]
Shredder, Magnetabscheider, Aufstromabscheider	24,1	0,00	271,13
Wirbelstromabscheider I	0,03	0,00	0,37
Schwimm-Sink-Anlage	0,81	0,00	9,11
Trenn-Schmelz-Anlage	0,00	10,91	12,69
Wirbelstromabscheider II	0,02	0,00	0,20
Summe	**24,96**	**10,91**	**293,50**

Insgesamt ist für den Mittelklasse-Pkw eine Masse von 325 kg zu entsorgen. Daraus ergibt sich für das Recycling der Karosserie ein Energieaufwand von:

$$\begin{aligned} W_{Recycling,Stahlkarosserie} &= 293{,}5MJ/t * 0{,}325t \Leftrightarrow \\ W_{Recycling,Stahlkarosserie} &= 95{,}4MJ \end{aligned} \tag{6.58}$$

Dieser Wert ist im Vergleich zu den eigenen Berechnungen für die Karosserie aus faserverstärkten Kunststoffen eher als untere Grenze für das Stahlrecycling anzusetzen. Wegen des geringen Anteils für die Entsorgung am Gesamtenergieaufwand des Pkw wird dieser hier dennoch als Grundlage verwendet. Insgesamt ergibt sich für die lebenszyklusweite Betrachtung für einen Pkw in Stahlbauweise und dem Hypercar folgender kumulierter Primärenergieaufwand (Tabelle 6.10 und Abbildung 6.21).

Tabelle 6.10. Kumulierter Energieaufwand eines Pkw in Stahlbauweise und des Hypercar

Phase	Pkw [GJ] (Stahl; 7,4 l/100 km)	Hypercar [GJ] (Composite; 1,6 l/100 km)
KEA Herstellung	82,5	67,0
KEA Nutzung	543,0	107,0
KEA Recycling	0,095	0,39
Summe KEA	**625,6**	**174,39**

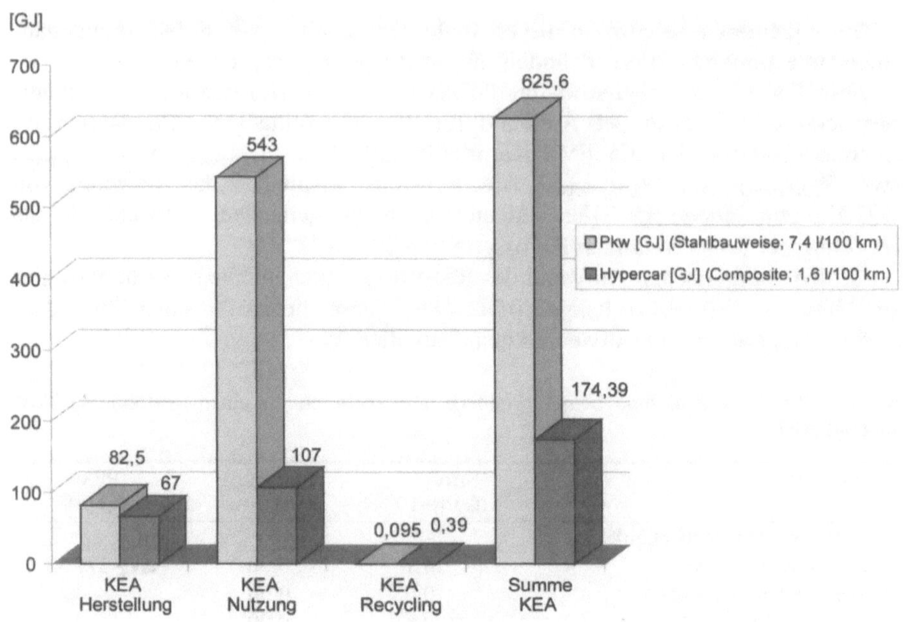

Abb. 6.21. KEA für ein Ein-Liter-Auto gegenüber einem konventionellem Pkw

Insgesamt lässt sich also feststellen, dass ein beispielsweise in der von Lovins et al. vorgesehenen Konzeption betrachtetem Pkw mit einer Karosserie aus faserverstärkten Kunststoffen im Vergleich mit einem konventionellen Pkw in Stahlbauweise einen deutlich geringeren kumulierten Energieaufwand bei Betrachtung des gesamten Lebenslauf aufweist. Auch dann, wenn man die von Lovins et al. eventuell etwas zu gering abgeschätzten Aufwendungen für die Herstellung des Hypercars höher bewerten würde, kann mit großer Sicherheit davon ausgegangen werden, dass die Gesamtenergiebilanz im Vergleich mit einem konventionellen Pkw dennoch deutlich besser ausfällt. Sogar bei einem angenommenen über 5 mal höheren Aufwand für die Herstellung und Fertigung des Hypercars, wäre die Gesamtbilanz für das Ein-Liter-Auto dann immer noch positiv. Es ist jedoch nochmals darauf hinzuweisen, dass der energetisch aufwendige Einsatz insbesondere kohlefaserverstärkter Karosserien nur dann amortisiert werden kann, wenn die Gewichtseinsparung durch sekundäre Gewichtsreduzierungen ergänzt wird und einhergeht mit der Reduzierung des Luft- und Rollwiderstands. Kapitel 3.1.1 hat dies deutlich gemacht. Darüber hinaus ist die Zielgröße eines Kraftstoffverbrauchs von 1,6 Liter pro 100 km oder gar das Ein-Liter-Auto nur zu erreichen, wenn dies mit einer äußerst effizienten Antriebsstrategie verbunden wird. Auf diesen Zusammenhang wurde bereits ausführlich eingegangen.

6.9 Behindert die EU-Altautodirektive den Leichtbau?

Die neue EU Altauto-Richtlinie[1] setzt neue Maßstäbe für das Recycling von Pkw. Ab dem 1. Januar 2006 müssen laut der Direktive mindestens 85% eines Autos verwertet werden, davon mindestens 80% auf stofflichem Weg. Ab dem Jahr 2015 wird die Verwertungsquote auf 95% erhöht, dann sind mindestens 85% stofflich zu rezyklieren. Zudem müssen Neufahrzeuge ab 2004 zu mindestens 95% wieder verwendbar oder verwertbar sein.

Bereits im Jahr 1999 hatte der Vorstandsvorsitzende der Volkswagen AG, Ferdinand Piëch unverhohlen die EU Altauto-Richtline wegen angeblich „gravierender Risiken für die Automobilwirtschaft“ attackiert und Bundeskanzler Gerhard Schröder aufgefordert, ihn „zu unterstützen“ [2]. Gut eine Woche später stimmt der deutsche Umweltminister statt für eine Billigung des Richtlinienentwurfs auf Anweisung des deutschen Bundeskanzlers für eine Verschiebung der Beschlussfassung. Seit 1997 war auch der Automobilindustrie der Entwurf der Richtlinie bekannt. Ihre Bedenken hat sie dann nach über zweijähriger Diskussion auf nationaler und internationaler Ebene formuliert. Fest steht, dass die vielfach von der Automobilindustrie genannten Kosten für die Entsorgung der Altfahrzeuge inzwischen wohl nicht mehr haltbar sind. Zieht man vielmehr ein Berechnungsmodell für einen Prognosezeitraum bis 2030 auf der Grundlage amtlicher Statistiken der Kraftfahrt-Bundesamtes, von Prognosen über den künftigen Pkw-Bestand, dem Verlauf der Pkw-Zulassungen sowie den durchschnittlichen Entsorgungskosten heran, so belaufen sich die durchschnittlichen Entsorgungskosten lediglich auf ca. 0,5% des durchschnittlichen Neufahrzeugpreises [151]. Es stellt sich für den Betrachter tatsächlich die Frage, ob dies auch in der Summe tatsächlich ein „gravierendes Risiko der Automobilwirtschaft“ darstellt.

Und dem nicht genug: kurz vor Inkrafttreten der Richtlinie im Oktober 2000 macht die Automobilindustrie erneut Front gegen die Richtlinie, wie beispielsweise in gleich drei Beiträgen in der Ausgabe der VDI-Nachrichten vom 13. Oktober 2000 dokumentiert. Dort wird beklagt, dass es die Richtlinie „dem Pkw-Leichtbau künftig schwer macht“ oder gar das „Zwei-Liter-Auto“ verhindert [99, 98]. Allen voran meldet sich der für die Umsetzung der Recyclinggesetzgebung in der Audi AG verantwortliche Experte, Dr. Siegfried Schäper, zu Wort. Er beklagt die „ökologisch kontraproduktive“ Ausgestaltung der Richtlinie und verweist darauf, dass bei der Typzulassung neuer Fahrzeuge die Erreichbarkeit der vorgegebenen Quoten nachzuweisen ist. Sorge macht der Industrie dabei vor allem die Quote für die stoffliche Verwertung. Sind bei Pkw mit hohem Stahlanteil diese Quoten noch relativ leicht zu erfüllen, so machen diese mit steigendem Einsatz von Leichtbaumaterialien, wie Aluminium oder Kunststoffen, aus Sicht der Industrie angeblich Probleme. Da nach deren Meinung Leichtbauwerkstoffe schwerer oder teils gar

---

1 Die Richtlinie ist mit ihrer Verkündigung am 21. Oktober 2000 in Kraft getreten.

2 Ferdinand Piëch in einem vertraulichen Schreiben an Bundeskanzler Gerhard Schröder vom 3. März 1999. Quelle: [107].

nicht werkstofflich rezykliert werden können, müssen zur Einhaltung der Quote vermehrt auch Kleinteile kostenaufwendiger demontiert werden [231].

Zur Lösung schlägt die Industrie nun folgende Maßnahmen vor, die in der von der Direktive (Artikel 7) vorgesehenen Überprüfung der Zielvorgaben umgesetzt werden sollten [232]:

- *„Zu Gunsten des Leichtbaus und mit Blick auf die Verwendung nachwachsender Rohstoffe entfallen die Recyclingquoten der EU-Altautodirektive und werden durch eine einzige anspruchsvolle Gesamtverwertungsquote, z.B. 95%, ersetzt – ohne Festlegung der Verwertungstechnologien. Denn dort, wo die Quoten Recycling erzwingen, bewirken sie keinen ökologischen Vorteil,*
- *für unterschiedliche Problemsituationen würden die jeweils nach ganzheitlichen ökologischen und ökonomischen Maßstäben besten und technisch verfügbaren Verfahren benannt. Zu ihrer Installation und Auslastung würden gezielt Anreize gegeben. Kapazitäten und Auslastung würden auf dem Wege eines Monitoring erfasst,*
- *unter Beachtung der Anforderungen, die sich aus der TA Siedlungsabfall bzw. einer zukünftigen Deponieverordnung ergeben, Überwachung der zu deponierenden Abfälle bzgl. Mengen, Qualität und Herkunft. Dieses reicht aus, denn dem Deponieren ging zumindest eine thermische Behandlung der organischen Abfälle voraus und der Anreiz, die vorgeschriebenen ökologisch sinnvollen Maßnahmen zu umgehen, wäre klein, weil realisierbare Kostenvorteile relativ gering ausfallen würden. Verstöße wären messbar und Verantwortliche wären auszumachen."*

Im Kern fordern Teile der Automobilindustrie also die genaue Vorgabe der Recyclingwege in der EU-Altautodirektive entfallen zu lassen und durch eine einzige „anspruchsvolle" Gesamtverwertungsquote zu ersetzen – ohne Festlegung der Verwertungstechnologien. Zwar ist die Festlegung von Quoten zur Art des Recyclings von Werkstoffen ist in der Tat nur dann ökologisch sinnvoll, wenn damit gewährleistet wird, dass somit auch die ökologisch günstigste Verwertung erreicht wird. Dies ist im Falle innovativer Werkstoffe im Vorfeld sicherlich schwerer abzuschätzen als bei etablierten Werkstoffen, weil insbesondere dort eine heute nicht abschätzbare Dynamik hinsichtlich neuer Verwertungsverfahren stattfindet. Der geforderte alleinige Verzicht auf eine Festlegung der mit den Quoten einhergehenden Verwertungsverfahren ist allerdings für sich genommen ebenfalls nicht zielführend. Vielmehr muss sichergestellt werden, dass die von den Automobilherstellern favorisierte Recyclingstrategie – hierbei wird v.a. die thermische Verwertung genannt – die ökologisch günstigere ist. Die Automobilhersteller könnten beispielsweise vom Gesetzgeber in die Pflicht genommen werden, die ökologische Bilanz der von ihnen gewählten Verwertungswege jeweils darzustellen. Ein gangbarer Weg erscheint hier die Prüfung durch die Berechnung des „Kumulierten Energieaufwands" (KEA), dessen Durchführung in der VDI-Richtlinie festgelegt und mit vertretbaren Aufwand erfolgen kann.

In den im Zusammenhang mit der Direktive und Leichtbau bekannten Veröffentlichungen ist u.a. davon die Rede, dass das stoffliche Recycling von innovativen Werkstoffs nicht möglich ist, wie bei vielen Composites und für den Fahrzeugbau attraktiven nachwachsenden Rohstoffen [232]. Manche Experten ziehen daraus sogar den Schluss, dass dann insbesondere bei Leichtbaufahrzeugen die Typzulassung fraglich werden kann. Diese Aussage ist jedoch kaum haltbar. In Kap. 5.3.5 ist dargelegt worden, dass für das Recycling von faserverstärkten Karosserien mehrere Verfahren in Betracht kommen. Dabei hat die Berechnung des Kumulierten Energieaufwands sogar ergeben, dass gerade die werkstoffliche Verwertung die derzeit energetisch günstigste Option darstellt.

Zudem ist anzumerken, dass die Frage eines wirtschaftlichen Recyclings zuvorderst mit einer recyclinggerechten Konstruktion der Pkw beantwortet wird. Dabei gilt es in erster Linie recyclinggerechte Werkstoffe zu verwenden. Ein Beispiel dafür, dass deutsche Automobilhersteller alles andere als ökologisch denken, ist hierbei der zunehmende Einsatz des Kunststoffs Polyoxylmethyl (POM). Ein Kunststoff, der bei der Verwertung und thermischer Belastung giftiges Formaldehyd freisetzt [99]. Wenn es das Ziel sein soll, ökologisch sinnvolle Recycling- und Verwertungsstrategien zu entwickeln, so kann es nicht ernsthaft zunächst darum gehen, bestehende Konstruktionen und die Werkstoffwahl beizubehalten und dabei die Verwertungswege offen zu lassen. Bei einem Verzicht auf die Festlegung von Recyclingverfahren muss mindestens sichergestellt sein, dass die Gesamtökobilanz des Pkw über seine gesamte Lebensdauer bei alternativen – aus Sicht der Automobilindustrie vermeintlich ökologisch und ökonomisch sinnvolleren – Recyclingstrategien günstiger ist. Die breite Durchsetzung leichter Werkstoffe dürfte zudem kaum an angeblich fehlenden werkstofflichen Recyclingverfahren scheitern. Vielmehr ist zu befürchten, dass die Automobilhersteller die Gunst der Stunde nutzen, um EU-Vorgaben in diesem Punkt mehr oder weniger auszuhebeln. Dies kann nicht zielführend sein, zumal auch bei einem Erfolg dieser Strategie die breite Verwendung beispielsweise kohlefaserverstärkter Kunststoffe nicht sichergestellt ist. Bis dato jedenfalls ist die Einführung neuer Werkstoffe – an denen die Industrie ein vordringliches Interesse hatte – nie an angeblich fehlenden Recyclingmöglichkeiten gescheitert [55].

Die genannten Forderungen beschreiben vielmehr eine Strategie, die mehr Rückschritt als Fortschritt verfolgt. Ein Fortschritt für Umwelt und Wirtschaft würde bedeuten, dass Politik und Wirtschaft bereits vorhandene Recyclingmöglichkeiten auch für innovative faserverstärkte Werkstoffe verstärkt fördern und weiterentwickeln. Zusammen mit einer recycling- und demontagegerechten Konstruktion der Pkw würde dies die Zielvorgaben der EU-Altautodirektive sicherstellen und gleichermaßen ökologisch sinnvolles Recycling für Leichtbauwerkstoffe ermöglichen, an deren breiten Einsatz im Pkw sicherlich kein Weg vorbei führt.

7 Aktuelle Entwicklungen auf dem Weg zum Ein-Liter-Auto

Das folgende Kapitel beschreibt abschließend aktuelle Entwicklungen aus der Automobilindustrie und Forschung auf dem Weg zum Ein-Liter-Auto. Dabei wird zunächst das bereits mehrfach erwähnte sogenannte Hypercar des US-amerikanischen Rocky Mountain Institutes beschrieben. Dort legten Ingenieure im Hypercar Center 1996 eine wegweisende Studie [165] zum Ein-Liter-Auto vor, die seither innerhalb der wissenschaftlichen Forschung und der Automobilindustrie teilweise kontrovers diskutiert wird. Auch wesentliche Teile in [53] basieren auf dieser Studie.

Das Münchner Unternehmen Loremo Automotive GmbH entwickelt seit dem Jahr 2000 mit dem sogenannten L22 ein 1,5-Liter-Auto. Dieses Unternehmen wurde im Jahr 2000 in München mit dem Ziel gegründet, zukunftsweisende Fahrzeuge zu entwickeln und zu vermarkten.

Für das meiste Aufsehen sorgt derzeit die Entwicklung eines Ein-Liter-Autos der Volkswagen AG. Obwohl seitens des Unternehmens kaum Details der Entwicklung bekannt gegeben werden, spekuliert die Fachpresse über die konstruktive Ausgestaltung und die Fahrzeugeigenschaften.

7.1 Die Ein-Liter-Studie „Hypercar"

Ein Hypercar ist ein ultraleichtes, voraussichtlich hybrid-angetriebenes Kraftfahrzeug, das im Durchschnitt 1,57 l/100 km (ca. 150 m/g) oder weniger Kraftstoff verbrauchen soll. Es wäre somit mindestens fünf mal effizienter ist als ein derzeitig typisch amerikanischer Durchschnitts-Pkw[1] – jedoch mit verbesserter Sicherheit, Ausführung, Komfort und Herstellbarkeit. Amory Lovins – Vater der Konzeptstudie zum Hypercar und CEO des Rocky Mountain Institute (RMI) im US-Bundesstaat Colorado[2] – sieht in seinem Konzept v.a. den Einsatz hochmoderner Faserverbundwerkstoffe für die Karosserie vor. Diese weisen trotz geringem spe-

[1] Amory Lovins geht von der optimistischen Annahme aus, dass Hypercars bis zu 20 mal weniger Kraftstoff verbrauchen (beim Einsatz neuester Verbundmaterialien, können sie mehr als 600 m/gal (255 km/l; 0,39 l/100km) erreichen) und 100-1000 mal weniger Emissionen emittieren als konventionelle Fahrzeuge aus Stahl mit Verbrennungsmotor.

[2] Nähere Informationen zum RMI unter www.rmi.org sowie zum Hypercar unter www.hypercarcenter.org und www.hypercar.com.

zifischem Gewicht ausgezeichnete Festigkeitseigenschaften auf (vgl. Kap. 5.3). Die so gewonnenen Gewichtsvorteile ermöglichen wiederum ein kleinere Dimensionierung anderer Bauteile und Aggregate, was wiederum zu weiterem Leichtbau führt.[1] Das folgende Kapitel wird auf die Entwicklungshistorie des Hypercars näher eingehen.

Der Konstruktions-Prozess setzt bei der Betrachtung der vier grundlegenden Faktoren an, die eine Fahrzeug-Effizienz bestimmen und auf die in diesem Buch wiederholt eingegangen wurde. Tabelle 7.1 zeigt die Konstruktionsphilosophie eines Hypercars.

Tabelle 7.1. Die Konstruktionsphilosophie eines Hypercars. Quelle: [165]

Einflussfaktor	Konstruktionsprinzip
Gewicht	Stellt man das Fahrzeug aus Verbundmaterialien her und ersetzt Motor, Getriebe, Differential und Achsen durch ein einfaches Hybrid-Antriebssystem, so kann das Fahrzeuggewicht um das 3-4-fache reduziert werden.
Luftwiderstand	Ein schlankeres Profil, aerodynamische Bauweise und eine kleinere Stirnfläche senkt den Luftwiderstand um das 2 ½-6-fache.
Rollwiderstand	In Verbindung mit dem reduzierten Gewicht und sehr effizienten Reifen kann der Rollwiderstand um das 3-5-fache reduziert werden.
Motor und Antriebsstrang	Das Hybrid-Konzept erlaubt eine Rückgewinnung der Bremsenergie und deren Speicherung für eine spätere Nutzung. Der Motor mit niedriger Leistung arbeitet entweder gar nicht oder mit optimaler Drehzahl in verbrauchsgünstigen Bereichen (g/kWh) des Motorenkennfeldes.

Die hohe Festigkeit und das Absorptionsvermögen der Verbundmaterialien wird Hypercars mindestens ebenso sicher machen wie heutige Autos.[2] Das RMI plant, hinsichtlich des Crash-Verhaltens von Hypercars weitere Studien durchzuführen.[3] Zudem werden Hypercars leichter zu handhaben sein, ohne Servolenkung auskommen und auch die Radnabenmotoren werden beispielsweise den Einsatz von ABS und ASR ermöglichen. Darüber hinaus schaffen die leichteren, dünneren Wandstärken und der kleinere Motor mehr Raum nicht nur für Insassen und Gepäck, sondern auch für notwendige Crash-Zonen.

Weil die ultraleichte Konstruktion das Gewicht von der Größe des Fahrzeugs entkoppelt, müssen Hypercars nicht unbedingt klein gebaut werden. Abbildung

[1] Vgl. hierzu auch Kap. 3.1 auf Seite 26.

[2] Zum Thema Crashverhalten von Leichtgewicht-Fahrzeugen s. auch [178], Seite 12ff. Des weiteren zum Thema Sicherheit von leichten Pkw: [87], Seite 288ff, sowie [78, 113].

[3] Vgl. [165], Executive Summary, S. xxiii. Zur Untersuchung der Energieabsorption von Faserverbundstrukturen s. [113, 147].

7.1 zeigt das Konzept des Hypercars. Dabei stellen die in Klammer angegebenen Werte Durchschnittsangaben heutiger Pkw dar.

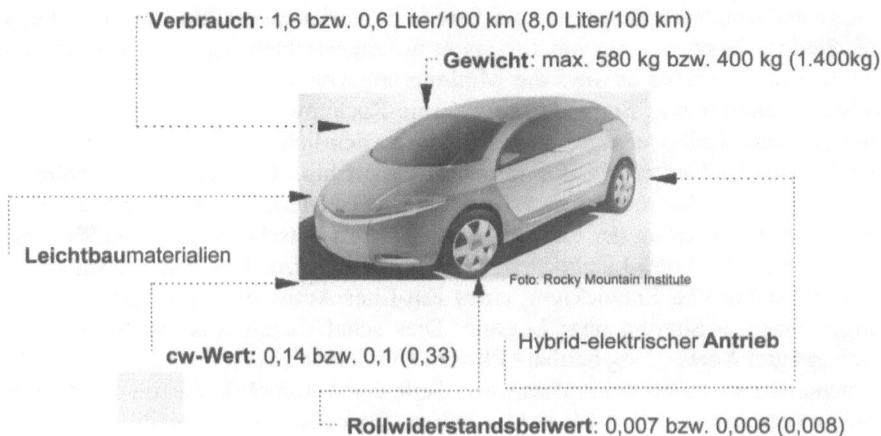

Abb. 7.1. Das Konzept des Hypercars

7.1.1 Die Entwicklung

Das Hypercar-Konzept – das zuvor „Supercars“ genannt wurde – wird seit 1991 von einem Team am 1982 gegründeten Rocky Mountain Institute (RMI) in Snowmass im U.S.-Bundesstaat Colorado entwickelt und seither ständig verbessert. Das renommierte, unabhängige non-profit Forschungsinstitut, hat sich zur Aufgabe gestellt, einen effizienteren und nachhaltigen Umgang mit Ressourcen als ein wesentlicher Bestandteil für eine sichere Zukunft zu entwickeln und durchzusetzen. Mit inzwischen 45 Mitarbeitern[1] arbeitet es vornehmlich auf den Gebieten Energieproduktivität, Wasser, Transport-Effizienz, nachhaltige Landwirtschaft, lokale Wirtschaftsentwicklung, globale Sicherheit und deren Zusammenhänge und wird von Amory B. Lovins und seiner Frau L. Hunter Lovins geleitet, die sich u.a. mit der Idee des „Negawatt“-Kraftwerks einen Namen in der internationalen Forscherwelt gemacht haben. 1994 gründeten sie das „Hypercar Center“, um ihr Konzept des Ein-Liter-Autos voranzutreiben.[2] Im März 1996 legte das Hypercar-Center im RMI eine ausführliche, wissenschaftliche Strategie-Studie vor, welche die Idee und Konzeption eines Hypercars, eingesetzte Materialien und Herstellung, bis hin zu industriellen Auswirkungen und des weiteren politischen Kontextes detailliert schildert [165]. Seit einigen Jahren wird das Kon-

[1] Stand 2000.

[2] Zum Konzept des Hypercars vgl. u.a. [32, 33, 34, 44, 45, 58, 122, 138, 156, 160, 161, 162, 165, 168, 171, 177, 178, 200, 209, 216, 217, 218, 219, 220, 221, 222, 223, 224, 248, 251, 278, 279, 280, 281].

zept von der 1999 gegründeten Hypercar, Inc. unter dem Namen „Revolution" weiterentwickelt.[1] Das Unternehmen hat im November 2000 die Start-up-Phase erfolgreich abgeschlossen [58].

Lovins' Konzept gründet auf der bereits beschriebenen Ultra-Leicht-Strategie. Die Schlüsselfaktoren zur von Lovins et al. angestrebten massiven Reduzierung des Kraftstoffverbrauchs sind die Minimierung von Leistung, Masse, Luft- und Rollwiderstand sowie Bremsen mit Energie-Rückgewinnung. Zusammengenommen ergeben Verbesserungen dieser Faktoren deutlich verbesserte Effizienz und damit niedriger Verbrauch[2]. Lovins weist darauf hin, dass der Pkw grundlegend neu definiert werden muss. Eines der wesentlichen Merkmale des Hypercar ist die drastische Reduzierung der Fahrzeugmasse, die als entscheidender Faktor für eine daraus mögliche Ultra-Leicht-Strategie angesehen wird. Das RMI verbindet zudem die technische Entwicklung eines Ein-Liter-Autos mit Mobilitätsdienstleistungen wie Car-Sharing oder Leasing. Dies schafft nach Ansicht des RMI den notwendigen Anreiz, lang haltbare Pkw zu entwickeln [217].

Bemerkenswert erscheint, dass weite Teile der Automobilindustrie das Konzept von Lovins grundsätzlich für richtig halten. Ernstzunehmende Kritik richtet sich im Wesentlichen an nach Ansicht einiger Experten zu optimistisch angenommenen Wirkungsgraden der antriebsrelevanten Komponenten sowie an den zeitlichen Vorstellungen für die Realisierbarkeit des Fahrzeugs. Konsequenterweise müsste die Automobilindustrie dann allerdings das Konzept tatsächlich umsetzen. Ob letztlich ein Verbrauch von 1,5 l/100 km oder vielleicht auch 2,5 l/100 km realisierbar ist – ein Gewinn für Mensch und Umwelt wäre es in jedem Fall. Wie die nachfolgenden Kapitel zeigen, sind tatsächlich nunmehr bereits zwei Entwicklungen mit den Verbrauchsvorstellungen von Lovins allein in Deutschland in der Entwicklung.

7.1.2 Drastische Reduzierung der Fahrwiderstände

Die Karosserie der Hypercars soll nach Ansicht der Ingenieure am RMI größtenteils aus neuen Verbundmaterialien hergestellt werden, deren Festigkeit durch extrem feste Fasern, wie Kohle- (CFK), Glas- (GFK) oder Aramidfasern herrühren und in Kap. 5.3 ausführlich beschrieben wurde. Ein Hypercar benötigt eine außerordentlich steife und feste Karosserie in Schalenbauweise, ohne eigenen Rahmen oder Chassis. Zudem setzt sich die Karosserie aus wesentlich weniger Bauteilen zusammen als die einer konventionellen Stahlbauweise.[3] Im einzelnen schlägt Amory Lovins für das gesamte Hypercar (4-5 Insassen) die folgende Materialverteilung vor (Tabelle 7.2).

---

[1] Zum aktuellen Stand der Entwicklungen s. www.hypercar.com.

[2] Zu den Umweltauswirkungen des Hypercar s. auch [91].

[3] So entwickeln auch die drei Automobilhersteller in den USA – General Motors, Ford und Chrysler (seit 1998 DaimlerChrysler) – ein Verfahren, das es ermöglicht, eine Karosserie aus nur 6 bis 10 Composite-Bauteilen zu montieren. Vgl. [200].

Tabelle 7.2. Materialien im Hypercar klassifiziert nach Materialart [165]

Material	Masse [kg]	Material	Masse [kg]
Kohlefaserverstärkte Kunststoffe (CFK)	124,5	Silikon-based electronics	11,3
Glasfaserverstärkte Kunststoffe (GFK)	15,2	Flüssigkeiten	14,9
Aramidfaserverstärkte Kunststoffe	12,6	Aluminium	55,1
Nylon	9,5	Magnesium	29,7
Elastomere (Polyester)	4,0	Nickel	18,4
Polypropylene	14,1	Metallhydride	7,8
Polyurethane	8,0	Platin	0,0005
Gemischte Polymere	39,0	Eisen (in Batterien)	6,2
Gummi	23,7	Neodymium-iron-boron	0,2
Aramidfasern für die Reifen	2,0	Kupfer	21,5
Jute oder Kenaf	2,0	Silicon magnet steel	20,1
Organische Fasern	0,5	Qualitätsstahl	19,4
Glas	21,6	Edelstahl	6,7
Keramik	3,3	Stahl (nicht klassifiziert)	29,7

Betrachtet man die wesentlichen Materialien einer Monocoque-Karosserie (body-in-white), so ergibt sich das in Tabelle 7.3 dargestellte Bild.

Tabelle 7.3. Materialien für die Karosserie des Hypercar. Quelle: [165]

System oder Komponente und zugehörige Materialien	Masse [kg]
Composite monocoque mit Türen	123,0
Kohlefaser	59,6
Glasfaser	6,0
Aramid, Polyethylen oder andere Fasern	7,0
Epoxid, Polyester zyklische Thermoplaste, Polyurethane, Polyethylen oder andere Harze	46,4
Polypropylen-Schaum	4,0

Einen Vergleich der Materialverteilung zwischen einem Pkw in konventioneller Stahlbauweise mit dem Hypercar zeigt Abb. 7.2. Wie aus der Abbildung ersichtlich wird, ist v.a. der hohe Stahlanteil im heute üblichen Fahrzeugbau Grund für erheblich höhere Fahrzeuggewichte. Um diesen „Makel“ etwas zu mindern, haben sich in dem in Kap. 5.1 beschriebenen Gemeinschaftsprojekt „Ultra Light Steel Auto Body, ULSAB“ 35 Stahlkonzerne zusammengeschlossen, um zu zeigen, dass der Werkstoff Stahl auch den neuen Anforderungen hinsichtlich des Leichtbaus genügt. So werden derzeit im Fahrzeugbau zunehmend höherlegierte Stähle eingesetzt [94].[1] Inzwischen ist auch der Einsatz von Pflanzenfasern als

[1] Vgl. Kap. 5.1.

Verstärkungsmaterialien im Fahrzeugbau in der Diskussion. Die nachwachsenden Rohstoffe wie Hanf und Flachs haben ein um 45% geringeres Gewicht als beispielsweise Glasfasern, sind in Zugfestigkeit und Steifigkeit diesen jedoch ebenbürtig [95].

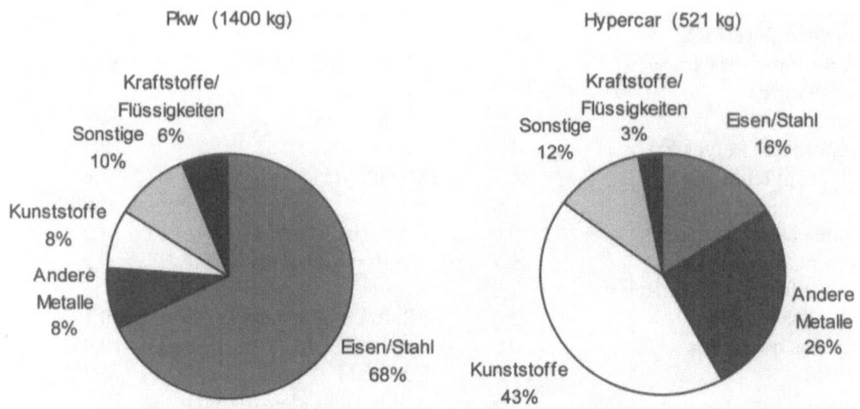

Abb. 7.2. Materialverteilung eines Pkw in Stahlbauweise und des Hypercars

Neben der Verwendung extrem leichter Materialien zur Reduzierung der Fahrwiderstände rechnet Lovins für die kurzfristige GAIA-Version des Hypercar mit einem c_w-Wert von 0,14, für die Langfrist-Version ULTIMA mit einem c_w-Wert von 0,10. Ebenso zielt Lovins' Hypercar auf eine drastische Reduzierung der effektiven Frontfläche. Es soll in der ULTIMA-Version eine nur 1,7 m^2 große Frontfläche[1] besitzen. Bei der Reduzierung des Rollwiderstands soll das Hypercar in der GAIA-Version einen Rollwiderstandsbeiwert r_0=0,007 und in der ULTIMA-Version r_0=0,006 erreichen.

7.1.3 Der Antrieb

Amory Lovins sieht im Hypercar-Konzept einen Hybridantrieb vor (Abb. 7.3). Die dadurch realisierbare Nutzung des Elektroantriebs ohne die bis heute vorhandenen Nachteile der schweren Batterien in Kauf nehmen zu müssen, ist bereits detailliert in Kap. 4.3 beschrieben worden. Im Gegensatz zu den heute am Markt befindlichen Hybridantriebe werden jedoch die Räder einzeln von Elektromotoren angetrieben. Sogenannte Radnabenmotoren sollen hierzu extrem stabil, robust, präzise und klein auslegbar sein. Der Strom für diese Motoren soll bei Bedarf von einem kleinen, konventionellen Verbrennungsmotor (7-15 kW), einer Gasturbine oder Brennstoffzelle erzeugt werden. Lovins lässt also weitgehend offen, welche

[1] Selbst konservative Annahmen gehen von einer Untergrenze von ca. 1,8 m^2 bei der Stirnfläche aus, so dass die Annahmen von Amory Lovins realistisch erscheinen.

Art der Energieerzeugung im Pkw die Speisung der Batterien bzw. Radnabenmotoren übernehmen soll. In jüngster Zeit wird auch die direkte Umwandlung von Benzin in Wasserstoff propagiert. So entwickelten amerikanische Ingenieure einen Elektromotor mit benzinbetriebener Brennstoffzelle. Das Versuchsaggregat mit einer elektrischen Leistung von 50 kW hat einen Gesamtwirkungsgrad von 23% (Kraftstoffherstellung/-bereitstellung bis Fahrzeug). Zum Vergleich: Ein konventioneller Ottomotor erreicht ca. 12% [238]. Zur Brennstoffzelle als potenzieller Antrieb auf dem Weg zum Ein-Liter-Auto ist bereits in Kap. 4.2 ausführlich Stellung genommen worden.

Abb. 7.3. Hybrid-Antriebssystem im Hypercar. Quelle: RMI

Wegen der ca. 100 mal höheren Energiedichte von Benzin gegenüber Batterien kann ein Hypercar mit einem leichten Antriebssystem eine sehr weite Distanz mit einer Tankfüllung zurücklegen. Die Batterie wird nicht für den Dauerantrieb benötigt, sondern speichert die temporär zurückgewonnene Bremsenergie (die Radnaben-Motoren wandeln Rotationsenergie in elektrische Energie um) – ausreichend, um die notwendige Zusatzenergie für Beschleunigungen und Steigungsfahrten bereitzustellen. Das benötigte Antriebssystem wird voraussichtlich nur ca. 100 kg wiegen, weniger als 1/5 der heute üblichen Fahrzeuge. Tabelle 7.4 stellt zusammenfassend und vergleichend technische Daten des Hypercars in der Kurzfrist- und Langfrist-Version gegenüber der laufenden US-Produktion dar.

Tabelle 7.4. Technische Daten von Serien-Pkw, Ultralite und Hypercar im Vergleich

Maß Typ	c_w	A [m²]	M [kg]	r_0	c_wA [m²]	Index	Verbrauch [l/100km]	Index
laufende US-Produktion	0,33	2,3	1443	0,008	0,759	1,00	8,0	1,00
GM-Studie „Ultralite“ 1991	0,192	1,71	635	0,007	0,328	0,19	3,79	0,5
RMI „GAIA“	0,14	1,9	580	0,007	0,266	0,14	ca. 1,6	0,2
RMI „ULTIMA“	0,10	1,7	400	0,006	0,17	0,06	ca. 0,6	0,1

7.2 Der L22 der Loremo Automotive GmbH

Die im Jahr 2000 gegründete Loremo Automotive GmbH in München entwickelt derzeit ein Pkw, der mit 1,5 Liter pro 100 km im NEFZ einen sensationell günstigen Kraftstoffverbrauch aufweisen soll. Dem Pkw liegt ein völlig neuartiges Konstruktionskonzept zu Grunde, das vom Entwicklungsingenieur Uli Sommer bereits seit 1993 unter dem Namen „Marathon" entwickelt wurde. „Wir wollten ein Auto bauen, das alle Anforderungen an die Mobilität der Zukunft erfüllt, das ein Minimum an Ressourcen verbraucht, das dynamisch aussieht und Spaß macht – und das sich jeder leisten kann", so beschreibt das Unternehmen seinen eigenen Anspruch. Dabei führen in dem mit dem Namen „L22" getaufte Projekt[1] nicht teure High-Tech-Materialien zu diesem geringen Kraftstoffverbrauch, sondern die konsequente Verfolgung eines einfachen Prinzips: Simplizität. Uli Sommer, Produktmanager bei Loremo, verweist dabei auf die Tatsache, dass eingesparte Energie die wirtschaftlichste und zugleich ökologischste Energieform ist.[2] Seiner Ansicht nach können extrem aufwendige Konstruktionen in aller Regel nicht ökologisch sein. Die Maxime der konsequenten Vereinfachung des Automobils verfolgt das Unternehmen daher vor dem Hintergrund, dass eine nachhaltige Entwicklung am besten dann zu erreichen ist, wenn eine Fokussierung auf die wesentlichen Bedürfnisse erfolgt. Dabei wissen die Ingenieure und Entwickler, dass dabei vor allem in Bezug auf eine maximale Sicherheit keine Abstriche gemacht werden können. Zusammen mit dem Produktmanager Dipl.-Ing. Uli Sommer wird das innovative Unternehmen von CEO-Geschäftsführer Dipl.-Kfm. Dipl.sc.pol. Gerhard Heilmaier und COO-Geschäftsführer Dipl.-Ing. Stefan Ruetz geleitet – allesamt mit Erfahrungen in der Automobilindustrie, Zulieferindustrie und dem Business Development.

Der L22 wiegt weniger als 450 Kilogramm, sein Luftwiderstand unterbietet den gängiger Kleinwagen um mehr als 60 Prozent. Mit einer einzigen Tankfüllung von 38 Litern hat der L22 somit eine Reichweite von 2.500 Kilometer. Da es sich um einen 2 + 2-Sitzer handelt, ist der L22 der mit Abstand effizienteste Pkw, der ihn Serie hergestellt werden soll. Wer vom L22 allerdings ein kleines, unkomfortables Ökoauto erwartet wird ebenso enttäuscht. Mit 3,80 m Länge, 1,35 m Breite und einer Höhe von 1,10 m zeigt das Sparwunder vielmehr äußerst elegante Proportionen. Dabei orientiert sich das Design an sportlichen Coupés. Damit entfernt sich der L22 meilenweit vom gängigen Klischee eines sparsamen Umweltwagens. Die Entwickler gehen nach vorliegenden Berechnungen davon aus, dass der L22 äußerst gute Fahreigenschaften aufweist. Sollte das Projekt gelingen, so wird das völlig andere Erscheinungsbild, der niedrige Verbrauch und ein modernes Vermarktungs- und Servicesystem vielmehr Maßstäbe für eine vollkommen neue au-

[1] Der L22 wurde erstmals anlässlich der 50-Jahr-Feier des Deutschen Naturschutzrings auf einer Pressekonferenz am 6. Oktober 2000 der Öffentlichkeit vorgestellt. Siehe hierzu [187, 189, 193].

[2] Uli Sommer in einem persönlichen Gespräch mit dem Autor am 27. Juli 2001 in München.

tomobile Klasse setzen. Dabei besticht vor allem der angepeilte niedrige Preis von unter 10.000 Euro, der das Auto für eine breite Käuferschicht erschwinglich macht. Abbildung 7.4 zeigt den L22, der im folgenden Kapitel in seinen Einzelheiten näher beschrieben wird.[1]

7.2.1 Grundkonzept

Der L22 basiert auf einer völlig neuartigen Struktur, das die konsequente Reduktion von Gewicht und Luftwiderstand ermöglicht. Dabei hatten sich die Entwicklungsingenieure zunächst der Frage gewidmet, warum beim Automobil die Kräfte eines frontalen Crashs aufwendig um die seitlichen Türen herum geleitet werden müssen, während gradlinige Längsträger, die nicht durch Türen unterbrochen werden, weitaus effizienter sind. Die sich von gängigen Konstruktionsphilosophien ablösende Denkweise ermöglichte im Ergebnis eine einfache, aber revolutionäre Konstruktion. Getreu dem Motto „Neues kann nur entstehen, wenn man sich nicht an Altem orientiert", haben die Entwicklungsingenieure überflüssigen Ballast über Bord geworfen und sich dabei auf das Wesentliche konzentriert. So wundert es auch nicht, dass derart neue Entwicklungen nicht aus der etablierten Automobilindustrie stammen, sondern vielmehr von der Zulieferindustrie unterstützt werden.

Abb. 7.4. Das 1,5-Liter-Auto L22. Quelle: Loremo Automotive GmbH

Basis des L22 ist ein nur 90 Kilogramm schweres Fundament aus Stahl – die sogenannte Linearzellenstruktur. Sie besteht aus nur acht Blechtiefziehteilen und führt drei lineare, ununterbrochene Längsträger über die gesamte Fahrzeuglänge, die dem leichten Pkw eine optimale Stabilität verleihen. Die Karosserie aus thermoplastischem Kunststoff hat nur noch eine verkleidende Funktion. Der L22 wird dabei mit einem Mittelmotor angetrieben, der in einem Querträger in Form eines

[1] Vgl. hierzu auch [137, 138, 142, 166, 174, 179, 180, 191, 192, 244 und 280].

Tubus untergebracht wird. FEM-Berechnungen haben dabei gezeigt, dass der L22 die Torsionssteifigkeit vergleichbar mit der eines Sportwagens aufweist. Die in Janusanordnung angeordneten Sitze werden von dem Querträger gestützt und wirken gleichzeitig als Schalldämmer für den Motor. Eine aufwendige Zusatzisolation kann somit eingespart werden, und schwere Bodenplatten, die üblicherweise freistehende Sitze stabilisieren, werden überflüssig.

Konzipiert ist der L22 als 2+2-Sitzer: Anders als im üblichen Sportwagen oder gar bewusst als 2-Sitzer ausgelegte Stadtfahrzeuge oder Niedrigverbrauchs-Pkw wie dem Smart oder dem Ein-Liter-Auto von Volkswagen können im Fond noch zwei Personen mitfahren, ohne auf ausreichend Beinfreiheit verzichten zu müssen. Sie tun dies dann entgegen der Fahrtrichtung: Wer hinten sitzt, schaut hinten raus. Dem Einwand, dass die umgekehrte Fahrtrichtung manch einem Fondpassagier auch Probleme bereiten könnte, begegnet das Unternehmen mit dem Argument, dass gerade diese Sitzanordnung vor allem Kindern unvergleichliche Sicherheit bietet und die aerodynamisch gebotene, bereits nach der Mitte sanft abfallende Kontur des hinteren Daches und die Konzentration der Massen in der Mitte weiter unterstützt wird. Zudem liegt der durchschnittliche Besetzungsgrad der Pkw immer noch unter 2 Personen. Die Passagiere steigen in den L22 somit nicht über gewöhnliche Türen in den Pkw ein und aus, sondern vielmehr über großflächige und nach oben aufklappbare Front- und Hecktüren (vgl. Abb. 7.5). Die Praxis wird erweisen, ob diese bereits bei früheren Pkw, wie dem Janus von Zündapp aus dem Jahre 1957, realisierte Janusanordnung vom Kunden akzeptiert wird.

Das grundlegende Konstruktionsprinzip macht sich dabei die in Kap. 3.1 beschriebene Ultra-Leicht-Strategie zu eigen. Maximale Gewichtseinsparung und extrem niedriger Luftwiderstand sind wesentliche Kernelemente für die Erreichung des minimalen Kraftstoffverbrauchs von 1,5 Liter pro 100 km. Immerhin sind ca. 60% des Gewichts moderner Autos auf den Einbau von Luxus zurückzuführen [174]. Hervorzuhebendes Unterscheidungsmerkmal zu den Konzepten beispielsweise von Amory Lovins oder der Volkswagen AG ist dabei jedoch, dass die Umkehr der Gewichtsspirale nicht durch den Einsatz extrem teurer und – wie am Beispiel der kohlefaserverstärkten Kunststoffe gezeigt – zudem energetisch aufwendiger Materialien erreicht wird. Vielmehr wird eine strikte Reduktion auf das technisch Notwendige und Sinnvolle unter optimaler Nutzung der Komponenten vorgenommen. Letzteres kann beispielsweise durch die Unterbringung des Mittelmotors im Querträger der Linearzellenstruktur verdeutlicht werden: Die dortige Unterbringung sorgt zusammen mit der Kopf an Kopf-Sitzposition der Passagiere für eine optimale Gewichtsverteilung des Pkw. Dadurch liegt der Schwerpunkt des L22 exakt zwischen den beiden Achsen – geradezu ideal für komfortable Fahreigenschaften. Die für signifikante sekundäre Gewichtseinsparungen erforderliche Umkehr der Gewichtsspirale kann somit auch mit konventionellen Werkstoffen, wie Stahl und Thermoplaste erreicht werden.

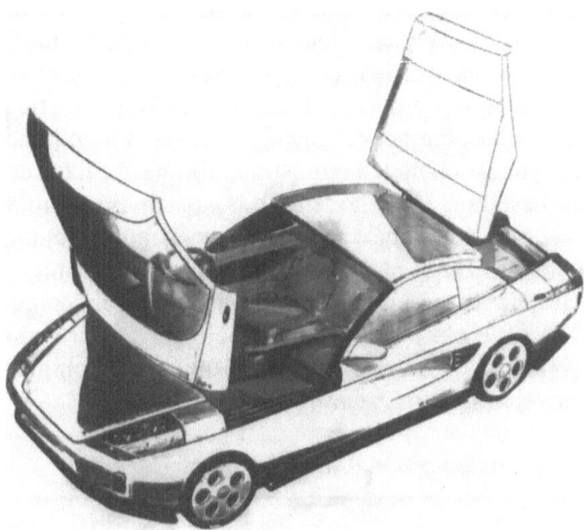

Abb. 7.5. Aufklappbare Front- und Hecktüren des L22

7.2.2 Technik

Während die großen Konzerne in der Automobilindustrie am Grundkonzept des Pkw weitgehend festhalten und vorwiegend mittels alternativer Antriebe effiziente Pkw entwickeln wollen, betrachtet die Loremo Automotive GmbH den Antrieb zunächst als „Black Box". Angetrieben werden soll der L22 mittels eines konventionellen 2-Zylinder Turbodiesel wobei erfreulicherweise ein Rußpartikelfilter als Standard angeboten wird. Das Unternehmen schließt sich in dieser Frage den Entwicklungen des französischen PSA-Konzerns an, der seit einiger Zeit seine Pkw mit Rußpartikelfiltern anbietet und damit der gesundheitlichen Risiken in Bezug auf eine krebserregende Wirkung der Rußpartikel im Gegensatz zu den fünf großen deutschen Automobilunternehmen vorbeugt.[1] Selbstverständlich kann der sparsame Dieselmotor zu gegebener Zeit auch durch andere Antriebe – wie z.B. einer Brennstoffzelle – ersetzt werden. Loremo setzt aber stattdessen zunächst konsequent auf Maßnahmen, die ohne Aufschub realisierbar sind und zu großer Effizienz führen.

Die technischen Daten des zunächst in einer Eco- und Sport-Version geplanten L22 sind in der Tat beeindruckend. So erreichen beide Varianten eine für den

[1] Wegen der Untätigkeit deutscher Autokonzerne beim Einsatz von Rußpartikelfiltern für Diesel-Pkw hat die Umweltorganisation „Greenpeace" gegen die deutsche Automobilindustrie im September 2001 gar Anzeige erstattet. Bereits im April 2001 hatte der Dachverband Kritischer AktionärInnen DaimlerChrysler (KADC) den deutsch-amerikanischen Konzern aufgefordert, Rußpartikelfilter in Pkw einzuführen (www.kritischeaktionaere.de).

Luftwiderstand maßgebliche effektive Luftkraftfläche c_w*A von unter 0,25. Dies ist ein im Vergleich zu den heute besten Werten – beispielsweise dem Lupo 3L (0,54) oder dem Audi A2 (0,57) – ein beispiellos niedriger Wert und unterbietet sogar die Kurzfrist-Konzeption von Amory Lovins' Hypercar. Im Ergebnis liegt der Luftwiderstand des L22 bei nur 40% heutiger Kleinwagen [138]. Wesentlicher Grund hierfür ist sowohl die aerodynamisch äußerst günstig geformte Struktur der Karosserie als auch der sehr glatt gestaltete Unterboden. So lässt sich die Stirnfläche auf extrem niedrige 1,1 m^2 reduzieren. Dabei ermöglicht die Janusanordnung der hinteren Sitze ein flach abfallendes Heck und eine kleine Abrisskante mit einer geringen Wirbelschleppe. Die Höchstgeschwindigkeiten betragen abgeregelt 140 bzw. 200 km/h (166 bzw. 220 km/h ohne Abregelung). Selbst die Sportversion wird mit einem Kraftstoffverbrauch von unter 3 Liter pro 100 km auskommen. Tabelle 7.5 zeigt die wesentlichen technischen Daten im Überblick.

Tabelle 7.5. Technische Daten des L22. Quelle: Loremo Automotive GmbH [159]

Technische Daten	Eco	Sport
c_w-Wert	0,19	0,2
Effektive Luftkraftfläche	0,21 m^2	0,23 m^2
Leergewicht	<430 kg	<450 kg
Leistung	15 kW	35 kW
Beschleunigung (0-100 km/h)	18 sec	9 sec
Höchstgeschwindigkeit (abgeregelt)	140 km/h	200 km/h
Verbrauch (NEFZ) ca.	1,5 l/100km	2,5 l/100km
Reichweite bei 38 Liter-Tank	2.500 km	1.500 km
Preis	unter 10.000 Euro	unter 18.000 Euro

Bei einem durchschnittlichen Kraftstoffverbrauch von 1,5 Liter pro 100 km beträgt die Reichweite der Eco-Version auf Grund des relativ großen Tanks mit 38 Liter Volumen 2.500 km. Die tiefe Sitzposition, der Mittelmotor und der niedrige Schwerpunkt geben dem L22 die Fahreigenschaften eines Sportwagens. So dürfte das 1,5-Liter-Auto eine ausgezeichnete Straßenlage aufweisen und äußerst wendig und leicht zu lenken sein. Eine Servolenkung ist dabei wegen des geringen Gewichts nicht notwendig.

Für optimales Kurvenfahrverhalten unabhängig von der Zuladung soll eine speziell für den L22 entwickelte und bereits patentierte Differential-Lenker-Hinterachse sorgen. Dabei federn die Räder bei gleichsinnigen Einfedern um die gemeinsame querliegende Achse ein ohne dabei Sturz oder Spur zu verändern. Beim wechselseitigen Einfedern z.B. in Kurven reagieren die Radaufhängungen wie Schräglenker mit dem Vorteil der besseren Abstützwirkung gegen die Fahrbahn [138].

Insbesondere in Sachen Sicherheit werden beim L22 keinerlei Abstriche gemacht. Mit seiner Länge von 3,80 m bietet er mit 60 cm eine für diese Klasse unüblich große Knautschzone. Zum Vergleich: Kleinwagen haben eine nur ca. halb so lange Knautschzone, Kleinstwagen wie der Smart eine mit einer Länge von nur 20 cm. Wesentlicher Sicherheitsaspekt ist dabei die Linearzellenstruktur, welche die auftretenden Kräfte bei einem Frontalaufprall effizient und über gerade Kraftpfade durch die Längsträger weiterleiten. Dabei garantiert der Längsträger guten Insassenschutz im Falle eines Seitenaufpralls. Der Querträger sorgt zusätzlich für eine ausgezeichnete Torsionssteifigkeit und die daran befestigten und robusten Kopfstützen dienen als Überrollschutz. Insgesamt versprechen die durchgeführten FEM-Simulationen einen ausgezeichneten Insassenschutz sowohl bei einem 60 km/h Offset-Crash als auch bei einem Seitenaufprall. Die janusförmige Anordnung der Sitze kann zunächst als ein Manko empfunden werden, erweist sich bei anderer Betrachtung aber sogar als Vorteil: Besonders für Kinder ist die hintere Sitzposition mit Abstützung durch die Rückenlehne ein besonderer Schutz, da ihre Nackenmuskeln und Reflexe noch nicht so ausgeprägt wie bei Erwachsenen sind. So profitieren die Fondpassagiere von der umgekehrten und damit günstigeren Richtung der Beschleunigungskraft. Ergänzt wird das Sicherheitspaket durch serienmäßige Fahrerairbags sowie Kopfairbags an allen Sitzen. Sollte das Fahrzeug bei einem Unfall auf dem Dach liegen bleiben, so ist für eine schnelle Bergung der Insassen über die Seitenstrukturen konstruktiv vorgesorgt.

Das innovative Konzept überzeugt auch durch sein attraktives Design eines renommierten Designerteams. Sowohl die Eco- als auch die Sport-Version des L22 sollen dabei sehr stark auf persönliche Bedürfnisse zugeschnitten werden können und durch zusätzliche Accessoires für Freizeit und Beruf spezialisierbar sein. So wird der L22 zu ca. 70% der Montagezeit in standardisierter Bauweise erfolgen und die letzten 30% der Montagezeit kundenspezifisch variierbar sein. Dabei kann das Fahrzeug mit einem Cabrio-, einem Pickup- oder einem Kombi-Modul ausgestattet werden. Da das leichte Dach aus Kunststoff keinerlei statische Funktion hat, dauert es nach Angaben des Unternehmens nicht mehr als fünf Minuten, um das Deck mit wenigen Handgriffen auszutauschen. Für Urlaubsreisen mit Familie und großem Gepäck wird zusätzlich ein Anhänger als Extraausstattung angeboten.

Weil sich nach Ansicht von Loremo in Zukunft physische und virtuelle Mobilität gegenseitig ergänzen werden, ist ein Internet-Anschluss Standard im L22. Auf Wunsch kann dieser auch bis zum integrierten Internet-Arbeitsplatz inklusive PC-Nutzung mit Telefonanschluss ausgebaut werden. Dabei kann dann ein LCD-Display auf die Beifahrerseite geschoben werden. Die für den Fahrer notwendigen Angaben wie Geschwindigkeit und Tankanzeige werden durch ein zusätzliches kleines Display permanent angezeigt. Serienmäßig ist ein Radio vorgesehen. Geboten werden zudem zahlreiche Extras wie eine Hi-Fi-Anlage, Klimaanlage bis hin zu Ledersitzen.

7.2.3 Produktion und Vermarktung

Die Produktion des L22 soll bis zum Jahr 2004 in Serie starten und wird voraussichtlich in eigener Regie erfolgen. Dabei werden wesentliche Module von Zulieferer stammen und nach Angaben des Unternehmens eine kostengünstige Herstellung sowohl in Großserie als auch bei kleinen Stückzahlen möglich sein, da der L22 aus nur 18 Modulen besteht und seine Produktion entsprechend schlank ausfallen dürfte. Angestrebt wird zunächst eine stattliche jährliche Produktion von 100.000 Pkw, die dann zum erwähnten Preis von ca. 10.000 Euro angeboten werden könnten. Die durchgeführten Marktstudien ergaben ein Interesse potenzieller Nutzer aus fast allen sozialen Gruppen [138]. Wesentliche Zielgruppe sind dabei Käufer, die ökologisch vertretbare Mobilität mit einem alltagstauglichen Pkw verlangen. Diese Käuferschicht dürfte von denjenigen ergänzt werden, die zu einem extrem günstigen Preis mobil sein wollen. Gerade weil sicher sein dürfte, dass die Kraftstoffpreise weiter ansteigen werden, reichen einfache Rechnungen aus, um die ökonomische Sinnhaftigkeit des L22 zu diagnostizieren. Bei einer jährlichen Fahrleistung von 15.000 Kilometern und einem Kraftstoffpreis von derzeit ca. 1,- Euro pro Liter spart der L22 im Vergleich zu einem sparsamen 5-Liter-Auto über 500 € im Jahr. Der L22 müsste gerade einmal alle zwei Monate betankt werden. Wird davon ausgegangen, dass sich die Benzinpreise in den nächsten fünf Jahren verdoppeln werden, so würde sich beispielsweise die Anschaffung eines L22 bei einem Pendler, der täglich 40 Kilometer zur Arbeit fährt, gegenüber einem 6-Liter-Auto in weniger als fünf Jahren alleine durch die Spritersparnis selbst finanzieren. Wegen des geringen Benzinverbrauchs ist über viele Jahre mit einer Steuerbefreiung bzw. äußerst günstigen Steuereinstufung zu rechnen.

Über die Vermarktung des L22 schweigt sich Loremo bis dato noch weitgehend aus. Fest steht, dass es komplett vorliegt und es sich auch hierbei um ein völlig neuartiges Konzept handeln könnte. Denkbar sind dabei mehrere Optionen, die u.a. bis zum monatlichen Leasing des L22 einschließlich der entstehenden Kraftstoffkosten reichen dürften. Dabei könnte der Nutzer dann per Electronic-Card an der jeweiligen Vertragstankstelle tanken.

7.2.4 Bewertung

Der L22 ist zunächst ein sehr mutiges Konzept. Anders als die etablierte und in ihren Konzepten weitgehend konservativ agierende Automobilindustrie unterzieht die Loremo Automotive GmbH den Pkw einer radikalen Schlankheitskur. Nicht teure Werkstoffe oder neue Antriebstechnologien sollen dem Pkw eine bis dato einmalige Effizienz verleihen, sondern eine weitgehende Vereinfachung des Prinzips, ohne dabei an wichtigen Sicherheits- und Fahreigenschaften Abstriche in Kauf nehmen zu müssen. Das Konzept des L22, dem selbst Automobilhersteller wie BMW oder Ford bestätigen, dass alle Faktoren für ein leichtes und kraftstoffsparendes Auto berücksichtigt wurden, wirkt dabei pfiffig und überzeugend zugleich. Dabei wird der L22 sicherlich kein Pkw für jedermann sein. Er wird nicht diejenigen ansprechen können, die sich weiterhin mit nur marginal verbesserten Kraftstoffverbräuchen vom einen Modell zum anderen begnügen und dabei in Kauf nehmen, der Umwelt langfristig untragbare Belastungen zuzumuten. Wer weiterhin tonnenschwere Pkw mit kraftstofffressenden Komfort wie elektrisch verstellbare Sitze und Klimaanlage erwartet, wird kaum zum Käufer eines eher auf Effizienz statt Luxus ausgerichteten L22.

Der L22 hat aber sehr wohl Chancen, diejenigen Käuferschichten anzusprechen, die weiterhin auf ein Auto angewiesen sind, dies aber mit verantwortlichem Handeln verbinden wollen. Dabei werden die Besitzer eines L22 nicht als Asket gebrandmarkt, sondern dürften ihn eher als – wie es Uli Sommer nennt – „lässigen, freiheitsliebenden Genießer“ ausweisen. Dabei hat es sehr wohl Charme, mit einer Tankfüllung von Frankfurt nach Florenz und zurück fahren zu können, während heute übliche Pkw auf dieser Strecke bereits 5 mal nachtanken müssen.

Der L22 dürfte wohl kaum an technischen Problemen scheitern. Vielmehr hängt der Erfolg des 1,5-Liter-Autos von zwei wesentlichen Faktoren ab. Zum einen wird es nicht unerheblich sein, wie viele Käufer wirklich bereit sind, gänzlich andere Pkw zu akzeptieren, und eine verantwortbare automobile Mobilität zu gewährleisten. Dabei darf man auch auf die Reaktion auf die Janus-Anordnung gespannt sein. Zum anderen bedarf es noch einige Millionen Euro zur Finanzierung der Entwicklungskosten, für die Investoren benötigt werden. Oftmals scheitern auch noch so intelligente und innovative Konzepte an den fehlenden finanziellen Ressourcen. Es bleibt zu hoffen, dass dies dem L22 erspart bleibt.

7.3 Das Ein-Liter-Auto von Volkswagen

Während die Loremo Automotive GmbH ihre Pläne für den im vorigen Kapitel beschriebenen L22 relativ offen darlegt, verhält sich der Wolfsburger Traditionskonzern eher zugeknöpft. Offizielle Statements sind von der VW AG nur spärlich zu erhalten. Das folgende Kapitel stellt die Pläne für ein Ein-Liter-Auto der Volkswagen AG dar und bewertet diese im Rahmen der vorliegenden Fakten.

7.3.1 Konzept

Im Februar 1998 kündigte der Vorstandsvorsitzende der Volkswagen AG, Ferdinand Piëch, erstmals in der Öffentlichkeit die Entwicklung eines Ein-Liter-Autos an. In einem Interview des Nachrichtenmagazins „Stern“ sagte Piëch, bei Volkswagen komme „demnächst das Drei-Liter-Auto und dann das Zwei-Liter-Auto und danach das Ein-Liter-Auto“ [107]. Eineinhalb Jahre später, im Juli 1999, verabschiedet sich die Volkswagen AG zunächst von ihren ehrgeizigen Zielen. Die Pläne für ein Zwei- oder gar Ein-Liter-Auto wandern einstweilen in die Schublade, da nach Ansicht des VW-Vorstands für Technische Entwicklung, Martin Winterkorn, der Konzern allenfalls eine Chance sieht, einen Kraftstoffverbrauch von minimal 2,7 Liter auf 100 km zu erreichen, wenn man den Weg des konsequenten Leichtbaus weitergeht. Nach Ansicht Piëchs würde selbst ein Zwei-Liter-Auto für den Kunden zu teuer.

Die Produktpolitik der Volkswagen AG einerseits sparsame Pkw, wie beispielsweise dem Lupo 3L, zu bauen, andererseits aber auch Luxus-Pkw, wie den Bugatti mit 1001 PS, stößt bei Umweltschützern zunehmend auf Kritik. Der ehemalige Greenpeace-Chef Thilo Bode ist der Meinung, Volkswagen hat den Lupo

3L nur deshalb bauen lassen, um die Vorschriften über die Reduktion der Flottenverbrauchswerte seitens der Europäischen Union zu erfüllen [107]. Jedenfalls dürfte fest stehen, dass es dem Konzern unter der Führung Ferdinand Piëchs weniger um ökologisch vorzeigbare Projekte als um die Realisierung des technisch Machbaren geht.

Ende September 2000 kündigt Piëch ebenfalls im „Stern" abermals die Entwicklung eines Ein-Liter-Autos durch den Volkswagen-Konzern an und verkündet, dass er es noch in seiner Amtsperiode (Ende 2002) fahren werde. Seit dieser Ankündigung spekuliert die Presse munter über die Ausgestaltung des Pkw. Fest steht jedoch, dass es sich hierbei nur um wenige offizielle Stellungnahmen des Konzerns handelt und eine Vielzahl von vermeintlichen Details auf Vermutungen basieren. Vorsorglich wird das Projekt u.a. als „rollende Verzichtserklärung" bezeichnet.[1] Offenbar reicht der Glaube der Fachpresse nicht weit, um dem Pkw eine Chance auf ein vollwertiges Auto einzuräumen.

VW-Sprecher Hans-Gerd Bode bestätigt auf Anfrage einige Zielgrößen des Projekts und teilt mit, dass mittlerweile die ersten Prototypen laufen.[2] Er verweist in dem Gespräch darauf, dass es sich ansonsten tatsächlich weitgehend um Vermutungen der Presse handelt. Die Volkswagen AG jedenfalls wird zum Ein-Liter-Auto keine Details bekannt geben.

Bode bestätigt, dass es sich allein auf Grund der verminderten Luftkraftfläche eher um einen 2-Sitzer mit hintereinander sitzenden Passagieren als um einen 4-Sitzer handeln dürfte. Der Motor werde sehr klein ausfallen und das Gewicht unter 500 kg betragen. Ebenso sei es das Ziel, den Pkw „serienfähig zu entwickeln". Über die Fertigstellung wird keinerlei Auskunft erteilt. Die Mutmaßungen der Presse, bis Ende 2002 sei das Projekt abgeschlossen, basieren allein auf die Aussage Piëchs, er wolle das Auto noch in seiner Amtszeit fahren. Die kursierenden Computergrafiken sind laut Bode ebenfalls „reine Spekulation".[3] Diese Verlautbarungen vom Konzernsprecher Hans-Gerd Bode sind alles andere als eine Sensation. Vielmehr ist ein Ein-Liter-Auto anders als durch die drastische Minimierung der Fahrwiderstände und des Gewichts ohnehin nicht zu realisieren.

Mittlerweile gehen manche Journalisten und Ingenieure bereits vorsorglich auf Distanz zu einem derart ambitionierten Öko-Projekt. Da werden von vermeintlich renommierten Fachzeitschriften Fragen gestellt wie man mit „so wenig Sprit heizen oder gar kühlen" soll? Der Einzylinder-Motor wird demnach „ungleichförmig stampfen" und das Fahrzeug rechne sich ohnehin nicht [115]. Derartige Verlautbarungen sind im Zusammenhang mit innovativer – vor allem aber andersgearteter – Technik kaum verwunderlich. Ob sie in der Substanz seriös sind, kann bezweifelt werden. In der Geschichte der Technik hat es immer wieder Entwicklungen gegeben, die zunächst auf Unverständnis und ungläubiges Staunen stießen, ehe sie allmählich Einzug in den Alltag fanden. Die entscheidende Frage lautet an dieser Stelle vielmehr, welche Ansprüche an ein Ein-Liter-Auto gestellt werden.

---

[1] FAZ, zitiert in [115].

[2] Persönliche Mitteilung an den Autor am 2. Juli 2001.

[3] Persönliche Mitteilung an den Autor am 2. Juli 2001.

Verlangt man auch von ihnen mehr oder weniger geartete Rennreiselimousinen, ist das Projekt von Beginn an zum Scheitern verurteilt. Selbstverständlich dürfen und sollen Alternativen zu den gängigen kraftstofffressenden Pkw andere Eigenschaften haben. Selbstverständlich werden sie nicht den Komfort haben, wie etwa ein Pkw der Mittelklasse. Im vorigen Kapitel ist darauf bereits eingegangen worden. Alle wichtigen Sicherheits- und Crashanforderungen wird aber auch ein Ein-Liter-Auto erfüllen. Die Frage, wann ein Auto „vollwertig" ist, kann je nach Motivation und Priorität anders beantwortet werden. Zweifellos wird Volkswagen das Ein-Liter-Auto serientauglich entwickeln und somit alle erforderlichen Zulassungsprüfungen zu erfüllen haben. Eine Entwicklung nur für die Garage wäre auch aus Sicht von Konzernsprecher Hans-Gerd Bode in der Tat eine „irrige Vorstellung".[1]

Auch die Wettbewerber sind nicht allesamt vom Vorhaben des Wolfsburger Konzerns begeistert. Eine oftmals geäußerte Reaktion auf die ambitionierten Ziele von VW ist der Hinweis, dass nicht das „Drei-Liter- oder Ein-Liter-, sondern das Null-Liter-Auto" das Ziel sein sollte, so etwa der BMW-Entwicklungschef Burkhard Göschel [140]. In ähnlicher Weise hat der Vorstandsvorsitzende der DaimlerChrysler AG auf die Entwicklung eines Ein-Liter-Autos reagiert. Jürgen E. Schrempp verwies anlässlich der Vorstellung des NECAR 5 und des Jeep Commander 2 im November 2000 in Berlin darauf, dass die beiden präsentierten Premierenmodelle „echte Null-Liter-Autos" seien. „Damit kann ein Schlussstrich unter die Debatte gezogen werden, wer das 3- oder 1-Liter-Auto baut." Was in beiden Statements verschwiegen wird, ist die Tatsache, dass auch ein Brennstoffzellen-Pkw kein „Null-Liter-Auto" sein kann, solange der Wasserstoff aus fossilen Brennstoffen bereitgestellt wird. Kapitel 4.2 ist darauf ausführlich eingegangen.

Die Mutmaßungen über die technischen Details für das Projekt beziehen sich weitgehend auf die Fragen der Motorisierung, möglicher Luftwiderstandsbeiwerte und die verwendeten Materialien. Relativ sicher dürfte die Verwendung kohlefaserverstärkter Kunststoffe für die Karosserie sein, wie sie eingehend in Kap. 5.3 beschrieben wurde. Das Gewicht des Fahrzeugs könne auch in Richtung 400 kg gehen. Dies ist sehr wahrscheinlich, da dies auch Berechnungen von Lovins zeigen und der L22 ebenfalls ein derart niedriges Gewicht aufweisen wird, obwohl dieser anders als die Entwicklung der VW AG vier Passagieren Platz bietet.

Als Antrieb soll vermutlich ein zehn PS starker und 366 cm³ großer Einzylinder-Turbodiesel mit Pumpe-Düse-Hochdruckeinspritzung und Vierventiltechnik dienen. Dabei wird voraussichtlich eine Spitzengeschwindigkeit von 130 km/h möglich sein. Die Kraftübertragung läuft über ein automatisiertes Sechsganggetriebe, bei dem die Gänge nach Formel 1-Vorbild auch per Tastendruck direkt am Lenkrad gewechselt werden können. Der Motor wird die Euro 4-Norm erfüllen, was nach heutigem Stand eine Steuerersparnis von ca. 1.200 Mark[2] bedeuten würde. Ähnlich wie bei der Entwicklung des L22 der Loremo Automotive GmbH werden die Passagiere über eine aufklappbare Dachkuppel einsteigen. Die Karos-

[1] Persönliche Mitteilung an den Autor am 2. Juli 2001.

[2] Quelle: autouniversum.de.

serie wird angeblich bei einem italienischen Kleinserienspezialisten aus Kohlefaser gefertigt. Auch Magnesium und Aluminium sollen verwendet werden – zum Beispiel für die Sitzgestelle, das Getriebe und die Fahrwerksteile. Ähnlich wie der L22 von Loremo soll auch das Ein-Liter-Auto von Volkswagen voll langstreckentauglich sein. Die Reichweite wird je nach Fahrweise zwischen 500 und 1.000 Kilometer betragen.[1]

7.3.2 Bewertung

In diesem Buch ist wiederholt darauf hingewiesen worden, dass die Entwicklung eines Ein-Liter-Autos nur dann sinnvoll ist, wenn sie einen entscheidenden Beitrag zur Reduzierung des Flottenverbrauchs leisten kann. Was für das Drei-Liter-Auto galt, ist auch für ein Ein-Liter-Auto zutreffend: einzelne Niedrigverbrauchsautos tragen zur Problemlösung nur wenig bei. Es gilt, die Flottenverbrauchswerte insgesamt drastisch zu senken.

Die Bewertung des Ein-Liter-Autos von Volkswagen hängt daher entscheidend davon ab, ob der Konzern gewillt ist, die hierbei gewonnenen Forschungs- und Entwicklungsergebnisse auch in der breiten Flotte umzusetzen. Die Tatsache, dass im selben Unternehmen beispielsweise mit dem 1001 PS starken Bugatti der Serien-Pkw mit der höchsten jemals angebotenen Leistung entwickelt wird, lässt nicht gerade vermuten, dass der Wolfsburger Konzern sich ernsthaft den ökologischen Herausforderungen stellt. Vielmehr muss es gelingen, den Flottenverbrauch insgesamt zu senken.

Entscheidend für den Erfolg eines Ein-Liter-Autos ist zudem der Preis. Die von einigen Quellen genannten Preise zwischen 18.000 und 23.000 Euro wären für einen Zweisitzer deutlich zu hoch. Dies gilt auch bei einem angepeilten Preis, der etwas unter dem des Lupo 3L liegen würde. Es ist jedoch zu vermuten, dass auch auf Grund der verwendeten teuren Materialien der Verkaufspreis deutlich über dem des Loremo L22 liegen dürfte. Hier kommt dem Münchner Unternehmen zu Gute, dass mit der Reduzierung auf das Notwendige keine extrem teuren Materialien verwendet werden müssen.

Man wird abwarten müssen, wie das Ein-Liter-Auto nach der Markteinführung von den potenziellen Käufern angenommen wird. Hierbei spielen auch Fragen der Rahmenbedingungen wie die Entwicklung der Kraftstoffpreise und der Beibehaltung und Weiterentwicklung der Ökosteuer – die derartigen Produkten Vorschub leisten – eine Rolle. Sollte die Volkswagen AG aber erneut einen Rückzieher machen und das Ein-Liter-Auto nicht in Serie anbieten, so wäre das Projekt nicht mehr als eine Demonstration des technisch Machbaren und mit dem Worten des Konzernsprechers Bode eben eine „irrige Vorstellung".

[1] Quelle: autouniversum.de.

8 Zusammenfassung

Die global weiter steigenden CO_2-Emissionen machen eine international abgestimmte Klimaschutzpolitik und deren erfolgreiche Umsetzung zunehmend notwendiger, um drohende Klimaveränderungen zu verhindern oder einzudämmen. Mit der Übereinkunft auf der 6. Vertragsstaatenkonferenz in Bonn ist der internationale Klimaprozess einen wichtigen ersten Schritt vorangekommen. Der Verkehr weist unter den Verursachersektoren in Deutschland derzeit die größten Wachstumsraten auf. Somit steigen auch die CO_2-Emissionen gerade im motorisierten Individualverkehr weiter an und belasten das Klima.

Der Pkw hat sich in Deutschland seit Beginn der 60er Jahre zunehmend als Inbegriff von Mobilität durchgesetzt. Zwar wurden die Pkw-Motoren bezogen auf ihre Leistung immer sparsamer und auch die klassischen Emissionen wie Stickoxide und Kohlenwasserstoffe konnten auf Grund einer stringenten Gesetzgebung deutlich gesenkt werden. Durch die zunehmende Größe der Fahrzeuge sowie wachsenden Sicherheits- und Komfortansprüchen ist der absolute Kraftstoffverbrauch in den vergangenen Jahrzehnten jedoch kaum gesunken. Um den notwendigen Beitrag einer drastischen Reduzierung der CO_2-Emissionen beim Pkw zu erreichen, sind deshalb weitergehende Konzepte notwendig.

Die in den vergangenen Jahren angebotenen ersten Drei-Liter-Autos weisen den Weg in Richtung umweltfreundlicherer Alternativen zu den in der breiten Flotte von der Automobilindustrie derzeit angebotenen, aber auch von den Kunden nach wie vor gekauften, vergleichsweise ineffizienten Pkw. Die Entwicklung kann angesichts der skizzierten Problematiken im Zusammenhang mit den Umweltauswirkungen nur ein Zwischenschritt sein auf dem Weg nochmals deutlich effizienteren Pkw. Der Weg zum Ein-Liter-Auto jedenfalls ist technisch möglich. Die Realisierung eines derart niedrigen Kraftstoffverbrauchs ist dabei nur erreichbar, wenn einerseits die Fahrwiderstände des Pkw drastisch reduziert werden und andererseits die dann noch benötigte Antriebsleistung äußerst effizient bereitgestellt wird. Entscheidend ist letztlich deren Beitrag zur Reduzierung des Flottenverbrauchs, gilt es doch, die CO_2-Emissionen im Verkehr wirksam zu senken.

Dabei kommt der Reduzierung der Fahrzeugmasse aufgrund ihres Einflusses auf den Kraftstoffverbrauch besondere Bedeutung zu, wobei seither Materialien wie der traditionelle Stahl, Aluminium, Magnesium und Kunststoffe bis hin zu Exoten wie Titan um das Potenzial einer Gewichtsminderung unter wirtschaftlich vertretbarem und ökologisch sinnvollem Aufwand konkurrieren. Verbundwerkstoffe für Pkw-Karosserien in Form von kohle-, glas- oder aramidfaserverstärkter Kunststoffe haben dabei zunächst aufgrund ihrer teils hervorragenden physikalischen Eigenschaften die weitaus größten Chancen zum Karosseriewerkstoff der Zukunft zu werden, nicht zuletzt deshalb, weil sie dabei eine Umkehr der Gewichtsspirale einleiten können. Dabei sind auf dem Weg zur Massenfertigung derartiger Karosserien noch einige Hürden zu nehmen. Gegen den Einsatz insbesondere von Kohlefasern als Verstärkungsmaterialien werden in der Diskussion v.a. der deutlich höhere Materialpreis sowie das angeblich noch ungeklärte Recycling dieser Werkstoffe genannt. Hinsichtlich der ökonomischen Einwände zeigen Studien, dass CFK-Karosserien wegen der deutlich niedrigeren Verarbeitungskosten schon bei einer relativ kleinen Jahresproduktion von 100.000 Stück mit den Kosten einer Stahlkarosserie konkurrieren könnten. Zudem ist zu beachten, dass sich die Mehrkosten durch die signifikante Kraftstoffeinsparung binnen relativ kurzer Zeit wieder amortisieren würden. Der Preis für Kohlefaser ist seit Jahren rückläufig. Jedoch sind Kohlefasern heute noch nicht wirtschaftlich einsetzbar. Bei der Herstellung der Karosserie aus faserverstärkten Kunststoffen in nächster Zukunft anzustreben, die Zykluszeiten der Verarbeitung zu minimieren. Vielversprechend erscheinen diesbezüglich verschiedene Injektionsverfahren. Das Resin-Transfer-Moulding ist hier in Form des Ultra-High-Speed-Verfahrens eine Variante aus der Gruppe der Niederdruck-Verfahren, bei dem heute bereits Zykluszeiten von unter 10 Minuten erreicht werden. Ziel muss es sein, diese Verfahrensdauer auf unter 5 Minuten zu reduzieren. Wegen des relativ hohen energetischen Aufwands zur Herstellung dieser Werkstoffe sind jedoch weitgehende sekundäre Gewichtseinsparungen der Pkw notwendig, um einen für deren Amortisation innerhalb der Nutzungsphase ausreichend niedrigen Kraftstoffverbrauch zu erreichen. Hier sind weitere Analysen notwendig, die insbesondere nach Entwicklung von Recyclingverfahren zur Wiedergewinnung von Primärfasern deren Recyclinggutschrift sowie mögliche längere Lebensdauern derartiger Pkw berücksichtigen. Erst dann ist eine verlässliche Aussage über die ökologische Gesamtbilanz möglich.

Im Zuge der Diskussion um die EU-Altauto-Richtlinie haben Aspekte des Recyclings von Leichtbaumaterialien an Bedeutung gewonnen. Unabhängig davon wird der ökologische und wirtschaftliche Einfluss von Herstellung und Recycling der Pkw an Bedeutung zunehmen, weil durch den signifikant reduzierten Kraftstoffverbrauch der energetische Einfluss innerhalb der Nutzungsphase abnimmt. Für das Recycling einer faserverstärkten Karosserie konnte aufgezeigt werden, dass derzeit mehrere Verfahren in Betracht kommen. Vor allem die werkstoffliche Verwertung ist dabei ein Verfahren, das bereits heute vorwiegend bei glasfaserverstärkten Polyesterharzen (UP-GF) durchgeführt wird und sich auch für kohle- oder aramidfaserverstärkte Kunststoffe eignet. Daneben befinden sich mehrere Verfahren – u.a. das thermisch-stoffliche Verfahren der Umkehrvergasung und die vom US-amerikanischen Unternehmen entwickelte Katalytische Niedertemperatur-Pyrolyse in der Entwicklung. Wichtiges Ziel dieser Verfahren ist, die zurückgewonnenen Fasern auch für neue Verbundwerkstoffe einzusetzen. Ebenso wie beim chemischen Recycling in Form der Methanolyse ergeben sich hierbei aber v.a. bei lang- bzw. endlosfaserverstärkten Kunststoffen Probleme des Handlings der von der Matrix abgetrennten Fasern. Mit der Lösung dieses Problems könnten zukünftig thermisch-stoffliche Verfahren eine geeignete Verwertungsvariante für faserverstärkte Kunststoffe darstellen. Bei der Methanolyse dürfte u.a. der relativ große verfahrenstechnische Aufwand verbunden mit kapitalintensiven Investitionen Hindernis für eine rasche großtechnische Einführung sein. Die thermische Verwertung in Müllverbrennungsanlagen wird häufig als günstiges Verfahren zur Verwertung faserverstärkter Kunststoffe genannt, weil hierbei der Energieinhalt der Werkstoffe genutzt wird. Zu beachten ist jedoch, dass wegen möglicher anorganischer Komponenten in Form der Fasern und Füllstoffe der Heizwert auf bis zu 12 MJ/kg sinkt. Daneben ist wegen des niedrigen elektrischen Wirkungsgrades von ca. 25% nur eine geringe Energieausbeute erreichbar. Andere nutzbare Rezyklate fallen darüber hinaus nicht an. Die Pyrolyse wurde in mehreren Versuchen der Universität Hamburg erprobt und untersucht, ist aber wegen unzähliger verfahrenstechnischer Probleme nach einiger Zeit wieder eingestellt worden. Die Verwertung im Zementwerk und als Reduktionsmittel in Hochöfen wird zwar diskutiert, aber v.a. wegen zu geringer Aufkommen an faserverstärkten Kunststoffen und nicht zu garantierender Qualitätseigenschaften nicht durchgeführt.

Dass dabei im ökologischen Vergleich – entgegen den in der öffentlichen Diskussion häufig formulierten Bedenken – das werkstoffliche Recycling das energetisch günstigste Verfahren ist, kommt den Bestrebungen eines hochwertigen Recyclings entgegen. Daneben ist die thermisch-stoffliche Verwertung energetisch künftig als nahezu gleichwertig – wenn nicht gar günstiger – einzustufen. Sie weist mit ca. 72 MJ/kg zwar einen um 25 MJ/kg höheren Energieaufwand auf, dies aber nur deshalb, weil derzeit die zurückgewonnenen Fasern noch keine Neuware substituieren. Gelingt es hingegen, das Verfahren weiter zu entwickeln und Fasern gar in Form von Lang- oder Endlosfasern zu verwerten, ist die thermisch-stoffliche Verwertung das energetisch günstigste Verfahren, da neben den Fasern auch die Chemikalien der Matrix in ihren Grundbestandteilen wiedergewonnen werden und somit ein hoher Wertschöpfungsgrad erreicht wird. Die Deponierung muss wegen gänzlich fehlender Rezyklate als Entsorgungsmethode in Zukunft ausscheiden.

Während sich im Bereich des Leichtbaus also einige vielversprechende Entwicklungen auf dem Weg zum Ein-Liter-Auto abzeichnen, dürfte die Frage des Antriebs der Zukunft noch weniger entschieden sein. Welche der beschriebenen Konzepte wie Hybridantriebe, Brennstoffzellenantriebe oder die Hubraumreduzierung konventioneller Antriebe sich dabei durchsetzen werden, hängt auch von den betrachteten Zeiträumen ab. Der von Teilen der Automobilindustrie favorisierte Brennstoffzellenantrieb ist nach derzeitigem Stand der Technik bei Betrieb mit fossilen Kraftstoffen – wie beispielsweise einer Methanolreformierung – bei Betrachtung der Treibhausgasemissionen gegenüber sparsamen Verbrennungsmotoren ökologisch wenig vorteilhaft, vergleichsweise teuer und wird sich erst in 10 bis 20 Jahren in einer nennenswerten Zahl am Markt durchsetzen können. Langfristig bietet die Brennstoffzelle aber die Möglichkeit der Nutzung einer regenerativen Energiebereitstellung auf Wasserstoffbasis. Die Nutzung hybrider Antriebskonzepte verspricht bei der Reduzierung von CO_2-Emissionen bei entsprechender

Auslegung einige Potenziale. Die wenigen bereits am Markt befindlichen Konzepte – wie der Toyota Prius oder der Honda Insight – zeigen dabei erste Erfolge, wenngleich sie dabei mögliche Reduzierungen der Fahrwiderstände seither weitgehend ungenutzt lassen. Ein insbesondere für die Übergangszeit zu einer regenerativen Energiebasis ökologisch vielversprechende und wirtschaftlich umsetzbares Konzept ist die Hubraumreduzierung mit Hochaufladung, wie es u.a. von der Schweizer Swissauto Wenko AG propagiert und am Beispiel SmILE der Umweltorganisation Greenpeace realisiert wurde. Dabei kann der Kraftstoffverbrauch bereits ohne weitgehende Änderung anderer Fahrzeugkomponenten deutlich reduziert werden. Wesentlicher Vorteil der Hubraumreduzierung mit Hochaufladung ist die uneingeschränkte Übertragbarkeit auf nahezu alle Pkw-Modelle bis zur oberen Mittelklasse. Daraus ergeben sich erhebliche Potenziale für eine dringend notwendige drastische Reduzierung des Flottenverbrauchs bei gleichzeitiger Verfügbarkeit aller hierzu notwendigen Technologien.

Die gezeigten Beispiele momentan in der Entwicklung befindlicher Ein-Liter-Autos verdeutlichen zum einen die Verschiedenheit möglicher Konzepte, zum anderen sind sie insbesondere Triebfedern für eine gänzlich neue Konstruktion und Auslegung zukünftiger Pkw. Dabei wird beim Ein-Liter-Autos von Volkswagen insbesondere abzuwarten sein, zu welchem Preis es angeboten wird und ob der Konzern gewillt ist, die hierbei gewonnenen Forschungs- und Entwicklungsergebnisse auch in der breiten Flotte der Pkw von VW umzusetzen. Ziel muss es sein, den Flottenverbrauch insgesamt zu senken. Die Visionen und Anregungen von Amory Lovins mit dem seit einigen Jahren entwickelten Hypercar-Konzept haben unzweifelhaft dazu beigetragen, die Entwicklung derart sparsamer Pkw weiter voranzutreiben. Ob die Hypercar Inc. in der Lage sein wird, ein Hypercar eigenständig zu produzieren und zu vermarkten, bleibt abzuwarten. Besonderes Merkmal des vom Münchner Unternehmen Loremo Automotive GmbH gewählten Prinzips ist deren Einfachheit. Das innovative Konzept des L22 ist mit Sicherheit das mutigste Vorhaben aller Entwicklungen auf dem Weg zum Ein-Liter-Auto. Es besticht nicht zuletzt dadurch, dass es auf extrem teure und oftmals energetisch aufwendige Materialien in der Herstellung oder unreife alternative Antriebe verzichtet und dennoch einen extrem niedrigen Kraftstoffverbrauch anstrebt.

Eventuelle Hindernisse bei der erfolgreichen Umsetzung der neuen Konzepte werden weniger technischer Art sein, als vielmehr die Frage, ob die Bereitschaft aller Akteure – Automobilindustrie, Politik und Käufer – für eine derartige Neudefinition des Pkw hinreichend ist. Letztlich ist dabei auch ein Umdenken aller Akteure hinsichtlich des heutigen Mobilitätsbildes erforderlich, wenn die ökologisch fatalen Folgen des weiter wachsenden Verkehrs in Zukunft eingedämmt werden sollen – woran kein Weg vorbeiführt. Wenn Mobilität in den letzten gut 30 Jahren u.a. in Deutschland fast ausschließlich „Automobilität" bedeutete, so war dies nahezu zwangsläufig mit einer Städtebau- und Industriepolitik verbunden, welche die hierfür notwendigen Strukturen zementiert – wie Straßenbau, niedrige Treibstoffkosten, die städtebauliche Trennung von Wohnen, Arbeiten, Freizeit und Versorgung bis hin zu einer letztlich äußerst gefährlichen Wirtschaftspolitik, die sich vom Erfolg des Automobils zu einem hohen Grade abhängig gemacht hat. Dies alles war und ist bis heute mit einer industrialisierten Gesellschaft verbunden, die sich das Leitbild „Schneller, Weiter, Mehr“ fast dogmatisch als Garanten des Wachstums auferlegt hat. Es gilt, diese Abhängigkeiten auf ein verträgliches Maß zurückzuführen. Dies bedeutet auch, das Auto nur dort einzusetzen, wo es seine unbestreitbaren Vorteile hat. Suffizienz – nämlich der maßvolle Gebrauch des Automobils – führt letztlich auch zu einer notwendigen und ergänzenden technischen Effizienz des Fahrzeugs, das dieser Neudefinition des „Autos der Zukunft“ gerecht wird. Einen möglichen Weg in diese Richtung hat Amory Lovins seit einiger Zeit mit seinem Hypercar vorgezeichnet. Es zeigt sich, dass die momentan in der Entwicklung befindlichen Ein-Liter-Autos von Volkswagen oder der Loremo Automotive GmbH sich an der von Lovins formulierten Konstruktionsweise anlehnen. Ob diese Pkw das Potenzial besitzen, einen wirksamen Beitrag zur Reduzierung des Flottenverbrauchs zu leisten, hängt nicht zuletzt davon ab, ob die darin angewandten Techniken und Konstruktionsweisen auch Eingang in die breite Modellpalette finden. Fest steht jedoch bereits jetzt, dass sie das Maß realisierbarer Effizienz serientauglicher Automobile im 21. Jahrhundert neu definieren werden.

Literaturverzeichnis

1 Abfallwirtschaftsgesellschaft Wuppertal (1996) Thema Müllverbrennung: Aspekte eines umweltbewussten Entsorgungsmodells. Erhältlich bei: Abfallwirtschaftsgesellschaft mbH, Wuppertal, Korzert 15, Wuppertal

2 Abfallwirtschaftsgesellschaft Wuppertal (1996) Umwelterklärung 1996 im Rahmen der Auditierung für das EG-Öko-Audit. Erhältlich bei: Abfallwirtschaftsgesellschaft mbH, Wuppertal, Korzert 15, Wuppertal

3 ACEA (1998) The European Automobile Manufacturers commit to substantial CO_2 emission reductions from new Passenger Cars. Press Release, July 1998

4 Ahbe S, Braunschweig A, Müller-Wenk R (1990) Methodik für Oekobilanzen auf der Basis ökologischer Optimierung. Bericht der Arbeitsgruppe Oeko-Bilanz. Herausgegeben vom Bundesamt für Umwelt, Wald und Landwirtschaft (BUWAL), Bern

5 Allred RE (1996) Recycling Process for Scrap Composites and Prepregs. In: SAMPE Journal, Vol. 32, No. 5, September/October 1996

6 American Methanol Institute (2001) Beyond The Internal Combustion Engine – The Promise of Methanol Fuel Cell Vehicles. American Methanol Institute, 800 Connecticut Avenue, NW, Suite 620, Washington, DC 20006, Tel 1-888-275-0768, Fax 202-331-9055, www.methanol.org

7 Anselm D (1997) Die Pkw-Karosserie – Konstruktion, Deformation, Unfallinstandsetzung. Vogel Verlag, Würzburg

8 Bady R, Biermann JW (2000) Hybrid-Elektrofahrzeuge – Strukturen und zukünftige Entwicklungen. Vortrag im Rahmen des 6. Symposiums „Elektrische Straßenfahrzeuge" an der Technischen Akademie Esslingen, 11. und 12. Mai 2000, Forschungsgesellschaft Kraftfahrwesen mbH Aachen (ika) und Institut für Kraftfahrwesen Aachen (ika), Aachen

9 Bangemann C (2000) Grüner Star. In: Auto-Motor-Sport, Ausgabe 5/2000

10 Bangemann C (2000) Klassen-Prius. In: Auto-Motor-Sport, Ausgabe 1/2000

11 Bangemann C (2000) Wasser marsch. In: Auto-Motor-Sport, Ausgabe 11/2000

12 Bangemann C (2001) Alternative List – Langes Warten auf alternative Konzepte. In: Auto-Motor-Sport, Ausgabe 10/2001

13 Barth C (1993) Duroplastrecycling: Neue Rezyklatsorten bieten gute Festigkeitseigenschaften. In: Kunststoffe 83, Heft 5, München

14 Bayerisches Zentrum für angewandte Energieforschung e.V. (1995) Kumulierter Energieaufwand und energieoptimierte Nutzungsdauer von Personenkraftwagen. Lehrstuhl für Energiewirtschaft und Kraftwerkstechnik (IfE), TU München, Studie im Auftrag des Bayerischen Staatsministeriums für Wirtschaft und Verkehr, München

15 Beck M (Hrsg.) (1993) Ökobilanzierung im betrieblichen Management. Vogel Buchverlag, Würzburg

16 Berlin AA et al. (1986) Principles of Polymer Composites. Springer-Verlag, Berlin, Heidelberg

17 Betz G, Vogl H (1996) Das umweltgerechte Produkt: praktischer Leitfaden für das umweltbewußte Entwickeln, Gestalten und Fertigen. Hermann Luchterhand Verlag, Neuwied, Kriftel, Berlin
18 Beutler F, Brackmann J (1999) Neue Mobilitätskonzepte in Deutschland: Ökologische, soziale und wirtschaftliche Perspektiven. Veröffentlichungsreihe der Querschnittsgruppe Arbeit & Ökologie beim Präsidenten des Wissenschaftszentrum Berlin für Sozialforschung, Wissenschaftszentrum Berlin für Sozialforschung gGmbH (WZB), Berlin, Februar 1999
19 Blum W (1996) Das gezähmte Knallgas – Ein umweltfreundlicher Kleinbus läuft ohne Benzin: Seine Brennstoffzellen werden mit Wasserstoff und Luft getrieben. In: DIE ZEIT, Ausgabe vom 15.5.1996, Hamburg
20 Blum W (1997) Abgaswert null: Mit Brennstoffzellen will Daimler-Benz in die erste Startreihe. In: DIE ZEIT, Ausgabe vom 24.10.1997, Hamburg
21 BMW AG (1996) Hypercar – Zweifel am „Auto der Zukunft": Kritische Anmerkungen zum Hypercar-Konzept des Rocky Mountain Institute (RMI). Pressedienst Wissenschaft, Forschung, Entwicklung der BMW AG, Nr. 2/1996, München
22 BMW AG (2000) BMW präsentiert seriennahe Entwicklungen in Mechatronic und Leichtbau. Information der BMW AG vom 3. August 2000, www.bmw.de
23 BMW AG (2001) BMW will kohlefaserverstärkte Kunststoffe in Serie bringen. In: ATZ, 7. Februar 2001, www.atz-mtz.de
24 Bradley MJ (2000) Future Wheels: Interviews with 44 Global Experts On the Future of Fuel Cells for Transportation And Fuel Cell Infrastructure and A Fuel Cell Primer. Submitted to Defense Advanced Research Projects Agency, November 2000
25 Bradley JC, Graham W D, Foster R (1994) Solvent seperation: A Method for Recycling Uncured SMC. 49th International SPI-Conference, Cincinatti
26 Braess HH (1999) Negative Gewichtsspirale. In: Automobiltechnische Zeitschrift 101, 1/1999.
27 Brandenburg T (1996) Vier Jahre Vorsprung: Daimler perfektioniert die Brennstoffzelle – neuer Schwung im internationalen Rennen um den sauberen Antrieb. In: Focus, Nr. 21, Mai 1996
28 Brandrup J (Hrsg.) (1995) Wiederverwertung von Kunststoffen. Carl Hanser Verlag, München/Wien
29 Brennstoffzelleninitiative Baden-Württemberg (Hrsg.) (2001) Brennstoffzellenstrategien ausgewählter Automobilhersteller. www.forum-brennstoffzelle.de
30 Bröcking J (1999) Untersuchungen an Knotenpunkten aus faserverstärkten Kunststoffen. Dissertation an der Fakultät für Maschinenwesen der RWTH Aachen
31 Brüdgam S, Henkelmann H (1998) Anforderungsprofil an Faser-Kunststoff-Verbund-Halbzeuge für Kfz-Leichtbaukomponenten. 4. Nationales Symposium SAMPE Deutschland e.V., Braunschweig 12.-13. März 1998, In: Faser-Kunststoff-Verbunde im Fahrzeugbau, Volkswagen AG, Fahrzeugforschung
32 Brylawski MM (1999) Uncommon Knowledge: Automotive Platform Sharing's Potential Impact On Advanced Technologies. Conference pre-print for the 1st International Society for the Advancement of Material and Process Engineering (SAMPE) Automotive Conference, 27.–29. September 1999, Detroit, Michigan
33 Brylawski MM, Lovins AB (1998) Advanced Composites: The Car Is At The Crossroads. Conference pre-print for the 43rd International Society for the Advancement of Material and Process Engineering (SAMPE) Symposium and Exhibition, 31. Mai – 4. Juni 1998, Rocky Mountain Institute, Snowmass, Colorado

34 Brylawski MM, Lovins, AB (1998) Ultralight-Hybrid Vehicle Design: Overcoming the Barriers to Using Advanced Composites in the Automotive Industrie. Rocky Mountain Institute, Snowmass, Colorado

35 Bund für Umwelt und Naturschutz Deutschland (BUND), MISEREOR (Hrsg.) (1996) Zukunftsfähiges Deutschland: ein Beitrag zu einer global nachhaltigen Entwicklung. Studie des Wuppertal Instituts für Klima, Umwelt, Energie, Birkhäuser-Verlag, Basel, Boston, Berlin

36 Bünger U (2001) Entwicklungsstand und -perspektiven von Wasserstoffspeichern für mobile und portable Anwendungen. Vortrag im Rahmen der Veranstaltung Wasserstoffspeicherung – Entwicklungsstand und -perspektiven, Haus der Technik, Essen, 9. Mai 2001, L-B-Systemtechnik GmbH, Ottobrunn, www.lbst.de

37 Burg M, Ben R (1995) Commercial Applications for Composites with Continuous and Chopped High Performance Fibers. Proceedings 40th Intern. SAMPE Symposium & Exhibition, Anaheim, Mai 1995

38 Busch R (1997) Entwicklung und Realisierung einer vollautomatischen Betriebsstrategie für einen leistungsorientierten Hybridantrieb. Shaker Verlag, Aachen

39 Büttner H, Frick I, Krames J (1993) Energetische Bewertung von Verfahren zur rohstofflichen Verwertung von Altkunststoffen. Gutachten im Auftrag der ARGE-DSD, Universität Kaiserslautern

40 Carlsson LA, Pipes RB (1989) Hochleistungsfaserverbundwerkstoffe: Herstellung und experimentelle Charakterisierung. Teubner-Studienbücher: Werkstoffe, Teubner-Verlag, Stuttgart

41 Carpetis C (2000) Globale Umweltvorteile bei Nutzung von Elektroantrieben mit Brennstoffzellen und/oder Batterien im Vergleich zu Antrieben mit Verbrennungsmotor. STB-Bericht Nr. 22, Deutsches Zentrum für Luft- und Raumfahrt e.V., Schwerpunkt Energietechnik, Institut für Technische Thermodynamik, Abteilung Systemanalyse und Technikbewertung, Stuttgart, April 2000

42 Carpetis C, Nitsch J (1999) Neue Antriebskonzepte im Vergleich. In: MTZ Motortechnische Zeitschrift 60, 1999, Seite 94ff

43 Christlein J, Schüler L (2000) Audi Space Frame 2. Generation: Realisierung eines zukunftsweisenden Leichtbau-Karosseriekonzepts mit Hilfe der Simulation. In: VDI (2000) Entwicklungen im Karosseriebau. VDI-Berichte 1543. Tagung Hamburg, 11. und 12. Mai 2000, VDI-Gesellschaft Fahrzeug- und Verkehrstechnik, VDI-Verlag Düsseldorf, Seite 137

44 Cramer DR, Fox JW (1997) Hypercars: A Market-Oriented Approach to Lifecycle Environmental Goals. Reprinted from: Design for Environmentally Safe Automotive Products and Processes, SAE Technical Papers Series No.: 97196, SAE International Congress & Exposition, Detroit, Michigan, February, 1997

45 Cramer DR, Brylawski MM (2000) Ultralight-Hybrid Vehicle Design: Implications For The Recycling Industry. Rocky Mountain Institute, Snowmass, Colorado, März 2000

46 Curran MA (1996) Environmental Life Cycle Assessment. McGraw-Hill, New York

47 Daimler-Benz AG (1996) Das Brennstoffzellen-Fahrzeug NECAR II. Presse-Information, zu beziehen bei: DaimlerChrysler AG, Unternehmenskommunikation (KOM), Epplestraße 225, D-70546 Stuttgart-Möhringen, Berlin, 14. Mai 1996

48 Daimler-Benz AG (1996) Das Prinzip der Brennstoffzelle. Presse-Information, zu beziehen bei: DaimlerChrysler AG, Unternehmenskommunikation (KOM), Epplestraße 225, D-70546 Stuttgart-Möhringen, Berlin, 14. Mai 1996

49 DaimlerChrysler (2001) necar5 – fahren mit Methanol. DaimlerChrysler Research & Technology, D-70546 Stuttgart, www.daimlerchrysler.com
50 Das S (2001) The Cost Of Automotive Polymer Composites: A Review And Assessment Of DOE's Lightweight Materials Composites Research. Prepared for the Office of Advanced Automotive Technology, Office of Transportation Technologies, U. S. Department of Energy, Oak Ridge National Laboratory, Januar 2001
51 Dauensteiner A (1995) Verwirrung, wenn die Ökobilanz frisiert wird: Dauensteiner beim BUND: Äpfel nicht mit Birnen vergleichen, in: Schorndorfer Nachrichten v. 13.2.1995
52 Dauensteiner A (1997) Ökologische Bewertung der Pkw-Programme von Audi, BMW und Mercedes-Benz anhand des Kraftstoffverbrauchs und der CO_2-Emissionen: Studie im Auftrag des Dachverbands der kritischen Aktionärinnen und Aktionäre Köln und des Dachverbands Kritischer AktionärInnen Daimler-Benz, Stuttgart, Köln/Stuttgart, Mai 1997
53 Dauensteiner A (1998) Faserverstärkte Kunststoffe im Automobilbau sowie deren Recycling und Entsorgung unter besonderer Berücksichtigung des Kumulierten Energieaufwands. Diplomarbeit am Institut für Industrielle Fertigung und Fabrikbetrieb der Universität Stuttgart unter Mitbetreuung des Wuppertal Instituts für Klima, Umwelt, Energie GmbH, Stuttgart/Wuppertal, April 1998
54 Dauensteiner A (1998) Ökologische Bewertung der Pkw-Programme von Audi, BMW und Mercedes-Benz anhand des Kraftstoffverbrauchs und der CO_2-Emissionen: Studie im Auftrag des Dachverbands der kritischen Aktionärinnen und Aktionäre Köln und des Dachverbands Kritischer AktionärInnen Daimler-Benz, 2. und erweiterte neufassung, Köln/Stuttgart, Mai 1998
55 Dauensteiner A (2000) Stellungnahme zu den Nebenwirkungen der Recyclingquoten der EU-Altautodirektive auf Leichtbaukonzepte sowie auf den Einsatz nachwachsender Rohstoffe im Automobilbau. Ingenieurbüro für Klima- und Umweltschutz Schorndorf (IKUS), Schorndorf, 14. September 2000
56 Deinzer G et al. (1998) Life Cycle Inventory of Magnesium-Comparison of Steel and Magnesium in a Car Cross Beam. International conference and exhibition: Magnesium alloys and their applications ISBN: 3-88355-255-0, Wolfsburg, S. 119-124
57 Delmonte L (1981) Technology of carbon and graphite fiber composites. Van Nostrand, New York
58 Denner J, Evans T (2001) Hypercar makes it move – Driving for an prototype. In: RMI Newsletter, Volume XVII#1, Frühjahr 2001
59 Der Spiegel (2000) Honda Insight – Drei Liter auf Probe. Spiegel Online vom Februar 2000, www.spiegel.de
60 Deutsches Institut für Normung e.V. (1996) DIN EN ISO 14040: Produkt-Ökobilanz: Prinzipien und allgemeine Anforderungen. Norm-Entwurf des NAGUS, Deutsches Institut für Normung e.V., Berlin
61 Deutsches Institut für Normung e.V. (1996) Ökobilanzen: PR im grünen Bereich. DIN-Pressemitteilung 49/96, November 1996
62 Deutsches Institut für Normung e.V. (1996) Produkt-Ökobilanzen: Auf dem Weg ins Leben. DIN-Pressemitteilung 23/96, Mai 1996
63 Dieffenbach, JR, Palmer PD, Mascarin AE (1996). Making the PNGV Super Car a Reality with Carbon Fiber: Pragmatic Goal or Pipe Dream? SAE Paper No. 960243, Society of Automotive Engineers, Warrendale, PA

64 Dietz S (1999) Eine Herausforderung für die Aerodynamik – Das Drei-Liter-Auto von Audi. In: VDI (1999) Technologien um das 3-Liter-Auto. VDI-Berichte 1505. Tagung Braunschweig, 16.-18. November 1999, VDI-Gesellschaft Fahrzeug- und Verkehrstechnik, VDI-Verlag, Düsseldorf, S. 305

65 DIN EN ISO 14040 (1997) Ökobilanz, Prinzipien und allgemeine Anforderungen. Beuth Verlag, Berlin, 1997

66 DiStasio JI (1982) Epoxy Resin Technology: Developments since 1979. Noyes Data Corporation, New Jersey

67 Donnet JB, Bansal RC (1990) Carbon Fibers. International fiber science and technology, Marcel Dekker Inc., New York

68 Drewes EJ, Geiger R, Neubert J (1994) Neue Ansätze zur Gewichts- und Verbrauchsreduzierung bei Automobilen aus der Sicht eines Systemlieferanten. In: Stahl und Eisen, Nr. 1, 114. Jahrgang 1994, Seite 255 – 274

69 Dukat M (1998) Ultra Light Steel Auto Body: Vom Konzept zur realen Rohbaustruktur. In: VDI (1998) Entwicklungen im Karosseriebau. VDI-Berichte 1398. Tagung Hamburg, 19. und 20. Mai 1998, VDI-Gesellschaft Fahrzeug- und Verkehrstechnik, VDI-Verlag, Düsseldorf

70 Eberle R (2000) Methodik zur ganzheitlichen Bilanzierung im Automobilbau. Dissertation, Fachbereich 10-Verkehrswesen und Angewandte Mechanik des Institutes für Straßen- und Schienenverkehr TU Berlin, Berlin

71 Eberle U, Grießhammer R (Hrsg.) (1996) Ökobilanzen und Produktlinienanalysen. Öko-Institut Verlag, Freiburg

72 Ebert F, Frick I, Krames J (1993) Gutachten im Auftrag des TÜV ARGE-DSD: Energetische Bewertung von Verfahren zur rohstofflichen Verwertung von Altkunststoffen. Lehrstuhl für Mechanische Verfahrenstechnik und Strömungsmechanik, Universität Kaiserslautern, Juni 1993

73 Ehrenstein GW (1992) Faserverbund-Kunststoffe: Werkstoffe, Verarbeitung, Eigenschaften, Hanser Verlag, München

74 Ehrig RJ (Hrsg.) (1992) Plastics Recycling: Products and Processes, Hanser-Verlag, Munich, Vienna, New York, Barcelona

75 Ellinger R et al. (2000) Potenziale zur Reduzierung des CO_2-Flottenverbrauchs mittels Downsizing-Konzepten für konventionelle VKM. In: VDI (2000) Innovative Fahrzeugantriebe. VDI-Berichte 1565. Tagung Dresden, 26. und 27. Oktober 2000, VDI-Verlag, Düsseldorf 2000

76 Emminger H, Decker KH (1988) Entsorgung von duroplastischen Kunststoff-Abfällen. In: Kunststoff-Handbuch, Bd. 10: Duroplaste, völlig neu bearbeitete Aufl., Hanser-Verlag, München, 1988

77 Environmental Protection Agency (2000) Fuel Economy Guide. Model Year 2001, EPA, US-Department of Energy, www.fueleconomy.gov

78 Evans L, Frick M (1991) Driver fatility risk in two-car crashes-dependence on masses of driven and striking car: 13. ESV Konferenz, Paris

79 Fischer M, Nitsch J, Schnurnberger W (1997) Technischer Stand und wirtschaftliches Potenzial der Brennstoffzellen-Technologie im internationalen Vergleich. Gutachten im Auftrag des Büros für Technikfolgen-Abschätzung beim Deutschen Bundestag, Kurzfassung. Stuttgart, 1997

80 Fischer M, Nitsch J, Pehnt M (2000) Brennstoffzellensysteme: Vorteile, Herausforderungen und Markchancen. In: Energiewirtschaftliche Tagesfragen, 50. Jahrgang, Heft 6, 2000

81 Flaig A, Kunz M, Lechner G (1999) Auslegung von Hybridantrieben nach energetischen Gesichtspunkten mittels Fahrsimulation. In: VDI (1999) Hybridantriebe. VDI-Berichte 1459. Tagung Garching, 25. und 26. Februar 1999, VDI-Gesellschaft Entwicklung, Konstruktion, Vertrieb, VDI-Verlag, Düsseldorf

82 Fleischer G (1994) Methodik des Vergleichs von Verwertungs-/ Entsorgungswegen im Rahmen der Ökobilanz. In: Abfallwirtschaftsjournal 10/94, S. 697-701

83 Fleissner T (1996) Vergleichende Lebenszyklusanalyse verschiedener Antriebskonzepte. In: VDI (Hrsg.) Ganzheitliche Betrachtungen im Automobilbau: Rohstoffe – Produktion – Nutzung – Verwertung; Tagung Wolfsburg, 27. – 29. November 1996; VDI-Berichte Nr. 1307; VDI-Gesellschaft Fahrzeug- und Verkehrstechnik; Düsseldorf, VDI-Verlag

84 Forschungsgesellschaft Mobilität Austrian Mobility Research FGM-AMOR (Hrsg.) (1999) Tagungsband zur Konferenz Ecodrive am 16./17. September 1999 in Graz

85 Forschungsverbund Lebensraum Stadt (Hrsg.) (1994) Mobilität und Kommunikation in den Agglomerationen von heute und morgen. Koordination: Dieter Sauberzweig; Christian Neuhaus; Dieter Apel, Bd. III/1: Faktoren des Verkehrshandelns, Verlag Ernst & Sohn, Berlin

86 Forschungsverbund Lebensraum Stadt (Hrsg.) (1994) Mobilität und Kommunikation in den Agglomerationen von heute und morgen. Koordination: Dieter Sauberzweig; Christian Neuhaus; Dieter Apel, Bd. III/2: Telematik, Raum und Verkehr, Verlag Ernst & Sohn, Berlin

87 Forschungsverbund Lebensraum Stadt (Hrsg.) (1994) Mobilität und Kommunikation in den Agglomerationen von heute und morgen. Koordination: Dieter Sauberzweig; Christian Neuhaus; Dieter Apel, Bd. III/3: Gestaltungsfelder und Lösungsansätze, Verlag Ernst & Sohn, Berlin

88 Forschungsverbund Lebensraum Stadt (Hrsg.) (1994) Mobilität und Kommunikation in den Agglomerationen von heute und morgen. Koordination: Dieter Sauberzweig; Christian Neuhaus; Dieter Apel, Bd. IV: Entwicklungspotentiale von Städten zwischen Vision und Wirklichkeit, Verlag Ernst & Sohn, Berlin

89 Förster HJ (1990) Automatische Fahrzeuggetriebe: Grundlagen, Bauformen, Eigenschaften, Besonderheiten. Springer-Verlag, Berlin, Heidelberg

90 Förstner U (1993) Umweltschutztechnik. Überarbeitete Aufl., Springer-Verlag, Berlin, Heidelberg

91 Fox JW, Cramer DR (1997) Hypercars: A Market-Oriented Approach to Meeting Lifecycle Environmental Goals. Reprinted with permission from SAE paper 971096, Society of Automotive Engineers, Inc. The Hypercar Center, Rocky Mountain Institute, jwf@rmi.org; dcramer@rmi.org

92 Franck J (1993) Pyrolyse ausgewählter Kunststoffe in einer indirekt beheizten Wirbelschicht. Dissertation, Hamburg

93 Franken M (1998) Abspecken mit leichten Metallen: Werkstoffwahl für das „3-l-Auto". In: VDI-Nachrichten Nr. 5 vom 30. Januar 1998, Düsseldorf

94 Franken M (1998) Fit für den Leichtbau: Neue Pkw-Modelle mit wachsendem Anteil höherfester Stähle. In: VDI-Nachrichten Nr. 5 vom 30. Januar 1998, Düsseldorf

95 Franken M (1998) Glasfasern als Kunststoffverstärkung kommen zunehmend im Fahrzeugbau aus der Mode. In: VDI-Nachrichten Nr. 5 vom 30. Januar 1998, Düsseldorf

96 Fraunhofer-Institut et al. (1992) Projektgemeinschaft „Lebenswegbilanzen". Im Auftrag des BMU und des UBA, Entwurf 1991, Methoden für Lebenswegbilanzen von Verpackungssystemen, April 1992

97 Fraunhofer-Institut München, Technische Universität Berlin, Universität Kaiserslautern (1995) Ökobilanzen zur Verwertung von Kunststoffabfällen aus Verkaufsverpackungen. Studie der Arbeitsgemeinschaft Kunststoffverwertung unter der Koordination von TÜV Rheinland Sicherheit und Umweltschutz GmbH, Köln, Kurzfassung, Berlin, Kaiserslautern, München

98 Friedl C (2000) Altauto-Richtlinie der EU verhindert das 2-Liter-Auto. In: VDI-Nachrichten, Ausgabe vom 13.10.2000

99 Friedl C (2000) EU macht es dem Pkw-Leichtbau künftig schwer. In: VDI-Nachrichten, Ausgabe vom 13.10.2000, Seite 5

100 Friedrich H, Stieg J (1998) Innovative Faserverbund-Strukturen im Fahrzeugbau. 4. Nationales Symposium SAMPE Deutschland e.V., Braunschweig 12.-13. März 1998, In: Faser-Kunststoff-Verbunde im Fahrzeugbau, Volkswagen AG, Fahrzeugforschung

101 Fritsche UR et al. (1994) Umweltanalyse integrierter Energie-, Stoff- und Transportsysteme: Gesamt-Emissions-Modell Integrierter Systeme (GEMIS) Version 2.1. Aktualisierter und erweiterter Endbericht im Auftrag des Hessischen Ministeriums für Umwelt, Energie und Bundesangelegenheiten, Institut für angewandte Ökologie e.V., Darmstadt, Freiburg, Berlin, Kassel, Dezember 1994

102 Ganser B, Höhlein B, von der Decken B (1992) Das Umweltpotenzial von Methanol für Brennstoffzellen in Fahrzeugantrieben. In: VDI (1992) Aspekte alternativer Energieträger für Fahrzeugantriebe. VDI-Berichte 1020. Tagung Wolfsburg, 24.-26. November 1992, VDI-Gesellschaft Fahrzeugtechnik, VDI-Verlag, Düsseldorf

103 Geitmann S (1998) Wasserstoff als Kraftstoff für Fahrzeugantriebe. Studienarbeit Nr. 266 im Fachgebiet Verbrennungskraftmaschinen der Technischen Universität Berlin, Prof. Dr.-Ing. H. Pucher, November 1998

104 General Motors Corporation (1992) Ultralite. Presseerklärung vom 6.1.1992, General Motors Technical Center, Warren, Michigan 48090

105 Grassinger D, Salhofer S (1998) Methoden zur Bewertung abfallwirtschaftlicher Maßnahmen. Literaturstudie, Wien, 1998

106 Grässlin J (1998) Jürgen E Schrempp – Der Herr der Sterne. Droemersche Verlagsanstalt, München

107 Grässlin J (2000) Ferdinand Piëch – Techniker der Macht. Droemersche Verlagsanstalt, München

108 Green Car Institute (2000) The Current and Future – Market for Electric Vehicles. www.greencars.com

109 GREENPEACE e.V. (1996) Das SmILE-Konzept: Die Technik. Hamburg, August 1996

110 GREENPEACE e.V. (1996) Das SmILE-Konzept: Fragen und Antworten. Hamburg, August 1996

111 GREENPEACE e.V. (1996) Der erste Schritt: Die Hälfte Sprit – Wenn schon ein Auto, dann bitte mit SmILE-Standard. Hamburg, August 1996

112 Grießhammer R (Hrsg.) (1991) Produktlinienanalyse und Ökobilanzen. Werkstattreihe des Institut für angewandte Ökologie e.V., Freiburg

113 Grittner J (1993) Untersuchung der Energieabsorption von Faserverbundstrukturen unter besonderer Berücksichtigung des Einsatzes in Kraftfahrzeugen. Technische Hochschule Aachen, Shaker, Aachen

114 Habersatter K (1991) Ökobilanz vor Packstoffen. Schriftenreihe Umwelt Nr. 132, BUWAL , Bern

115 Hack G (2000) Das Maß ist voll. In: Auto-Motor-Sport, Ausgabe 23/2000.

116 Hagedorn G, Mauch W, Schaefer H (1992) Der kumulierte Energieaufwand: Neue, erweiterte Definitionen. In: Energiewirtschaftliche Tagesfragen, 24. Jahrgang, Heft 8, 1992

117 Haldenwanger HG (1993) Hochleistungs-Faserverbundwerkstoffe im Automobilbau – Entwicklung, Berechnung, Prüfung, Einsatz von Bauteilen. VDI-Verlag, Düsseldorf

118 Haldenwanger HG (1997) Zum Einsatz alternativer Werkstoffe und Verfahren im konzeptionellen Leichtbau von Pkw-Karosserien. Dissertation, Universität Dresden

119 Haldenwanger HG, Schäper S (o.J.) Energie/Ökobilanzierung im PKW-Bau mit verschiedenen Werkstoffen. Audi AG, D-85045 Ingolstadt

120 Hartmann D, Schaefer H (1984) Kumulierter Energieverbrauch von Produkten. Tagungsbericht der 5. Hochschultage Energie, RWE Essen, Essen, September 1984

121 Haschek B (2000) Deutsche Luft-Fahrt. In: Auto-Motor-Sport, Ausgabe 13/2000

122 Hawken P, Lovins AB (2000) Öko-Kapitalismus – Die industrielle Revolution des 21. Jahrhunderts. Riemann Verlag

123 Heinrich J (1996) Auto mit Brennstoffzelle emittiert keine Schadstoffe: Mercedes-Benz setzt beim NECAR II auf Wasserstoff und Elektroantrieb. in: VDI-Nachrichten, Nr. 21, Mai 1996

124 Hettmer O (1998) Nachhaltige Automobilforschung – Konsequenzen für die betriebliche Forschung und Entwicklung aus den Anforderungen an ein nachhaltiges Automobil. Dissertation am Institut für Sozialforschung der Universität Stuttgart

125 Hintermann M, Kalbermatten de T (1999) Status und künftige Potenziale durch Faserverbund in RTM-Verfahren. In: VDI (1999) Technologien um das 3-Liter-Auto. VDI-Berichte 1505. Tagung Braunschweig, 16.-18. November 1999, VDI-Gesellschaft Fahrzeug- und Verkehrstechnik, VDI-Verlag, Düsseldorf, S. 181ff

126 Hoffmann C (1995) Kumulierter Energieaufwand und energieoptimierte Nutzungsdauer von Personenkraftwagen. Lehrstuhl für Energiewirtschaft und Kraftwerkstechnik am Institut für Energietechnik der Technischen Universität München, Dissertation, München

127 Hoffmann R (1996) Exklusiver Roadster mit kleinem Durst: Dieselmotor und CFK-Werkstoff für Nischen-Fahrzeug. VDI-Nachrichten Nr. 35 vom 30.8.1996, Düsseldorf

128 Honda (1999) Honda Insight. Firmensprospekt der Honda Motor Europe (North) GmbH, Offenbach

129 Honda (2000) Autosalon Paris 2000 – Mondial de l'Automobile. Pressemitteilung von Honda, 2000

130 Honda (2000) Honda Insight – Zweisitziges Coupé mit innovativem Antrieb. Pressetext von Honda, Februar 2000

131 Höpfner U (2000) Perspectives of Fuel Cell Application on Vehicles. Statement im Rahmen des IEA – GEE Workshop „Fuel Cell Policy", 28. und 29. Juni 2000, Berlin

132 Höpfner U, Eden U (1998) Vergleichende Ökobilanz Elektrofahrzeuge – Praxistest Rügen. Energie- und Emissionsbilanz von Pkw-Elektrofahrzeugen der neuesten Generation auf der Insel Rügen und ihre vergleichende Gegenüberstellung mit konventionellen Pkw. In: VDI (1998) Batterie-, Brennstoffzellen- und Hybridfahrzeuge. VDI-Berichte 1387. Tagung Dresden, 17. und 18. Februar 1998, VDI-Gesellschaft Energietechnik, VDI-Verlag, Düsseldorf

133 Hunt RG et al. (1974) Ressource and Environmental Profile Analysis: A Life Cycle Environmental Assessment for Products and Procedures, in: Cross J A et al. (1974) Plastics, Ressource and Environmental Profile Analysis. Midwest Research Institute, Kansas City, Missouri, 1974

134 International Iron and Steel Institute (1994) Competition between Steel and Aluminium for the Passenger Car. Studie des Internationalen Eisen und Stahl Instituts Brüssel, Brüssel, 1994

135 Internationale Energieagentur (1996) IEA Statistics: Elictricity Information 1996. Paris

136 Jones FR (1994) Handbook of Polymer-Fibre Composites. Polymer Science & Technology Series, Longman Group, Essex

137 Jopp K (1999) Das Anderthalbliterauto. In: DIE ZEIT, Ausgabe 9. September 1999

138 Jopp K (2000) Einmal tanken für 2000 Kilometer. Konzept für kleines, leichtes Sparauto vorgestellt. In: VDI-Nachrichten Nr. 49, Dezember 2000

139 Junio M, Roesgen A, Corvasce F (1999) Rolling Resistance of Tires. In: VDI (1999) Technologien um das 3-Liter-Auto. VDI-Berichte 1505. Tagung Braunschweig, 16.-18. November 1999, VDI-Gesellschaft Fahrzeug- und Verkehrstechnik, VDI-Verlag, Düsseldorf, S. 255ff

140 Kaiser H, Thomsen P (2000) Die neuen Kostverächter. In: Der Stern, Ausgabe 45/2000

141 Kaminsky W, Sinn H (1995) Petrochemische Verfahren zur Kunststoffverwertung. In:, Brandrup J (1995) (Hrsg.) Wiederverwertung von Kunststoffen. Carl Hanser Verlag, München/Wien, 1995

142 Karg J (2000) Das Janus-Auto mit Mini-Verbrauch: Müncher Pkw-Nobodies auf neuen Sparpfaden. In: Augsburger Allgemeine, Ausgabe 6. Oktober 2000

143 Kehrbaum R (1995) Recycling von Windkraftanlagen: Kosten, Technik und Umweltaspekte. In:, Windenergie Aktuell, September 1995

144 Keimel H, Ortmann C, Pehnt M (2000) Nachhaltige Mobilität in einem integrativen Konzept nachhaltiger Entwicklung. In: Forschungszentrum Karlsruhe, Technik und Umwelt, Institut für Technikfolgenabschätzung und Systemanalyse (ITAS) TA-Datenbank-Nachrichten, Nr. 4 / 9. Jahrgang-Dezember 2000, S. 43-50

145 Kensy P (1993) Ökobilanzen – eine kritische Bestandsaufnahme. CUTEC-Schriftenreihe, Nr. 9, Cuvillier Verlag, Göttingen

146 Killmann G et al. (1999) TOYOTA Prius – Development and market experiences. In: VDI (1999) Hybridantriebe. VDI-Berichte 1459. Tagung Garching, 25. und 26. Februar 1999, VDI-Gesellschaft Entwicklung, Konstruktion, Vertrieb, VDI-Verlag, Düsseldorf

147 Kindervater C (2000) Technologie- und Dimensionierungsgrundlagen für Bauteile aus Faserkunststoffverbund. Vorlesungsmanuskript zum WS 2000/2001, Deutsches Zentrum für Luft- und Raumfahrt e.V., DLR, Institut für Bauwesen und Konstruktionsforschung, Stuttgart

148 Klama R (2000) Der Assistent greift helfend ein – Honda Insight: Elektromotor reduziert den Kraftstoffverbrauch. In Berlin Online, Februar 2000

149 Klein B (2001) Leichtbau im Automobilbau. Vorlesungsmanuskript Fachbereich 15 Maschinenbau der Universität Kassel, Version 1.10

150 Kolke R (1999) Technische Optionen zur Verminderung der Verkehrsbelastungen. Brennstoffzellenfahrzeuge im Vergleich zu Fahrzeugen mit Verbrennungsmotoren. Studie des Umweltbundesamtes, UBA-Texte 33/99, Berlin, Mai 1999

151 Kopp A (2001) Überlegungen zu den Entsorgungskosten von Altautos. In: Müll und Abfall, Ausgabe 1/2001, Seite 9 – 16

152 Kroschwitz JI (1991) Polymers: High Performance Polymers and Composites. John Wiley & Sons, USA

153 Kudlicza P (1994) Mehr Kunststoff-Rezyklat im künftigen Kraftfahrzeug. In: VDI-Nachrichten Oktober 1994, Düsseldorf
154 Lahl U (1995) Der Einsatz von Kunststoffen als Reduktionsmittel im Hochofen: Ein Rückblick. In: Müll und Abfall: Fachzeitschrift für die Behandlung und Beseitigung von Abfällen, Heft 5, Seite 309-313, Erich Schmidt Verlag, Berlin, Bielefeld, München, Mai 1995
155 Ledjeff-Hey K (2001) Brennstoffzellen – Entwicklung, Technologie, Anwendung. C. F. Müller Verlag, Heidelberg
156 Levesque CJ (2001) The Car of His Dreams. In: Public Utilities Fortnightly, 15. Februar 2001
157 Leyrer G (2000) Leicht-Signal. In: Auto-Motor-Sport, Ausgabe 9/2000
158 Liedtke C, Merten T (o.J.) MIPS, Resource Management and Sustainable Development: Amsterdam. Second International Conference on „The Recycling of Metals", Seite 163-173
159 Loremo Automotive GmbH (2000) Der „L22" – das 1,5-Liter-Auto. Loremo Automotive GmbH, Presse- und Öffentlichkeitsarbeit, Schwere-Reiter-Straße 35, Haus 1b, 80797 München
160 Lovins AB, Lovins LH (1995) Reinventing the wheels. In: The Atlantic Monthly, Januar 1995
161 Lovins AB, Williams BD (1999) A Strategy for the Hydrogen Transition. 10. International U.S. Hydrogen Meeting, National Hydrogen Association, Vienna, Virginia, 7. – 9- April 1999
162 Lovins AB, Barnett JW, Lovins LH (1993) Policy Implications of supercars: Sketch of work-inprogress to accompany: „supercars: the next industrial revolution". Rocky Mountain Institute (RMI), Snowmass, Colorado, August 1993
163 Lovins AB, Barnett JW, Lovins LH (1995) Hypercars: The Next Industrial Revolution. The Hypercar Center, Rocky Mountain Institute (RMI), Snowmass, Colorado, Februar 1995
164 Lovins AB et al. (1995) Hypercars: Answers to frequently asked questions. Rocky Mountain Institute (RMI), Publication #T95-1, Snowmass, Colorado, Januar 1995
165 Lovins AB et al. (1996) Hypercars: Materials, Manufacturing, and Policy Implications. A proprietary strategic study by The Hypercar Center, Rocky Mountain Institute, Rocky Mountain Institute, USA, March 1996
166 Maltzen J (1999) Der Marathon-Mann. In: Auto-Bild, Ausgabe 22. Oktober 1999
167 Martin R (1998) SAVE – Ein Antriebskonzept zur nachhaltigen Reduktion der CO_2-Emissionen von Ottomotoren für alle Fahrzeugklassen. Vortrag im Rahmen des Workshops „Autos der Zukunft" am Wuppertal Institut für Klima, Umwelt, Energie, 2./3. März 1998
168 Mascarin AE et al. (1995) Costing the Ultralight in Volume Production: Can Advanced Composite Bodies-in-White Be Affordable? The Hypercar Center, Rocky Mountain Institute (RMI), Snowmass, Colorado, August 1995
169 Mauch W (1993) Kumulierter Energieaufwand für Güter und Dienstleistungen – Basis für Ökobilanzen. Lehrstuhl für Energiewirtschaft und Kraftwerkstechnik, Dissertation, München, 1993
170 Menzer R, Höhlein B (1997) Verfahrensanalyse der Stromerzeugung für Fahrzeugantriebe mit Methanol als Energieträger und Brennstoffzellen als Energieumwandlungssystem. Berichte des Forschungszentrums Jülich, Nr. 3445, Jülich

171 Merkel W (1996) Ohne Tankstopp durch Europa: Wie realistisch ist das Ein-Liter-Auto? In:, Stuttgarter Nachrichten, Ausgabe vom 18.3.1996, Stuttgart

172 Merten T, Liedke C, Schmidt-Bleek F (1995) Materialintensitätsanalysen von Grund-, Werk- und Baustoffen (1): Die Werkstoffe Beton und Stahl: Materialintensitäten von Freileitungsmasten. Wuppertal Papers, Nr. 27, Wuppertal, Januar 1995

173 Messe München (2000) Light Metal World: Gelobt sei, was leicht macht. Pressemitteilung des Pressereferats MATERIALICA, 10. August 2000, München

174 Metzger D (2000) Das Baukasten-Sparmobil. In: Tagesanzeiger, Zürich, Ausgabe 7. Dezember 2000

175 Michaeli W, Kloubert T (1996) Partikel-Recycling von Duroplasten: Duroplast-Abfälle innerhalb des Spritzgießbetriebs verwerten. In: Kunststoffe 86, Nr. 2, München, 1996

176 Ministerium für Umwelt und Verkehr Baden-Württemberg (Hrsg.) (1997) Energiesparend Fahren: Wie Sie Ihren Benzinverbrauch sofort um bis zu 30% senken können. Stuttgart, 1997

177 Moore TC (1996) Ultralight Hybrid Vehicles: Principles and Design. Scholarly preprint of paper to be presented in Session 5A: Hybrids 3, 14. Oktober 1996, 13th International Electric Vehicle Symposium (EVS-13), Osaka, Japan

178 Moore TC, Lovins AB (1995) Vehicle Design Strategies to Meet and Exceed PNGV Goals. The Hypercar Center, SAE Paper No. 951906, Rocky Mountain Institute (RMI), August 1995

179 Motortechnische Zeitschrift (2001) Öko-Wundertüte: Loremo will das 1,5-Liter-Auto realisieren. Zeitschrift mot, Ausgabe 11/2001

180 Müller R (2001) In München wird am 1,5-Liter-Auto gebastelt. In: Freie Presse, Ausgabe vom 15.08.2001

181 N.N. (o.J) Composite-Rezyklat-Rohstoff für die Zukunft. Firmenprospekt der ERCOM Composite Recycling GmbH, Zu beziehen bei: ERCOM Composite Recycling, Werkstr. 2, 76437 Rastatt

182 N.N. (1996) Die Japaner waren überrascht: Interview mit Michael Krämer über das Brennstoffzellenauto von Mercedes. In: Der Spiegel, Nr. 21, Mai 1996

183 N.N. (1996) Richtig gas geben fürs Klima – Ein praktischer Einstieg in eine effieziente und wirtschaftliche Fahrweise. Tagung der Evangelischen Akademie Bad Boll in Zusammenarbeit mit ecodrive für effizientes Fahren

184 N.N. (1997) Normierung der Öko-Bilanz geht in Detail. In: Ökologisches Wirtschaften. Informationsdienst des Instituts und Vereinigung für ökologische Wirtschaftsforschung, Ausgabe 5/1997, S. 2, München

185 N.N. (1998) BINE: Auf leisen Sohlen Treibstoff sparen. Fachinformationszentrum Karlsruhe, Karlsruhe 1998

186 N.N. (1999) Ecodrive-Training. In: Forschungsgesellschaft Mobilität Austrian Mobility Research FGM-AMOR (Hrsg.) (1999) Tagungsband zur Konferenz Ecodrive am 16./17. September 1999 in Graz

187 N.N. (2000) 1,5-Liter-Auto entwickelt – Münchner Firma will Scheichs die Rücklichter zeigen. In: Stuttgarter Nachrichten, Ausgabe vom 7. Oktober 2000

188 N.N. (2000) TREMOD (Transport Emission Estimation Model). Erstellt von IFEU-Institut für Energie- und Umweltforschung Heidelberg: Daten- und Rechenmodell: Energieverbrauch und Schadstoffemissionen des motorisierten Verkehrs in Deutschland 1980-2020; Forschungsprojekt im Auftrag des Umweltbundesamtes, Dezember 1997, letzte Aktualisierung des Modells vom 13. März 2000

189 N.N. (2000) Umweltverbände wollen 1,5-Liter-Auto vorstellen. In: Süddeutsche Zeitung, Ausgabe vom 7. Oktober 2000

190 N.N. (2001) Advanced Materials & Composites News. Vol.23, No.3 Issue-509, 5. Februar 2001

191 N.N. (2001) Eineinhalb-Liter-Auto vorerst verschoben. In: Frankfurter Allgemeine Zeitung, Ausgabe vom 11.08.2001

192 N.N. (2001) Münchner baut das 1,5-Liter-Auto. In: tz, Ausgabe vom 04.08.2001

193 N.N. (2001) Sparwunder: Das erste 1,5-Liter-Auto ist da. In: Tomorrow, Nr. 9, 12.04.2001

194 Neumann KH, Schindler KP (2000) Zukünftige Fahrzeugantriebe. In: VDI (2000) Innovative Fahrzeugantriebe. VDI-Berichte 1565. Tagung Dresden, 26. und 27. Oktober 2000, VDI-Verlag, Düsseldorf

195 Nitsch J, Carpetis C, Pehnt M (2000) Energie- und Schadstoffbilanz neuer Fahrzeugantriebe. www.dlr.de/tt

196 Noreikat KE, Bitsche O (2000) Requirements for Electric Propulsion Systems in Vehicles. In: VDI (2000) Innovative Fahrzeugantriebe. VDI-Berichte 1565. Tagung Dresden, 26. und 27. Oktober 2000, VDI-Verlag, Düsseldorf 2000

197 Ökologisches Wirtschaften (1997) Informationsdienst des Instituts und Vereinigung für ökologische Wirtschaftsforschung, Ausgabe 6/1997, München

198 Pastowski A, Petersen R (Hrsg.) (1996) Wege aus dem Stau: Umweltgerechte Verkehrskonzepte. Wuppertal Texte, Birkhäuser, Berlin, Basel, Boston

199 Patyk A (2000) Umweltaspekte des Einsatzes von Brennstoffzellen und ihrer Energieträger. IFEU – Institut für Energie- und Umweltforschung Heidelberg GmbH. In: Brennstoffzellen – effiziente Energietechnik der Zukunft. Tagung des Wirtschaftsministeriums Baden-Württemberg in Zusammenarbeit mit dem DLR/Stuttgart und dem ZSW/Ulm, Friedrichshafen, 20. und 21. Juli 2000

200 Pearce J, Krause C, Cabage B (o.J.) Transportation Revolution: On Track for a Better Future?, Oak Ridge National Laboratory http://www.ornl.gov/ORNLReview/rev28_2/text/tra.htm

201 Pehnt M (2001) Ökologische Nachhaltigkeitspotenziale von Verkehrsmitteln und Kraftstoffen. Teilbericht und Materialband im Rahmen des HGF-Projektes „Global zukunftsfähige Entwicklung – Perspektiven für Deutschland“. STB-Bericht Nr. 24, Stuttgart, Juni 2001

202 Pehnt M, Nitsch J (2000) Ökobilanzen und Markteintritt von Brennstoffzellen im mobilen Einsatz. VDI-Konferenz „Innovative Fahrzeugantriebe“, Dresden, 26. und 27. Oktober 2000

203 Pehnt M, Nitsch J (2001) Die Bedeutung alternativer Antriebe und Kraftstoffe: Fünf Thesen. Zur Veröffentlichung angenommen in Energiewirtschaftliche Tagesfragen, Herbst 2001

204 Pehnt M, Reusing V, Dienhart H (1998) Umweltverträglichkeit von PEFC-Brennstoffzellen. In: Proceedings 11. Internationales Sonnenforum, Deutsche Gesellschaft für Sonnenenergie, Köln, 26.-30.7.1998. Deutsches Zentrum für Luft- und Raumfahrt e. V. (DLR), Institut für Technische Thermodynamik, Abteilung Systemanalyse und Technikbewertung, Stuttgart

205 Petersen R (1997) Leitfragen und Thesen zum Thema: Neue verkehrstechnische Konzepte – Ausweg oder Sackgasse? Tagung „Mobilität für Morgen“, Ev. Akademie Bad Herrenalb, 19. – 21. September 1997

206 Petersen R (1998) Autos der Zukunft – Innovationspotenziale für umweltfreundliche Personenfahrzeuge. Vortrag im Rahmen des Workshops „Autos der Zukunft" am Wuppertal Institut für Klima, Umwelt, Energie GmbH, Wuppertal, 2. und 3. März 1998.
207 Petersen R, Diaz-Bone H (1996) Das „Drei-Liter-Auto" – Aktuelle Konzepte und Stand der Realisierung. Studie im Auftrag von Greenpeace
208 Petersen R, Diaz-Bone H (1997) Passenger Car Technology for the Next decade. Report on innovative and environmentally compatible technologies in the passenger car sector for WWF Germany. Wuppertal, Oktober 1997.
209 Petersen R, Diaz-Bone H (1998) Das Drei-Liter-Auto. Birkhäuser, Berlin, Basel, Boston.
210 Petersen R, Schallaböck KO (1995) Mobilität für morgen: Chancen einer zukunftsfähigen Verkehrspolitik, Birkhäuser-Verlag, Berlin, Basel, Boston
211 Piëch F (1992) 3 Liter/100 km im Jahr 2000. In: Automobiltechnische Zeitschrift 94 (1992) 1, 1/1992
212 Pilato LA, Michno MJ (1994) Advanced Composite Materials. Berlin, Heidelberg, New York
213 Preben T (1999) Positive Side Effects of an Economical Driving Style: Safety, Emissions, Noise, Costs. In: Forschungsgesellschaft Mobilität Austrian Mobility Research FGM-AMOR (Hrsg.) (1999) Tagungsband zur Konferenz Ecodrive am 16./17. September 1999 in Graz
214 Reiche J, Krähling H (1993) Möglichkeiten und Grenzen der Ökobilanzen. Nach einem Referat von J. Reiche (Umweltbundesamt Berlin) und H. Krähling (Solvay Deutschland GmbH Hannover) am Seminar „Ökobilanzen" des GSF-Forschungszentrums München. In: Neue Zürcher Zeitung, Forschung und Technik, Nr. 15, 20.1.1993
215 Rink C (1994) Aluminium, Automobil und Recycling. Forschungsbericht Nr. 515, Institut für Kraftfahrwesen, Universität Hannover, Hannover
216 Rocky Mountain Institute (2001) Der Übergang zu Hypercar-Fahrzeugen – Wie wir das Jahr 2020 erreichen. Kontakt: Thammy Evans, Rocky Mountain Institute, thammy@rmi.org
217 Rocky Mountain Institute (2001) Der Übergang zu Hypercar-Fahrzeugen. Hypercar Informationsblatt Nr. 3
218 Rocky Mountain Institute (2001) Die Elemente der Hypercar-Fahrzeuge – Erfolgreich durch das Zusammenspiel aller Elemente. Kontakt: Thammy Evans, Rocky Mountain Institute, thammy@rmi.org
219 Rocky Mountain Institute (2001) Die Entwicklung des Hypercar-Designs von Rocky Mountain Institute. Kontakt: Thammy Evans, Rocky Mountain Institute, thammy@rmi.org
220 Rocky Mountain Institute (2001) Die Grundlagen der Hypercar-Strategie. Hypercar Informationsblatt Nr. 1
221 Rocky Mountain Institute (2001) Hypercar-Fahrzeuge werden mit Wasserstoff betrieben. Hypercar Informationsblatt Nr. 2
222 Rocky Mountain Institute (2001) Hypercar-Fahrzeugsicherheit – Verbundwerkstoffe & Wasserstoff. Hypercar Informationsblatt Nr. 4
223 Rocky Mountain Institute (2001) Umweltaspekte der Hypercar-Fahrzeuge – Reduzierung von Emissionen und Treibhausgasen. Kontakt: Thammy Evans, Rocky Mountain Institute, thammy@rmi.org

224 Rocky Mountain Institute (2001) Umweltvorteile der Hypercar-Mobilität. Hypercar Informationsblatt Nr. 5
225 Rosenbaum U (1994) Kohlenstofffaserverstärkte Kunststoffe: Eigenschaften und Anwendung eines modernen Werkstoffes. Verlag Moderne Industrie, Landsberg
226 Roß R (1998) Die aluminiumintensive Pkw-Karosserie: Ihre Folgen für die natürliche Umwelt und die Wirtschaft. Europäischer Verlag der Wissenschaften, Frankfurt/Main
227 Rubik F (1990) Ökologische Produktpolitik und Produktlinienanalyse. In: Wechselwirkung Nr. 45/46, Dezember 1990
228 Rubik F, Baumgartner T (1991) (IÖW Heidelberg) Evaluation of Eco-Balances. Report to the Institute for Environmental Policy, Bonn, im Auftrag der EG, August 1991
229 Schaefer P (1988) Eigenschaften und Anwendungen von Rezyklaten aus faserverstärkten, gehärteten Kunststoffen (GFK). In: Kunststoff-Handbuch, Bd. 10: Duroplaste, völlig neu bearbeitete Aufl., Hanser-Verlag, München
230 Schaefer P (1993) Vom Produktmanagement-Denken zum Material-Systemmanagement-Denken: Glasfaserverstärkende Kunststoffe mit neuen Perspektiven. Ercom Composite Recycling GmbH, Vortragsmanuskript der Tagung „Konstruktion und Recycling im Automobilbau", 12.3.1993, München
231 Schäper S (2000) EU bestraft den Leichtbau. In: VDI-Nachrichten, Ausgabe vom 13. Oktober 2000
232 Schäper S (2000) Nebenwirkungen der Recyclingquoten der EU-Altautodirektive auf Leichtbaukonzepte sowie auf den Einsatz nachwachsender Rohstoffe im Automobilbau. AUDI AG, August 2000
233 Schäper S (2000) Umsetzung des Recyclinggedankens bei Audi sowie kritische Anmerkungen der EU-Altautodirektive – Möglichkeiten der Einflussnahme. Vortrag zum 9. Kunststoff-Recycling-Kolloquium des Instituts Umwelt-, Sicherheits,- Energietechnik der Fraunhofer-Gesellschaft, Krefeld, 14. und 15. September 2000
234 Schäper S, Leitermann W (1996) Energie-, Emissions- und Wirkungsbilanzen von Pkw in aluminiumintensiver und konventioneller Bauweise sowie Optimierung eines Space-Frame-Karosserie-Konzeptes durch Variation der wesentlichen Fertigungsparameter mittels ganzheitlicher Bilanzierung. In: VDI (Hrsg.) Ganzheitliche Betrachtungen im Automobilbau: Rohstoffe – Produktion – Nutzung – Verwertung; Tagung Wolfsburg, 27. – 29. November 1996; VDI-Berichte Nr. 1307; VDI-Gesellschaft Fahrzeug- und Verkehrstechnik; Düsseldorf, VDI-Verlag
235 Schiebisch J, Ehrenstein GW (1994) Verstärken von Thermoplasten mit CFK-Rezyklat. In: Plastverarbeiter 45. Jahrgang, Nr. 10
236 Schiebisch J, Ehrenstein GW (1997) Duroplaste. In: Wolters L (Hrsg.) (1997) Kunststoff-Recycling: Grundlagen, Verfahren, Praxisbeispiele. Hanser Verlag, München, Wien
237 Schindler V (1997) Kraftstoffe für morgen: Eine Analyse von Zusammenhängen und Handlungsoptionen. Springer-Verlag, Berlin, Heidelberg
238 Schmidt E (1997) Aus Benzin wird Wasserstoff: Konverter soll Stromerzeugung mit Brennstoffzellen ermöglichen. In: VDI-Nachrichten, Ausgabe vom 28.11.1997, Düsseldorf
239 Schmidt-Bleek F (1994) Wieviel Umwelt braucht der Mensch? MIPS – das Maß für ökologisches Wirtschaften. Birkhäuser Verlag, Berlin, Basel, Boston
240 Schmidt-Bleek F et al. (1996) MAIA: Einführung in die Material Intensitäts-Analyse anch dem MIPS-Konzept. Wuppertal Institut für Klima, Umwelt, Energie, Wuppertal

241 Scholl G, Grotz S (1997) Schlüssel zum grünen Produkt? Produkt-Ökobilanzen und ökologische Entlastungskonzepte. In: Ökologisches Wirtschaften Nr. 1/97, Seite 26, ökom-Verlag, München
242 Schweimer GW, Schuckert M (1996) Sachbilanz eines Golf. In: VDI (Hrsg.) Ganzheitliche Betrachtungen im Automobilbau: Rohstoffe – Produktion – Nutzung – Verwertung; Tagung Wolfsburg, 27. – 29. November 1996; VDI-Berichte Nr. 1307; VDI-Gesellschaft Fahrzeug- und Verkehrstechnik; Düsseldorf, VDI-Verlag
243 Seiler J (2000) Betriebsstrategien für Hybridfahrzeuge mit Verbrennungsmotor unter der Berücksichtigung von Kraftstoffverbrauch und Schadstoffemissionen während der Warmlaufphase. Dissertation an der technischen Universität München, München
244 Seipp B (2001) Fahrspaß in neuen Formen. In: Die Welt, Ausgabe vom 11.09.2001
245 Silvanus W (1996) Aus dem Auspuff kommt reiner Wasserdampf: Brennstoffzelle als saubere Energiequelle für Autos/Neuer Prototyp von Daimler-Benz. In: Frankfurter Rundschau, Nr. 117, Frankfurt, 21. Mai 1996
246 Simons W (1998) Das Umweltauto – konventionelle und nichtkonventionelle Antriebe. Verlag Peter Kurze, Bremen
247 Smith L (1999) Reducing the Environmental Impact of Driving – Effectiveness of Driver Training. In: Forschungsgesellschaft Mobilität Austrian Mobility Research FGM-AMOR (Hrsg.) (1999) Tagungsband zur Konferenz Ecodrive am 16./17. September 1999 in Graz
248 Spangenberg JH (1994) Amory Lovins' „Superauto" – Bedrohung oder Überlebenschance für die Automobilindustrie? In: Amory Lovins in Wuppertal, Hrsg. von Ernst Ulrich von Weizsäcker, Wuppertal Institut für Klima, Umwelt und Energie, Wuppertal
249 Spiegel Online (2000) Fahrziel Zukunft (VII) – Wann tanken wir Wasserstoff? Interview mit Bernd Nierhauve, Leiter der Aral-Kraftstoffforschung. www.spiegel.de
250 Stiller H (1997) Ressourcenintensität eines Katamaran. Studie im Auftrag des Verbundwerkstofflabors Bremen, Wuppertal Institut für Klima, Umwelt, Energie, November 1997
251 The Economist (2001) A dream car. Ausgabe vom 10. März 2001
252 Toyota (2000) PRIUS – Preise, Ausstattung und technische Daten. Firmenprospekt, Oktober 2000
253 Umweltbundesamt (1995) Passenger Cars 2000 – Requirements, Technical Feasability and Costs of Exhaust Emission Standards for the Year 2000 in the European Community. UBA-Texte Nr. 61/95, Berlin
254 Umweltbundesamt (1997) Nachhaltiges Deutschland – Wege zu einer dauerhaft umweltgerechten Entwicklung. Erich Schmidt, Berlin
255 Umweltbundesamt (Hrsg.) (1992) Ökobilanzen für Produkte: Bedeutung-Sachstand – Perspektiven. Berlin, Juli 1992
256 Umweltbundesamt (Hrsg.) (1996) Jahresbericht 1995. KOMAG Berlin-Brandenburg, Berlin
257 Umweltbundesamt (Hrsg.) (1997) Jahresbericht 1996. KOMAG Berlin-Brandenburg, Berlin
258 Umweltbundesamt (Hrsg.) (2001) Jahresbericht 2000. KOMAG Berlin-Brandenburg, Berlin, www.umweltbundesamt.de
259 United Nations (1997) Kyoto Protocol of the United Nations Framework Convention on Climate Change. Conference of the Parties, Third Session, Kyoto, 1.-10. December 1997, Agenda Item 5

260 Unser FJ, Stadely T, Larsen D (1993) Advanced Composites Recycling. In: SAMPE Journal, Vol. 32, No. 5, September/October 1996

261 VDI (1992) Aspekte alternativer Energieträger für Fahrzeugantriebe. VDI-Berichte 1020. Tagung Wolfsburg, 24.-26. November 1992, VDI-Gesellschaft Fahrzeugtechnik, VDI-Verlag, Düsseldorf

262 VDI (1995) Kumulierter Energieaufwand: Begriffe, Definitionen, Berechnungsmethoden. VDI-Gesellschaft Energietechnik, Beuth Verlag, Berlin, Mai 1995

263 VDI (1998) Batterie-, Brennstoffzellen- und Hybridfahrzeuge. VDI-Berichte 1387. Tagung Dresden, 17. und 18. Februar 1998, VDI-Gesellschaft Energietechnik, VDI-Verlag, Düsseldorf

264 VDI (1998) Entwicklungen im Karosseriebau. VDI-Berichte 1398. Tagung Hamburg, 19. und 20. Mai 1998, VDI-Gesellschaft Fahrzeug- und Verkehrstechnik, VDI-Verlag, Düsseldorf

265 VDI (1999) Hybridantriebe. VDI-Berichte 1459. Tagung Garching, 25. und 26. Februar 1999, VDI-Gesellschaft Entwicklung, Konstruktion, Vertrieb, VDI-Verlag, Düsseldorf

266 VDI (1999) Technologien um das 3-Liter-Auto. VDI-Berichte 1505. Tagung Braunschweig, 16.-18. November 1999, VDI-Gesellschaft Fahrzeug- und Verkehrstechnik, VDI-Verlag, Düsseldorf

267 VDI (2000) Entwicklungen im Karosseriebau. VDI-Berichte 1543. Tagung Hamburg, 11. und 12. Mai 2000, VDI-Gesellschaft Fahrzeug- und Verkehrstechnik, VDI-Verlag Düsseldorf

268 VDI (2000) Innovative Fahrzeugantriebe. VDI-Berichte 1565. Tagung Dresden, 26. und 27. Oktober 2000, VDI-Verlag, Düsseldorf

269 VDI (Hrsg.) (1993) Kumulierte Energie- und Stoffbilanzen: ihre Bedeutung für Ökobilanzen. Tagung München, 1.12.1993, VDI-Gesellschaft Energietechnik, Düsseldorf

270 VDI (Hrsg.) (1995) Kumulierter Energieaufwand. Tagung Veitshöchheim, 16.11.1995, VDI-Gesellschaft Energietechnik, Düsseldorf

271 VDI-Nachrichten (1996) Ein Werkstoff-Traumpaar für das angestrebte Drei-Liter-Auto: Hybrid-Technologie vereinigt die Vorteile von Metallen und technischen Thermoplasten. VDI-Nachrichten Nr. 35 vom 30.8.1996, Düsseldorf

272 VDI-Nachrichten (1999) Im Leichtbau haben es die Konstrukteure schwer. VDI-Nachrichten vom 9. Juli 1999.

273 Vester F (1995) Chrashtest Mobilität: Die Zukunft des Verkehrs. Fakten, Strategien, Lösungen, Heyne-Verlag, München

274 Vieweg R, Becker E (Hrsg.) (1968) Kunststoff-Handbuch. Bd. 10: Duroplaste, Carl Hanser Verlag München

275 Vigo TL, Kinzig BJ (1992) Composite Applications: The role of matrix, fiber, and interface. VCH, New York/Weinheim/Cambridge

276 Walk M, Taubert L (1999) From Technocratic Driving Tuition to Education for Public-Spirited Mobility. In: Forschungsgesellschaft Mobilität Austrian Mobility Research FGM-AMOR (Hrsg.) (1999) Tagungsband zur Konferenz Ecodrive am 16./17. September 1999 in Graz

277 Weibel T, Dietrich P (1996) Ökoinventare und Wirkungsbilanzen von Antriebssystemen. Grundlagen für den ökologischen Vergleich von Hybridfahrzeugen. In: VDI (Hrsg.) Ganzheitliche Betrachtungen im Automobilbau: Rohstoffe – Produktion – Nutzung – Verwertung; Tagung Wolfsburg, 27. – 29. November 1996; VDI-Berichte Nr. 1307; VDI-Gesellschaft Fahrzeug- und Verkehrstechnik, VDI-Verlag, Düsseldorf

278 Weizsäcker EU von (Hrsg.) (1994) Amory Lovins in Wuppertal. Wuppertal Institut für Klima, Umwelt, Energie, Wuppertal

279 Weizsäcker EU von, Lovins AB, Lovins HL (1995) Faktor Vier: doppelter Wohlstand – halbierter Naturverbrauch. Der neue Bericht an den Club of Rome, Droemer Knaur, München

280 Wille J (2001) Die Revolution auf vier Rädern: Zwei Entwicklerteams fordern die Pkw-Industrie mit ihren Konzepten für super-sparsame Autos heraus. In: Frankfurter Rundschau, Ausgabe vom 13. März 2001

281 Williams BD, Moore TC, Lovins AB (1997) Speeding The Transition: Designing A Fuel-Cell Hypercar. Presented to the National Hydrogen Association's 8th Annual U.S. Hydrogen Meeting (Alexandria VA), 11-13 März 1997

282 Woltereck S (1999) Honda Insight – Kombination aus Benzintriebwerk und Elektromotor. In: Stuttgarter Nachrichten Online, 1999

283 Wolters L (Hrsg.) (1997) Kunststoff-Recycling: Grundlagen, Verfahren, Praxisbeispiele. Hanser Verlag, München, Wien

284 Würstle J (1993) Kumulierter Energieaufwand zur Entsorgung eines Mittelklasse-Pkw am Beispiel des Audi 80. Diplomarbeit am Lehrstuhl für Energiewirtschaft und Kraftwerkstechnik der Technischen Universität München, München, 1993. In: Bayerisches Zentrum für angewandte Energieforschung e.V.; Lehrstuhl für Energiewirtschaft und Kraftwerkstechnik (IfE), TU München, S. 106

285 Zetsche D (1993) Contra-Stellungnahme bei „Pro und Contra: Aluminium – der Wunderwerkstoff für die Zukunft? In: Auto, Motor und Sport, Nr. 21/1993, Seite 69

Sachverzeichnis